高等职业教育通识类课程新形态教材

人工智能应用基础

主　编　杨　缨　李　佳

副主编　王拥国　李海凤

中国水利水电出版社
www.waterpub.com.cn
·北京·

内 容 提 要

当前人工智能已经广泛应用于社会生活的各个领域，成为人们生活和工作中不可或缺的组成部分，学习人工智能知识、掌握人工智能应用技术是高职高专学生建设未来智能社会的必要条件。

本书的编写以教育部印发的《高等职业教育专科信息技术课程标准（2021年版）》为依据，内容既符合高职学生的特点，又突出人工智能的通识性、典型性和实用性。本书精心设计了多个人工智能应用的实训项目，每个项目由递进式的任务组成，便于教师开展分层次教学。书中程序均在Python 3环境下进行了验证，可以通过扫描二维码来观看相应的操作视频。全书共分10章：人工智能概述、Python语言基础、Python流程控制、Python数据类型、Python函数与文件操作、图像与文字识别、人脸识别、语音技术、自然语言处理、机器学习与神经网络简介。

本书既可作为高职高专院校人工智能通识教育的计算机公共课教材，又可作为人工智能爱好者的自学教材。

本书提供电子教案和程序代码，读者可以从中国水利水电出版社网站（www.waterpub.com.cn）或万水书苑网站（www.wsbookshow.com）免费下载。

图书在版编目（ＣＩＰ）数据

人工智能应用基础 / 杨缨，李佳主编. -- 北京 : 中国水利水电出版社，2022.6（2024.8重印）
高等职业教育通识类课程新形态教材
ISBN 978-7-5226-0652-1

Ⅰ. ①人… Ⅱ. ①杨… ②李… Ⅲ. ①人工智能－高等职业教育－教材 Ⅳ. ①TP18

中国版本图书馆CIP数据核字(2022)第070667号

策划编辑：石永峰　责任编辑：张玉玲　加工编辑：孙　丹　封面设计：梁　燕

书　　名	高等职业教育通识类课程新形态教材 人工智能应用基础 RENGONG ZHINENG YINGYONG JICHU
作　　者	主　编　杨　缨　李　佳 副主编　王拥国　李海凤
出版发行	中国水利水电出版社 （北京市海淀区玉渊潭南路1号D座　100038） 网址：www.waterpub.com.cn E-mail：mchannel@263.net（答疑） sales@mwr.gov.cn 电话：（010）68545888（营销中心）、82562819（组稿）
经　　售	北京科水图书销售有限公司 电话：（010）68545874、63202643 全国各地新华书店和相关出版物销售网点
排　　版	北京万水电子信息有限公司
印　　刷	三河市德贤弘印务有限公司
规　　格	184mm×260mm　16开本　15印张　355千字
版　　次	2022年6月第1版　2024年8月修订　2024年8月第3次印刷
印　　数	6001—8000册
定　　价	45.00元

前　　言

党的二十大报告指出："推动战略性新兴产业融合集群发展，构建新一代信息技术、人工智能、生物技术、新能源、新材料、高端装备、绿色环保等一批新的增长引擎。"人工智能已经成为推动经济社会发展的新引擎，人工智能技术逐渐成为科技未来发展的趋势，掌握人工智能知识、应用人工智能技术是人们在各领域工作中均应掌握的必备技能。

编者在编写本书时，以 2018 年教育部印发的《高等学校人工智能创新行动计划》文件精神为指导，以教育部印发的《高等职业教育专科信息技术课程标准（2021 年版）》为依据，按照计算机公共课教学的基本要求，立足于人工智能技术发展对人才的职业素养要求，紧跟人工智能主流技术，培养人工智能素养、计算思维能力和人工智能应用能力，使读者能利用人工智能的手段解决行业问题。这是一本集人工智能的通识性、典型性、实用性和可操作性于一体的适合高职学生特点的一体化教材。

本书特色如下：

（1）采用模块化形式对教学内容进行整合，克服了内容枯燥、理论与实践脱节的弊端，能力培养从人工智能的认知理解层面提高到人工智能的应用层面。

（2）充分体现项目驱动、任务导向、教学做一体化的教学理念，充分考虑学生的认知能力和规律，将人工智能的应用案例拆解成递进式任务，一方面降低学生完成项目的难度，另一方面利于教师根据学生的特点因材施教，开展分层次教学。

（3）贯彻新工科教育理念，将计算思维列为学生能力培养的重要目标，将思维方式融入具体的工作任务当中，让学生学会有效解决问题的方法并从中学会处理该类问题的一般思路，从而提高学生的创新能力。

（4）编写组走访多家不同类型的企业，聘请企业工程师来设计教材内容体系；编者均来自天津职业大学计算机公共课教研室，具有多年一线教学经验，并且都拥有企业项目研发经历，具备一定的实战经验，对技术路线把握准确。

（5）技术先进，以 Python 作为人工智能的开发语言，以技术先进、成熟的百度 AI 开放平台为依托，AI 项目涵盖图像与文字识别、人脸识别、语音技术、自然语言处理等主流应用领域，保证了典型性、先进性和实用性。

本书共分四个模块：人工智能基础知识模块、Python 基础模块、人工智能应用模块、机器学习与神经网络简介模块。

（1）人工智能基础知识模块：介绍人工智能的概念、历史和应用领域，讲述了人工智能开发语言 Python 的特点、集成开发环境 PyCharm 的安装和使用方法。

（2）Python 基础模块：介绍 Python 的语法基础、流程控制结构、数据类型、函数和文件处理，使学生具备初步的 Python 程序编写能力，为后续的人工智能应用打下基础。

（3）人工智能应用模块：选取图像与文字识别、人脸识别、语音技术、自然语言处理等人工智能主流应用领域，兼顾通识与技能、理论与实践结合，通过项目案例展示人工智能技术的应用方法，培养学生用人工智能技术解决问题的能力。

（4）机器学习与神经网络简介模块：介绍机器学习的概念和典型算法、人工神经网络的结构和工作原理、主流人工智能开发框架，通过体验项目让学生对机器学习有感性的认识，揭开人工智能的神秘面纱。

本书由杨缨、李佳任主编，王拥国、李海凤任副主编，具体编写分工如下：王拥国编写第 1 章和第 2 章，李海凤编写第 3 章和第 4 章，杨缨编写第 5 章至第 8 章，李佳编写第 9 章和第 10 章，杨缨负责全书统稿、修改、定稿工作。

由于编者水平有限，书中不足甚至错误之处在所难免，恳请读者批评指正。

编 者

2023 年 8 月

目　　录

第 1 章　人工智能概述

本章导读

生活中随处可见各种人工智能产品，比如扫地机器人、无人点餐机、无人驾驶汽车等，它们已经延伸到我们生活的方方面面。本章介绍人工智能的概念，讲解人工智能的发展历史及其在各行业中的应用状况。此外，让读者了解人工智能的开发语言 Python 的特点，学习 Python 的下载和安装方法，掌握在集成开发环境 PyCharm 下开发 Python 程序的方法。

本章要点

- 人工智能的概念
- 人工智能的诞生与发展
- 人工智能在各个行业中的应用
- Python 的特点与安装
- PyCharm 的安装与使用
- 用 PyCharm 编写一个 Python 程序

1.1　人工智能的概念

科技创新是引领发展的第一动力。新时代十年，我国加快推进科技自立自强，取得的成绩举世瞩目。党的二十大报告对我国科技创新领域取得的突破性进展、标志性成果进行了总结，“基础研究和原始创新不断加强，一些关键核心技术实现突破，战略性新兴产业发展壮大，载人航天、探月探火、深海深地探测、超级计算机、卫星导航、量子信息、核电技术、新能源技术、大飞机制造、生物医药等取得重大成果，进入创新型国家行列。”

党的二十大报告明确指出：“建设现代化产业体系。坚持把发展经济的着力点放在实体经济上，推进新型工业化，加快建设制造强国、质量强国、航天强国、交通强国、网络强国、数字中国。”实现这些重要目标的有效赛道之一就是人工智能技术的深入融合与交叉发展。

人工智能（Artificial Intelligence，AI）是研究、开发用于模拟、延伸和扩展人的智能的理论、方法、技术及应用系统的一门新的技术科学。人工智能的一个比较流行的定义，也是该领域较早的定义，是由约翰·麦卡锡在 1956 年的达特茅斯会议上提出的：人工智能就是要让机器的行为看起来像是人所表现出的智能行为一样。

1.1.1 图灵测试

关于如何界定机器智能，早在人工智能学科还未正式诞生之前的1950年，计算机科学创始人之一的英国科学家阿兰·图灵就提出了现在称为“图灵测试”的方法。在图灵测试中，一位人类测试员会使用电子传输设备，通过文字与密室里的一台机器和一个人自由对话，如果测试员无法分辨与之对话的两个对象谁是机器、谁是人，则参与对话的机器就被认为具有智能，如图1-1所示。1952年图灵还提出了更具体的测试标准：如果一台机器能在五分钟之内骗过30%以上的测试员，不能辨别其机器的身份，就可以判定它通过了图灵测试。

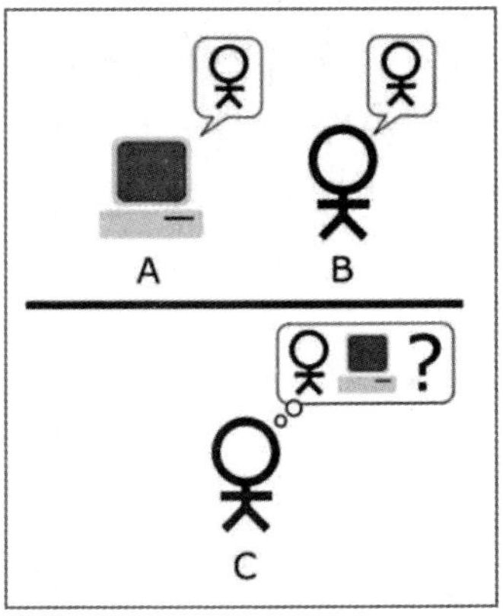

图1-1 图灵测试

虽然图灵测试的科学性受到过质疑，但是它在过去数十年一直被广泛认为是测试机器智能的重要标准，对人工智能的发展产生了极为深远的影响。早期的图灵测试是假设被测试对象位于密室中。后来，与人对话的可能是位于网络另一端的聊天机器人。随着智能语音、自然语言处理等技术的飞速发展，人工智能已经能用语音对话的方式与人类交流，而不被发现是机器人。在2018年的谷歌开发者大会上，谷歌向外界展示了其人工智能技术在语音对话应用上的最新进展，比如通过Google Duplex个人助理使用户在真实世界中预约美发沙龙和餐馆。

1.1.2 人工智能的概念描述

人工智能的定义可以分为两部分，即“人工”和“智能”。“人工”比较好理解，争议性也不大。关于什么是“智能”，争议较多，因为这涉及意识、自我、思维等问题。人类唯一能了解的智能是人本身的智能。美国俄克拉荷马州立大学的教授斯腾博格就“智能”给出了以下定义：智能是个人从经验中学习、理性思考、记忆等重要信息，以及应付日常生活需求的认知能力。字面上看，人工智能是指用计算机、机器来模拟或实现的智能，因此人工智能又可称为机器智能。当然，这只是对人工智能的一种解释。关于人工智能的定义，学术界目前还没有统一的认识。美国斯坦福大学人工智能研究中心的尼尔逊教授对人工智能下了一个定义：“人工智能是关于知识的学科——怎样表示知识以及怎样获得知识并使用知识的科学。”美国麻省理工学院的温斯顿教授认为：“人工智能就是研究如何使计算机去做过去只有人才能做的智能工作”。

广义地讲，人工智能是研究人类智能活动的规律，构造具有一定智能的人工系统，研究让计算机完成以往需要人的智力才能胜任的工作，也就是研究应用计算机的软硬件来模拟人类某些智能行为的基本理论、方法和技术。

目前，对于人工智能的描述有强人工智能和弱人工智能两种观点。强人工智能观点认为可能制造出真正能推理和解决问题的智能机器，并且这种机器被认为是有知觉和自我意识的。弱人工智能观点认为不可能制造出能真正地推理和解决问题的智能机器，这些机器只不过看起来像是智能的，但是并不真正拥有智能，也不会有自主意识。

1.2 人工智能的诞生与发展

人工智能从诞生以来，其理论和技术日益成熟，应用领域也不断扩大。无论是智能穿戴设备，还是各种进入家庭的陪护、安防、学习机器人等，这些改变我们生活方式的新事物都是人工智能的研究与应用成果，可以说，人工智能正在改变我们的生活方式。

1.2.1 人工智能的诞生

“人工智能”一词最初是在1956年的达特茅斯会议上被提出的，许多对机器智能感兴趣的专家学者进行了一个月的讨论。从那时起，这个领域被命名为“人工智能”。因此，1956年也被称为人工智能元年。人工智能发展历程如图1-2所示。

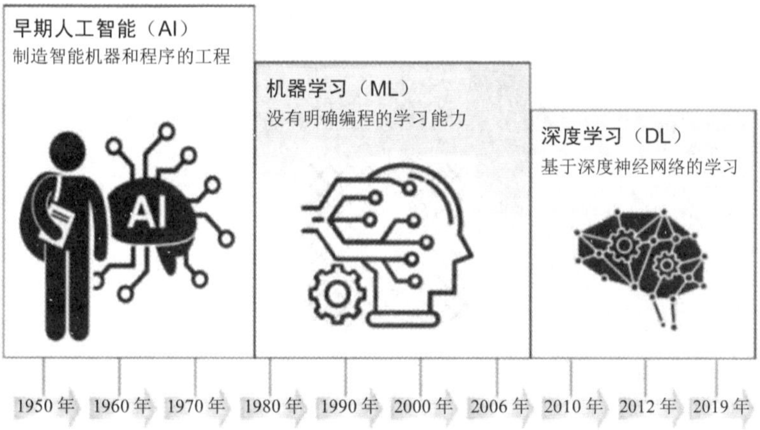

图1-2 人工智能发展历程

1.2.2 第一次兴衰

人工智能自诞生之后的十余年，其发展迎来了发展史上的第一个小高峰，研究者们疯狂涌入，取得了一批令人瞩目的成就。比如1959年，第一台工业机器人诞生；1964年，首台聊天机器人诞生。但是，由于当时计算能力的严重不足，20世纪70年代人工智能迎来了第一个寒冬。早期的人工智能大多通过固定指令来执行特定的问题，并不具备真正的学习和思考能力，问题一旦变复杂，人工智能程序就不堪重负，变得不再智能了。

1.2.3 第二次兴衰

虽然有人趁机否定人工智能的发展和价值，但是研究学者们并没有因此停下前进的脚步，终于在 1980 年卡内基-梅隆大学设计出了第一套专家系统——XCON，其具有一套强大的知识库和推理能力，可以模拟人类专家来解决特定领域问题。从此机器学习兴起，各种专家系统开始被人们广泛应用。不幸的是，随着专家系统的应用领域越来越广，问题也逐渐暴露出来。专家系统应用有限，且经常在常识性问题上出错，因此人工智能迎来了第二个寒冬。

1.2.4 第三次兴衰

1997 年，IBM 公司的“深蓝”计算机战胜了国际象棋世界冠军卡斯帕罗夫，成为人工智能发展史上的一个重要里程碑。之后，人工智能开始了平稳向上的发展。

2006 年，李飞飞教授意识到专家学者在研究算法的过程中忽视了“数据”的重要性，于是开始带头构建大型图像数据集——ImageNet，图像识别大赛由此拉开帷幕。同年，由于人工神经网络的不断发展，“深度学习”的概念被提出，之后深度神经网络和卷积神经网络开始不断映入人们的眼帘。深度学习的发展又一次掀起人工智能的研究狂潮，这一次狂潮至今仍在持续。

人工智能发展的大事件如图 1-3 所示。

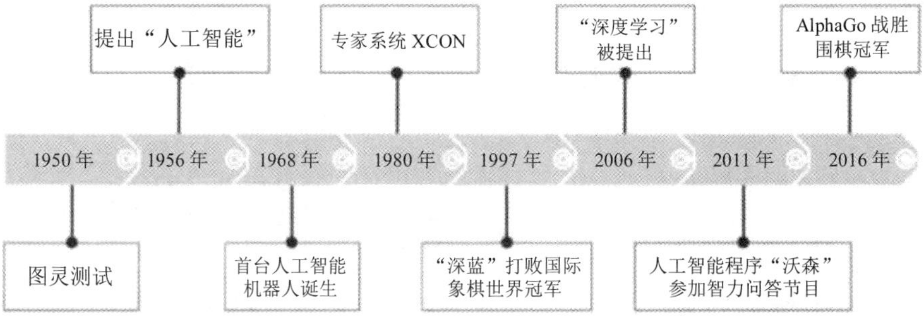

图 1-3 人工智能发展的大事件

1.2.5 我国人工智能的发展

与国际上人工智能的发展情况相比，我国的人工智能研究起步较晚，直到改革开放之后，我国的人工智能才走上发展之路，并取得了令人瞩目的重大成就。

1. 艰难起步

改革开放后，自 1980 年起中国大批派遣留学生赴西方发达国家研究现代科技，学习科技新成果，其中包括人工智能和模式识别等学科领域。这些人工智能“海归”专家已成为中国人工智能研究与开发应用的学术带头人和中坚力量，为发展我国的人工智能做出举足轻重的贡献。

1981 年 9 月，中国人工智能学会在长沙成立，秦元勋当选第一任理事长。1982 年，中国人工智能学会刊物《人工智能学报》在长沙创刊，成为国内首份人工智能学术刊物。

20 世纪 70 年代末至 80 年代初期，一些人工智能相关项目被纳入国家科研计划。例如，在 1978 年召开的中国自动化学会年会上报告了光学文字识别系统、手写体数字识别、生物控制论和模糊集合等研究成果，表明我国人工智能在生物控制和模式识别等方向的研究已开始起步。在 1978 年，“智能模拟”已纳入国家研究计划。

2. 迎来曙光

20 世纪 80 年代中期，中国的人工智能迎来曙光，开始走上了发展道路。国防科工委于 1984 年召开了全国智能计算机及其系统学术讨论会，1985 年又召开了全国首届第五代计算机学术研讨会。1986 年起把智能计算机系统、智能机器人和智能信息处理等重大项目列入国家高技术研究发展计划（863 计划）。

1987 年 7 月《人工智能及其应用》由清华大学出版社出版，成为国内首部具有自主知识产权的人工智能专著；中国首部人工智能、机器人学和智能控制著作分别于 1987 年、1988 年和 1990 年问世；1987 年《模式识别与人工智能》杂志创刊；1989 年首次召开了中国人工智能联合会议；自 1993 年起，把智能控制和智能自动化等项目列入国家科技攀登计划。

3. 蓬勃发展

进入 21 世纪后，更多的人工智能与智能系统研究课题获得国家自然科学基金重点和重大项目、国家高技术研究发展计划（863 计划）和国家重点基础研究发展计划（973 计划）项目、科技部科技攻关项目、工信部重大项目等各种国家基金计划支持，并与中国国民经济和科技发展的重大需求相结合，力求为国家做出更大贡献。这方面的研究项目很多，代表性的研究有视觉与听觉的认知计算、面向 Agent 的智能计算机系统、中文智能搜索引擎关键技术、智能化农业专家系统、虹膜识别、语音识别、人工心理与人工情感、基于仿人机器人的人机交互与合作、工程建设中的智能辅助决策系统、未知环境中移动机器人导航与控制等。

2006 年 8 月，中国人工智能学会联合其他学会和有关部门在北京举办了“庆祝人工智能学科诞生 50 周年”大型庆祝活动。除了人工智能国际会议外，纪念活动还包括由中国人工智能学会主办的首届中国象棋计算机博弈锦标赛暨首届中国象棋人机大战，东北大学的“棋天大圣”象棋软件获得机器博弈冠军；“浪潮天梭”超级计算机以 11∶9 的成绩战胜了中国象棋大师。这些赛事的成功举办彰显了中国人工智能科技的长足进步，也向广大公众进行了一次深刻的人工智能基本知识普及教育。同年，《智能系统学报》创刊，这是继《人工智能学报》和《模式识别与人工智能》之后国内第三个人工智能类期刊。

4. 重要成就

习近平总书记在党的二十大报告中指出：“推动战略性新兴产业融合集群发展，构建新一代信息技术、人工智能、生物技术、新能源、新材料、高端装备、绿色环保等一批新的增长引擎。”

近年来，中国政府高度重视人工智能的发展，出台了一系列政策来支持和促进人工智能产业的发展，中国是人工智能领域的重要发展国家之一，在这一领域取得了令人瞩目的重大成就。

（1）人工智能芯片。中国企业正在研发更快、更高效的人工智能芯片，如华为的昇腾 AI 芯片和寒武纪的 MLU 芯片。未来，随着中国人工智能产业的不断壮大，中国的人工智能芯片也会越来越受到关注。

（2）语音识别技术。中国的语音识别技术在人工智能领域中处于世界领先水平。近年来，中国的语音识别技术得到了快速发展，已经广泛应用于语音识别、语音合成、自然语言处理、智能语音交互等多个领域。中国企业如百度和科大讯飞已成为全球领先的语音识别技术提供商，并在智能音箱和车载系统等领域取得成功。

（3）人工智能医疗。中国的 AI 医疗企业正在研发智能医疗设备和算法，如病理影像诊断、心电图分析等。中国的人工智能技术已经被应用于肿瘤、心脏病等多种疾病的诊断和治疗中。通过分析病人的病历、体征等信息，人工智能可以帮助医生更快地诊断出疾病，并提供更有效的治疗方案。

（4）智能制造。中国智能制造是指将人工智能技术、物联网技术、云计算技术等高新技术应用于制造业，实现制造过程的智能化、自动化和数字化，提高制造效率和质量，降低制造成本，推动制造业转型升级。

（5）自动驾驶技术。中国的无人驾驶技术已经取得了很大的进展。通过使用高精度地图、激光雷达、摄像头和其他传感器，车辆可以实现自主驾驶，并避免与其他车辆和障碍物发生碰撞。

（6）人工智能教育。中国的中小学教育已经开始普及人工智能教育，学生可以在编程和人工智能课程中学习人工智能的基础知识和技能。中国的高等教育也开始开设人工智能专业，并建立了人工智能研究所和实验室，以培养更多的人工智能专业人才。

（7）人工智能安防。中国企业正在开发智能安防解决方案，包括人脸识别、车辆识别和安全监控等。中国的人脸识别技术在安防领域得到广泛应用，如公共交通、商业场所、机场、学校等场所的安全监控和管理。同时，人脸识别技术还可以用于刑侦破案等方面。

（8）自然语言处理技术。中国的自然语言处理技术得到了快速发展，如中文分词、命名实体识别、情感分析、机器翻译等技术都有了较大的提升。这些技术已经应用于智能客服、智能写作、智能检索等场景。

（9）人工智能城市。中国的一些城市正在应用人工智能技术来提高城市管理效率，包括智能交通、智能能源和智慧城市管理等。

（10）人工智能金融。中国的一些金融科技公司正在应用人工智能技术来提高风险管理和客户服务效率，如智能信贷和智能投资等。人工智能技术可以帮助金融机构进行风险控制，包括评估贷款风险、预测市场波动、防范欺诈等方面。

1.3 人工智能在各行业的应用现状

对于人工智能的发展现状，社会上存在一些“炒作”。某些人认为人工智能系统的智能水平即将全面超越人类的智能水平，30 年内机器人将统治世界，人类将成为人工智能的奴隶，等等。这些有意无意的“炒作”和错误认识会给人工智能的发展带来不利影响。目前，人工智能技术和产业发展的现状主要体现在如下两个方面：

（1）专用人工智能取得重要突破。从可应用性看，人工智能大体可分为专用人工智能和通用人工智能。面向特定任务的专用人工智能系统由于任务单一、需求明确、应用边界清晰、领域知识丰富、建模相对简单，形成了人工智能领域的单点突破，在局部智能水平的单项测试中可以超越人类智能。人工智能的近期进展主要集中在专用智能领域。例如，阿尔法狗（AlphaGo）在围棋比赛中战胜人类冠军，人工智能程序在大规模图像识别和人脸识别中达到了超越人类的水平，人工智能系统诊断皮肤癌达到专业医生水平，等等。

（2）通用人工智能尚处于起步阶段。人的大脑是一个通用的智能系统，能举一反三、融会贯通，可处理视觉、听觉、判断、推理、学习、思考、规划、设计等各类问题，可谓“一脑万用”。真正意义上完备的人工智能系统应该是一个通用的智能系统。目前，虽然专用人工智能领域已取得突破性进展，但是通用人工智能领域的研究与应用仍然任重道远。当前的人工智能系统在信息感知、机器学习等“浅层智能”方面进步显著，但是在概念抽象和推理决策等“深层智能”方面的能力还很薄弱。因此，人工智能依旧存在明显的局限性，与人类的智慧还相差甚远。

1.3.1 智能传媒

无论是台前还是幕后，人工智能在传媒行业各个环节都如鱼得水。一方面，人工智能、5G、大数据、云计算、物联网等新兴科技产业的发展不断催促传媒行业进行数字化变革，主流媒体需要向着智慧媒体的方向前进。另一方面，近年来，关于媒体智能化的议题、政策、话题越来越多，大部分主流媒体意识到拥抱 AI 才能更好地发展，争先引进人工智能技术，推出人工智能产品。

在内容生产上，人工智能技术可以在短时间内搜集大量相关的信息并进行整合，编辑出简单的新闻文字，解决人工难以快速整理信息、迅速出稿的问题，强化了新闻时效性。而且，除了幕后编辑快讯之外，幕前 AI 虚拟主播不含感情、机械化的工作态度，大大降低了新闻播报的出错率。

在内容分发上，人工智能助力下个性精准化的内容推送已成为市场主流。用户与媒体内容机构之间，一方想获取所需内容，另一方想提高内容曝光量，这就需要媒体平台借助人工智能、大数据技术将内容生产方信息传播至需求者面前，精准匹配双方需求。

在内容管理上，低俗、暴力、恐怖等图文信息的筛选和屏蔽是一项耗时耗力的工程，有了人工智能的协助，内容审核、管理工作变得轻松，大大提高了媒体运作效率，也强化和完善了内容管理系统。

市面上已经存在写作机器人和 AI 虚拟主播，它们好评如潮。例如，新华社推出的写作机器人“快笔小新”、封面新闻与阿里云合作的写稿机器人“小封”、钱江晚报与微软共同打造的机器人记者“小冰”（图 1-4）等。

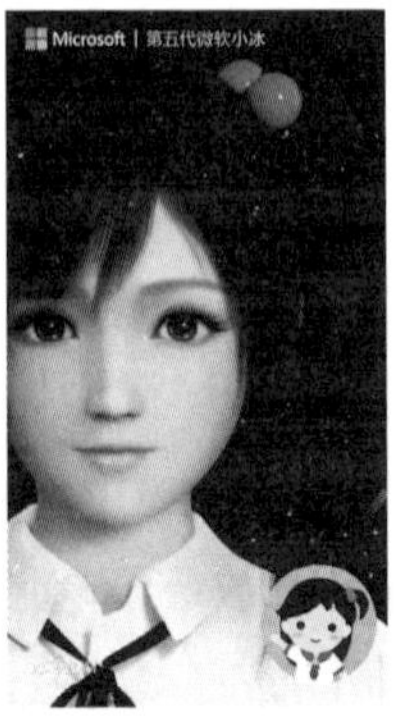

图 1-4　机器人记者“小冰”

早前，今日头条凭借内容推荐算法、个性化信息流分发，节省了人工分发时间，提高了工作效率，从而打破移动资讯市场格局，这便是 AI 助力内容分发个性精准化的有效证明。

新闻注重真实性、时效性、创意性，而人工智能恰好可以利用海量媒体数据优势，对当下时事进行分析、反馈，为媒体机构提供选题和决策的依据，使其更好地传播舆论焦点，生产人们关心的社会问题。

1.3.2 智能制造

智能制造是一种由智能机器和人类专家共同组成的人机一体化智能系统，它在制造过程中能借助计算机模拟人类专家的智能活动进行分析、推理、判断、构思和决策等，从而取代或者延伸制造环境中人的部分脑力劳动，同时收集、存储、完善、共享、集成和发展人类专家的智能。

我国是工业大国，随着各种产品的快速迭代以及现代人们对定制化产品的强烈需求，工业制造系统必须变得更加“聪明”，而人工智能是提升工业制造系统的最强动力。质量监控是生产过程中的重要环节，一个质量不过关的零件如果流向市场，不仅会使消费体验大打折扣，而且可能导致严重的安全事故。因此，传统生产线上都安排了大量的检测工人用肉眼进行质量检测，这种人工检测方式不仅容易漏检和误判，而且会给质检工人造成疲劳伤害。因此，很多工业产品公司开发使用人工智能的视觉工具，帮助工厂自动检测出形态各异的缺陷。另外，人工智能技术在工艺流程优化、物流传输优化等实际应用场景中也取得了较好的效果。图 1-5 所示为工业机器人。

图 1-5 工业机器人

1.3.3 智能安防

近年来，我国安防监控行业发展迅速，视频监控数量不断增长，公共和个人场景监控摄像头安装总数已经超过 1.75 亿。而且，在部分一线城市，视频监控已经实现了全覆盖，但相对于国外而言，我国安防监控领域仍然有很大成长空间。

截至目前，安防监控行业的发展经历了 4 个阶段，分别为模拟监控、数字监控、网络高清和智能监控时代，每次行业变革都得益于算法、芯片的技术创新，以及由此带动的成本下降。利用人工智能的视频分析技术，针对安全监控录像，可以随时从视频中检测出行人和车辆；可以自动找到视频中异常的行为（比如醉酒的行人和逆向行驶的车辆），并及时发出带有具体地点信息的警报；自动判断人群的密度和人流的方向，提前发现过密人群带来的潜在危险，帮助工作人员引导和管理人流。

智能安防系统可以简单理解为图像的传输和存储、数据的存储和处理准确而选择性操作的技术系统。就智能安防系统来说，一个完整的智能安防系统主要包括门禁、报警和监控三大部分。智能安防与传统安防的最大区别在于智能化，我国安防产业发展很快，也比较普及，但是传统安防对人的依赖性比较强，非常耗费人力，而智能安防能够通过机器实现智能判断，从而尽可能实现人们想做的事。图 1-6 所示为家用智能安防系统。

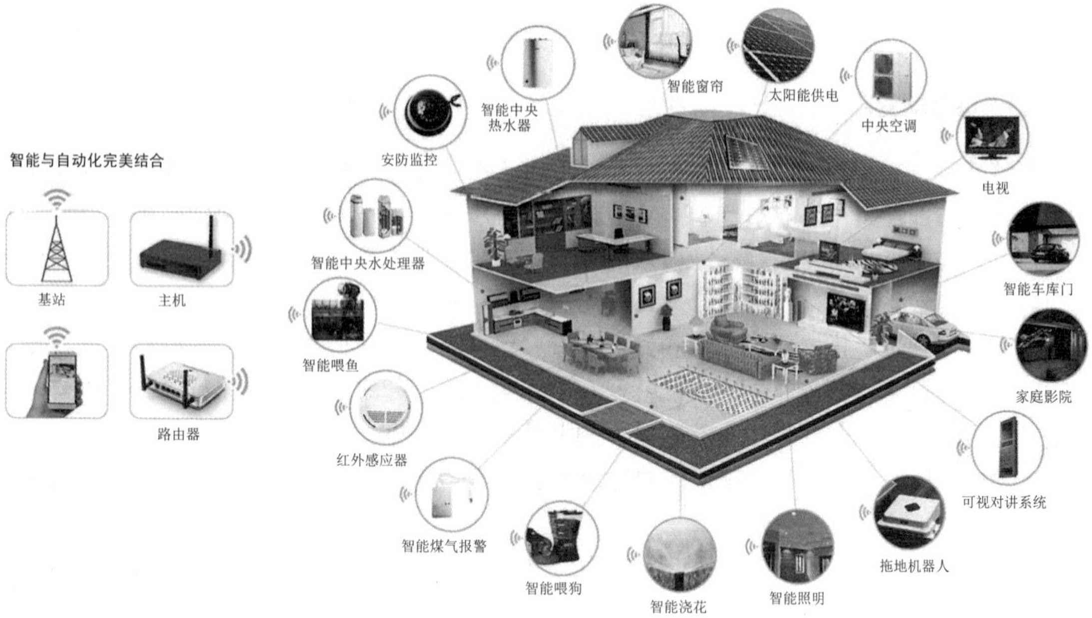

图 1-6　家用智能安防系统

1.3.4　智能客服

目前，很多企业引入人工智能技术打造智能客服系统，智能客服可以像人一样与客户交流沟通。它可以听懂客户的问题，并对问题的意义进行分析，如询问价格或咨询产品的功能，对问题给予准确得体且个性化的应答，提升客户体验。对企业来说，这种系统不仅能提高回应客户的效率，而且能自动对客户的需求和问题进行统计分析，为之后的决策提供依据。目前，智能客服已在多个行业领域得到应用，除了电子商务外，还包括金融、通信和物流等。

智能客服能降低人工成本，全天候、高效率地应对客户的咨询，已完全实现在金融领域中的应用。人工客服日渐减少，目前支付宝智能客服的自助率已经达到 97%，智能客服的解决率达到 78%，比人工客服的解决率还高了 3%。

人工智能机器人在实时服务、快速高效、稳定精准等方面已经表现出无可取代的优势。

智能客服的快速发展使得简单话务被智能机器取代，人工服务向高端化、专业化转变，以顾问的身份帮助客户解决业务问题，维系客户关系。图 1-7 所示为智能客服系统。

图 1-7　智能客服系统

1.3.5　自动驾驶

自动驾驶一般是指自动驾驶系统。自动驾驶系统是一个汇集众多高新技术的综合系统，作为关键环节的环境信息获取和智能决策控制依赖于传感器技术、图像识别技术、电子与计算机技术、控制技术等一系列高新技术的创新和突破。无人驾驶汽车要想获得长足的发展，依赖多方面技术的突破和创新。

随着机器视觉、模式识别软件和光达系统（已结合全球定位技术和空间数据）的进步，车载计算机可以将机器视觉、感应器数据和空间数据结合起来控制汽车的行驶。可以说，这些技术的进步为各汽车厂商“自动驾驶”的发展奠定了基础。但自动驾驶的普及还存在一些关键技术问题需要解决，包括车辆间的通信协议规范、有人/无人驾驶汽车共享车道的问题、视觉算法对环境的适应性问题等。

以谷歌自动驾驶汽车为例，2010 年谷歌公司宣布正在开发自动驾驶系统，到目前为止，谷歌已经申请和获得多项相关专利，其无人驾驶汽车于 2012 年获得牌照上路，总驾驶里程已经超过了 48.3 万千米，并且事故发生率几乎为零。谷歌自动驾驶汽车外部装置的核心是位于车顶的 64 束激光测距仪，能够提供 200 英尺（约 61 米）以内精细的 3D 地图数据，无人驾驶汽车会把激光测到的数据与高分辨率的地图相结合，做出不同类型的数据模型，以便在自动驾驶过程中躲避障碍物和遵守交通法规。

国内从 20 世纪 80 年代开始着手自动驾驶系统的研制开发，目前取得了阶段性成果。国防科技大学、北京理工大学、清华大学等都有过无人驾驶汽车的研究项目。国防科技大学和中国一汽联合研发的红旗无人驾驶轿车高速公路试验成功。同济大学汽车学院建立了无人驾驶汽车研究平台，实现环境感知、全局路径规划、局部路径规划及底盘控制等功能的集成，从而使自动驾驶汽车具备自主“思考—行动”的能力，使无人驾驶汽车能完成融入交通流、避障、自适应巡航、紧急停车、车道保持等功能。另一方面，为了促进自动驾驶系统技术创新，我国“未来挑战”无人驾驶汽车比赛受到更多的重视，对汽车的性能要求不断提高，包括更为实际的模拟环境和更加复杂的控制要求。图 1-8 所示为无人驾驶汽车。

图 1-8　无人驾驶汽车

1.3.6　智能金融

智能金融是人工智能与金融的全面融合，以人工智能、大数据、云计算、区块链等高新科技为核心要素，提升金融机构的服务效率，拓展金融服务的广度和深度，使全社会都能获得平等、高效、专业的金融服务，实现金融服务的智能化、个性化、定制化。

智能金融有如下应用：

（1）智能获客：依托大数据，对金融用户进行画像，通过需求响应模型极大提升获客效率。

（2）身份识别：以人工智能为内核，通过活体识别、图像识别、声纹识别、光学字符识别等技术手段，对用户身份进行验真，大幅降低核验成本。

（3）大数据风控：通过大数据、算力、算法的结合搭建反欺诈、信用风险等模型，多维度控制金融机构的信用风险和操作风险，同时避免资产损失。

（4）智能投顾：基于大数据和算法能力，对用户与资产信息进行标签化，精准匹配用户与资产。

（5）智能客服：基于自然语言处理能力和语音识别能力，拓展客服领域的深度和广度，大幅降低服务成本，提升服务体验。

（6）金融云：依托云计算能力的金融科技，为金融机构提供更安全高效的全套金融解决方案。

（7）区块链：区块链具有透明且不可篡改的特性，在金融领域拥有广阔的应用场景。区块链已率先应用于资产证券化过程，使整个流程更透明、更安全。

图 1-9 所示为智能金融系统。

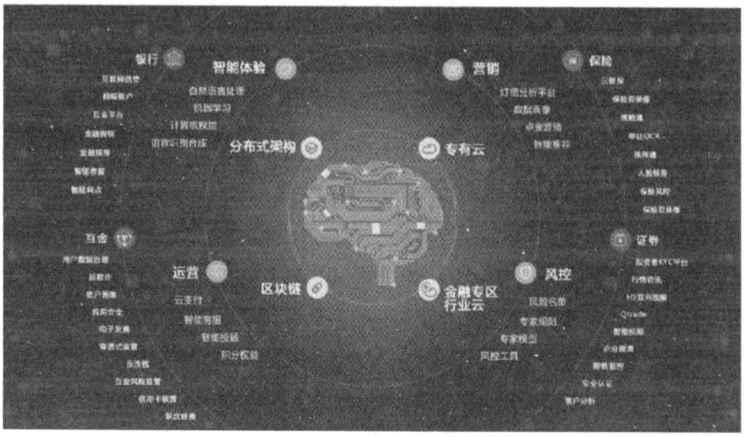

图 1-9　智能金融系统

1.3.7 智能教育

智能教育是指国家实施《新一代人工智能发展规划》《中国教育现代化 2035》《高等学校人工智能创新行动计划》等人工智能多层次教育体系的人工智能教育。

2019 年 3 月 19 日“智能教育战略研究”研讨会在北京召开，会议重点围绕智能教育基本科学问题、关键核心技术、重要应用示范等展开讨论。开展智能教育战略研究是落实《新一代人工智能发展规划》《中国教育现代化 2035》《高等学校人工智能创新行动计划》，推进智能教育发展的具体行动，旨在探讨智能教育基本科学问题、关键核心技术、重要应用示范等，提出智能教育发展建议，加快推进人工智能与教育的深度融合和创新发展。

中国工程院院士、中国人工智能学会理事长李德毅指出，人工智能对制造业、医疗、金融和教育四个行业的冲击最大。面对这种现状，“人工智能+教育”的出现是必然趋势。教育部原副部长、中国教育国际交流协会会长刘利民指出，智能教育是人工智能与教育的融合，实施智能教育就是为教育参与者创建一个教育的智能伙伴。国家语言文字工作委员会中国语言智能研究中心主任周建设教授进一步界定，智能教育不是两个领域的简单相加，而是二者的深度融合。即人工智能技术依据教育大数据，精准计算学生的知识基础、学科倾向、思维类型、情感偏好、能力潜质，结合习得规律和教育规律，合理配置教育教学内容，科学实施因材施教，促进学生个性化全面发展和核心素养全面提升。图 1-10 所示为智能教育效果图。

图 1-10　智能教育效果图

1.3.8 智能机器人

之所以叫智能机器人（图 1-11），是因为它有相当发达的“大脑”。在脑中起作用的是中央处理器，这种计算机与操作它的人有直接联系。最主要的是，这种计算机可以进行按目的安排的动作。正因为这样，我们才说这种机器人才是真正的机器人，尽管它们的外表可能有所不同。

智能机器人具备各种内部信息传感器和外部信息传感器，如视觉、听觉、触觉、嗅觉。除具有感受器外，它还有效应器，作为作用于周围环境的手段。这就是筋肉，或称自整步电动机，它们使手、脚、长鼻子、触角等动起来。由此可知，智能机器人至少要具备三个要素：感觉要素、反应要素和思考要素。

图 1-11　智能机器人

智能机器人作为一种包含很多学科知识的技术，几乎是伴随着人工智能所产生的。智能机器人在当今社会变得越来越重要，越来越多的领域和岗位都需要智能机器人参与，使得智能机器人的研究越来越频繁。虽然我们仍很难在生活中见到智能机器人的影子，但在不久的将来，随着智能机器人技术的不断发展和成熟，智能机器人必将走进千家万户，更好地为人们的生活服务，让人们的生活更加舒适和健康。

1.4　人工智能开发语言 Python

在所有编程语言里，Python 并不算萌新，从 1991 年发布第一个版本，至今已有 30 多年。但最近几年，随着人工智能的火爆，Python 迅速升温，成为众多人工智能开发者的首选语言。

1.4.1　Python 的由来

Python 的创始人为荷兰人吉多・范罗苏姆。1989 年圣诞节期间，在阿姆斯特丹，吉多为了打发圣诞节的无趣，决心开发一个新的脚本解释程序，作为 ABC 语言的一种继承。Python 取自英国 20 世纪 70 年代首播的电视喜剧《蒙提・派森的飞行马戏团》。

ABC 是由吉多参与设计的一种教学语言。吉多本人看来，ABC 语言非常优美和强大，是专门为非专业程序员设计的。但是 ABC 语言并没有成功，究其原因，吉多认为是其非开放造成的。他决心在 Python 中避免这个错误，同时想实现在 ABC 中闪现过但未曾实现的东西。

于是 Python 在吉多手中诞生了。可以说，Python 是从 ABC 发展起来的，主要受到 Modula-3（一种相当优美且强大的语言）的影响，并且结合了 UNIX shell 和 C 的习惯。

Python 已经成为最受欢迎的程序设计语言之一。自 2004 年以后，Python 的使用率呈线性增长。Python 2 于 2000 年 10 月 16 日发布，稳定版本是 Python 2.7。Python 3 于 2008 年 12 月 3 日发布，2011 年 1 月 Python 被 TIOBE 编程语言排行榜评为 2010 年度语言。

1.4.2 Python 的特点

Python 是一种面向对象、解释型的脚本语言，也是一种功能强大且完善的通用型语言。Python 入门简单，与其他语言相比，初学者很容易上手。

除此之外，Python 还具有以下特点：

（1）简单易学。Python 是一种代表简单主义思想的语言。阅读一个良好的 Python 程序就像读英语一样，使读者能够专注于解决问题而不用弄明白语言本身。

（2）免费、开源。Python 是免费、开放源码的软件，使用者可以自由地发布这个软件的复制文件、阅读它的源代码、对它进行改动、把它的一部分用于新的自由软件。

（3）面向对象。Python 既支持面向过程编程，又支持面向对象编程。在面向过程编程中，程序员可重用代码；在面向对象编程中，可使用基于数据和函数的对象。

（4）跨平台兼容。Python 是一种解释型的语言，天生具有跨平台的特征，只要为平台提供了相应的 Python 解释器，Python 程序就可以在该平台上运行。

（5）可扩展。Python 是一种可扩展的语言，可以用其他语言编写部分 Python 代码。例如，如果需要一段关键代码运行得更快或者希望某些算法不公开，可以用 C 或 C++编写部分程序，再在 Python 程序中使用它们。

（6）丰富的库。Python 标准库包含用于日常编程的一系列模块，随 Python 提供，无须额外安装。Python 包含正则表达式、单元测试、Web 浏览器及其他实用工具。它包括使用操作系统、读取和写入 CSV 文件、生成随机数、使用日期和时间等。除了标准库以外，还有许多高质量的库，如 NumPy、Twisted 和 Python 图像库等。

（7）解释型语言。编程语言有两种类型的代码转换器用于语言转换：编译器和解释器。编译器会编译整个程序，而解释器会逐行转换代码。不同于 C、C++、Java 等编程语言，Python 使用了解释器，意味着它的代码是逐行执行的。

1.4.3 Python 的应用领域

在信息时代，要想让机器为人工作，就必须学习机器的语言，而 Python 就是进化后比较好的计算机语言。总的来讲，Python 绝对是近年来最火的编程语言。2020 年 3 月 TIOBE 公布的编程语言排行榜中，Python 位居前三，追其根本，就是因为 Python 应用领域广泛。Python 语言的主要应用领域有如下几个：

（1）人工智能。Python 语言是目前公认学习人工智能的基础语言，很多开源的机器学习项目都是基于 Python 语言编写的，如用于身份认证的人脸识别系统。因为脚本语言写起来简单容易，编写的代码量比其他语言的小很多。

（2）云计算。云计算是未来发展的一个趋势，Python 是为云计算服务的，很多常用云计算框架都有 Python 的身影。

（3）Web 开发。在 Web 开发领域，Python 拥有很多免费数据函数库、免费网页模板系统，以及与 Web 服务器进行交互的库，可以搭建 Web 框架，快速实现 Web 开发。例如我们经常使用的豆瓣网、知乎等平台都是用 Python 开发的。

（4）爬虫技术。在爬虫领域，Python 几乎是霸主地位，它可以将网络中的一切数据作为资源，通过自动化程序有针对性地对数据进行采集和处理。用 Python 编写爬虫程序比用其他编程语言要简单得多，因为 Python 本身就是一门简洁的语言。

（5）网络游戏开发。在网络游戏开发方面，Python 可以用更少的代码描述游戏业务逻辑。例如我们平常玩的游戏《阴阳师》就是用 Python 编写的。

（6）数据分析。在数据分析方面，Python 是金融分析、量化交易领域里使用最多的语言，平常工作中复杂的 Excel 报表处理也可以用 Python 完成。对数据分析师来讲，Python 语言是数据分析的利器。

1.4.4 Python 的安装

Python 3.7 安装视频

编程是一门实践科学，学习过程需要多动手实践，没有捷径，只有不断地练习，才能真正掌握 Python 语言，在计算机中搭建 Python 开发环境是很必要的。在安装 Python 之前，要下载 Python 安装文件。

1. 下载 Python 安装文件（以 3.7.0 版本为例）

打开 Python 的官网，在 downloads 菜单中选择 Windows 选项，在打开的网页中找到需要安装的版本，例如下载 Python 3.7.0 的网址为 https://www.python.org/downloads/release/python-370/，如图 1-12 所示。

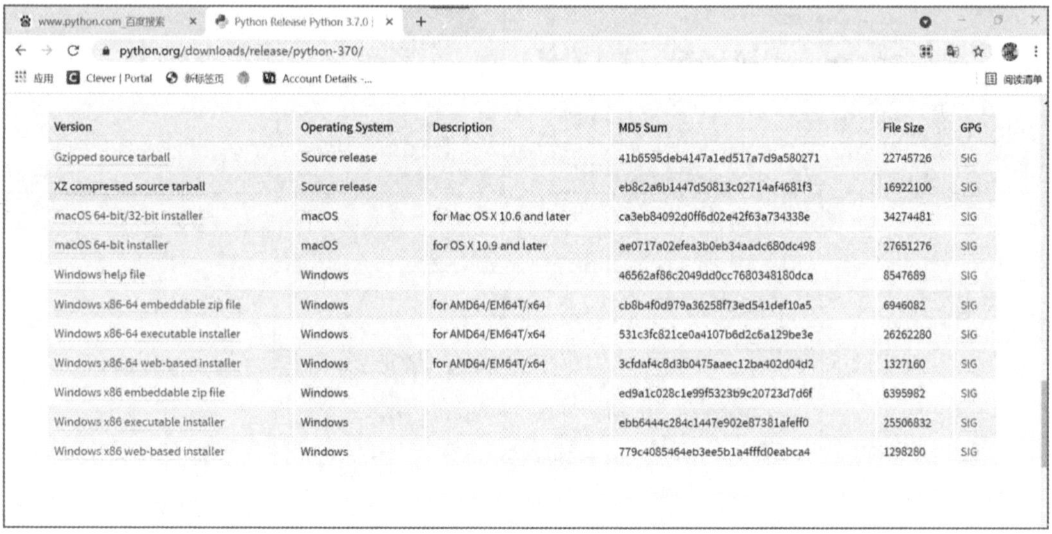

Version	Operating System	Description	MD5 Sum	File Size	GPG
Gzipped source tarball	Source release		41b6595deb4147a1ed517a7d9a580271	22745726	SIG
XZ compressed source tarball	Source release		eb8c2a6b1447d50813c02714af4681f3	16922100	SIG
macOS 64-bit/32-bit installer	macOS	for Mac OS X 10.6 and later	ca3eb84092d0ff6d02e42f63a734338e	34274481	SIG
macOS 64-bit installer	macOS	for OS X 10.9 and later	ae0717a02efea3b0eb34aadc680dc498	27651276	SIG
Windows help file	Windows		46562af86c2049dd0cc7680348180dca	8547689	SIG
Windows x86-64 embeddable zip file	Windows	for AMD64/EM64T/x64	cb8b4f0d979a36258f73ed541def10a5	6946082	SIG
Windows x86-64 executable installer	Windows	for AMD64/EM64T/x64	531c3fc821ce0a4107b6d2c6a129be3e	26262280	SIG
Windows x86-64 web-based installer	Windows	for AMD64/EM64T/x64	3cfdaf4c8d3b0475aaec12ba402d04d2	1327160	SIG
Windows x86 embeddable zip file	Windows		ed9a1c028c1e99f5323b9c20723d7d6f	6395982	SIG
Windows x86 executable installer	Windows		ebb6444c284c1447e902e87381afeff0	25506832	SIG
Windows x86 web-based installer	Windows		779c4085464eb3ee5b1a4fffd0eabca4	1298280	SIG

图 1-12　下载 Python 程序

2. 在 Windows 平台上安装 Python

打开下载到本地计算机中的 Python 安装程序，如 python-3.7.0-amd64.exe，开始在计算机中安装 Python。

Python 程序的安装步骤（图 1-13）如下：

（1）勾选 Add Python 3.7 to PATH（表示把 Python 安装目录加入 Windows 环境变量 Path 中）复选项。有两种安装方式：第一种安装方式是立即安装，第二种安装方式是自定义安装，建议选择自定义安装。

（2）勾选功能选项，单击 Next 按钮进入下一步。

（3）设置 Python 的安装路径，单击 Install 按钮进入下一步。

（4）开始安装 Python，显示安装进度。

（5）安装成功，单击 Close 按钮结束安装。

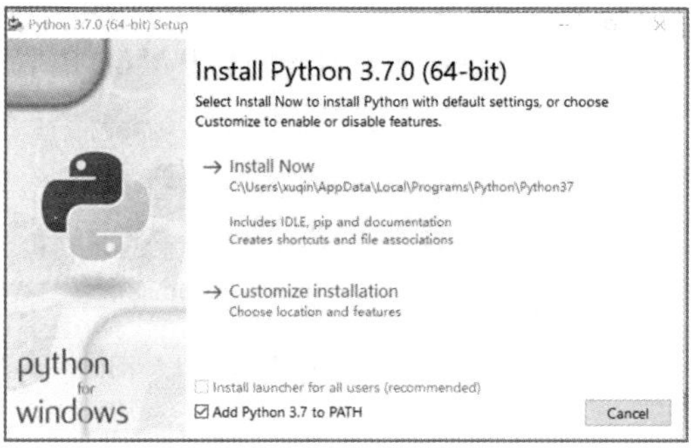

（1）选择安装方式

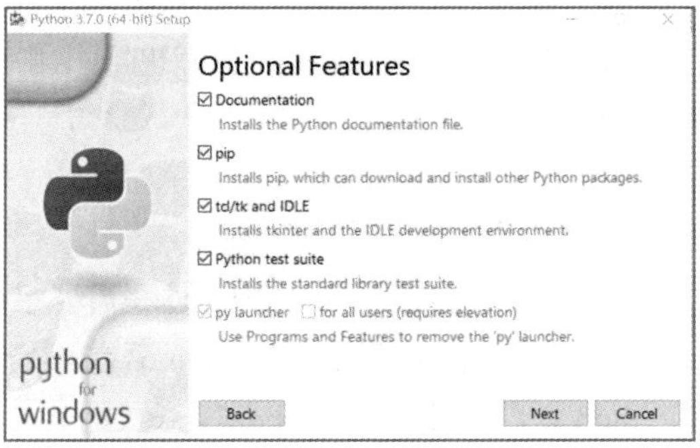

（2）勾选功能选项

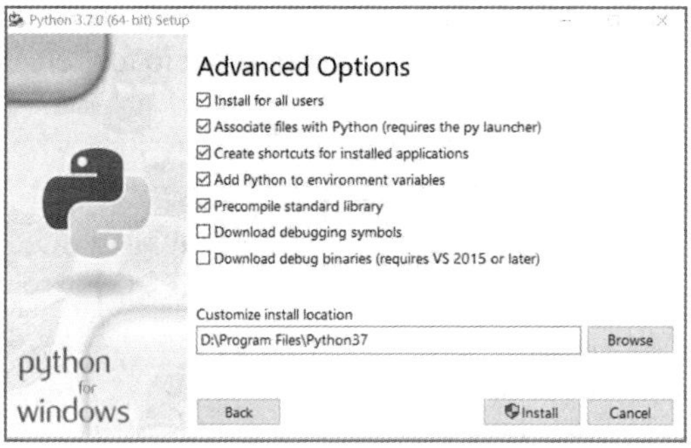

（3）设置安装路径

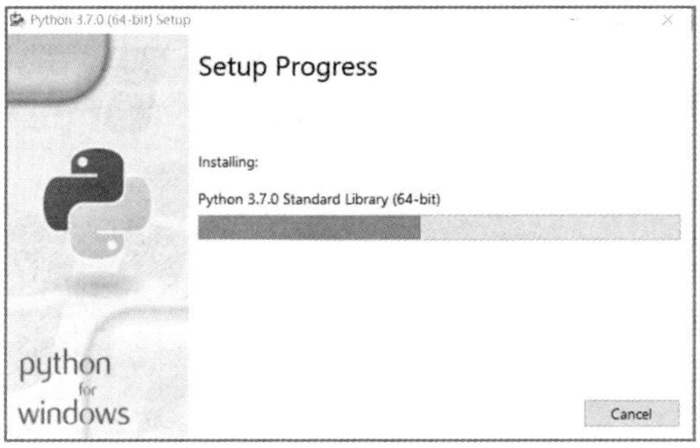

（4）开始安装并显示进度

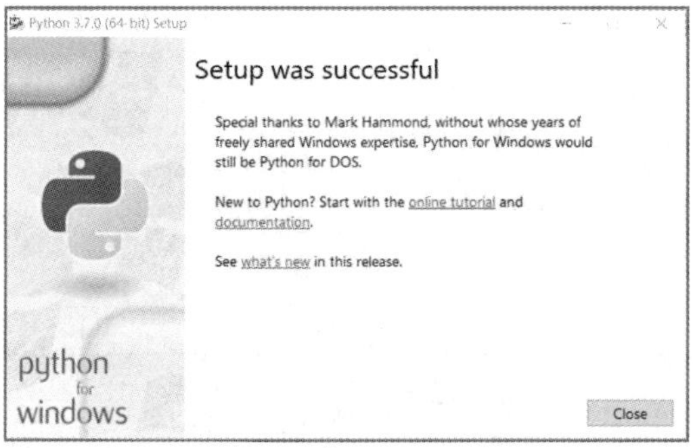

（5）安装完成

图 1-13　Python 程序的安装步骤

3. 设置环境变量

如果在 Python 程序的安装步骤（1）中没有勾选 Add Python 3.7 to PATH 复选项，则需要在安装完成以后设置环境变量。

设置环境变量的步骤（图 1-14）如下：

（1）打开“系统设置”窗口，在“系统属性”对话框中选择“高级”选项卡，单击右下角的“环境变量”按钮。

（2）在“环境变量”对话框的“用户变量”框里选择 Path 变量，单击“编辑”按钮。

（3）在“编辑环境变量”对话框中，将 Python 安装路径（D:\Porgram Files\Python37）及安装路径下的 Scipts 子目录（D:\Porgram Files\Python37\Scripts）加入环境变量 path 中，单击“确定”按钮。

（4）设置环境变量后，在 cmd 命令行中输入命令 python 即可进入 Python 的交互式环境。

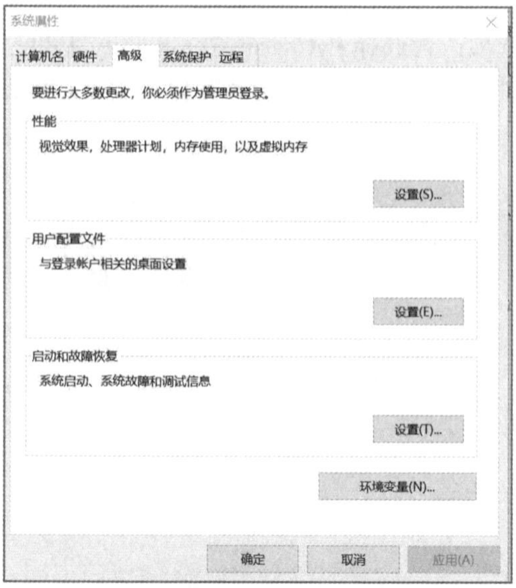

（1）“系统属性”对话框设置

（2）“环境变量”对话框设置

（3）“编辑环境变量”对话框设置

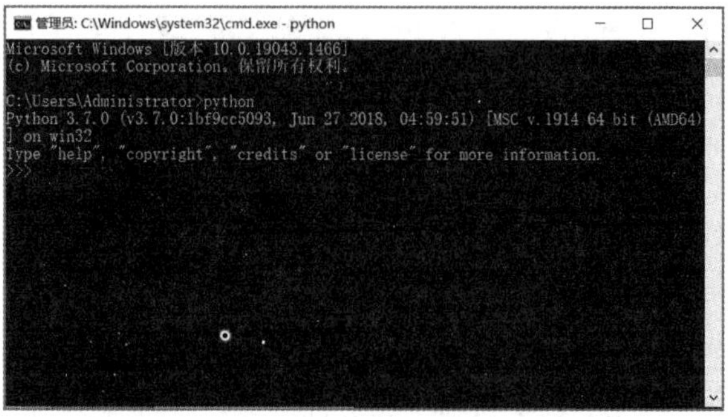

（4）进入 Python 的交互式环境

图 1-14　设置环境变量的步骤

1.4.5 集成开发环境——PyCharm

PyCharm 2019
社区版安装视频

虽然 Python 系统自带开发环境 Python IDLE，但是大家还是比较推崇另一个开发环境——PyCharm。PyCharm 是由 JetBrains 打造的 Python 集成开发环境，有一整套用来帮助用户提高 Python 程序开发效率的工具，比如调试、语法高亮、项目管理、程序跳转、智能提示等，这些对初学者来说很方便。

下面以 Windows 平台上 PyCharm 2019.3.5 社区版的安装为例来说明安装的过程。

1. PyCharm 软件下载

在 JetBrains 官网（https://www.jetbrains.com/pycharm/Download/other.html）下载，在下载页面的 Version 2019.3 下拉列表框中选择 2019.3.5 选项，再选择 PyCharm Community Edition→2019.3.5-Windows(exe)选项，下载 Windows 平台下的 PyCharm 2019.3.5 社区版安装程序，如图 1-15 所示。

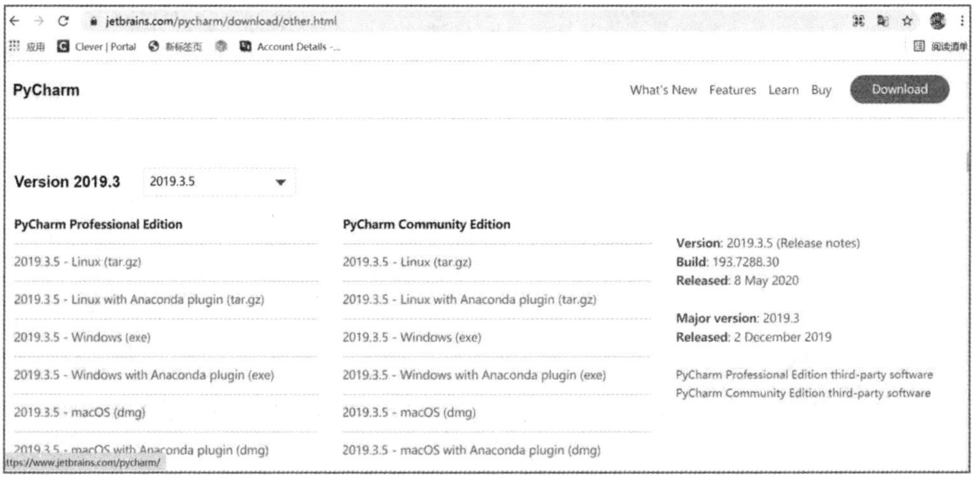

图 1-15 PyCharm 下载

2. PyCharm 软件安装

（1）双击下载的安装程序（pycharm-community-2019.3.5.exe），出现安装程序的欢迎界面，单击 Next 按钮进入下一步。

（2）选择 PyCharm 安装路径，可使用 PyCharm 的默认安装路径，也可自行设置安装路径，单击 Next 按钮进入下一步。

（3）选择需要的安装选项，单击 Next 按钮进入下一步。

（4）选择创建 PyCharm 快捷方式所在的“开始”菜单文件夹，可使用安装程序提供的默认文件夹，也可输入一个名称建立一个新文件夹，单击 Install 按钮开始安装。

（5）显示安装进度，等待程序安装完成。

（6）显示安装完成界面。若要立即运行 PyCharm 程序，请勾选 Run PyCharm Community Edition 复选项，否则直接单击 Finish 按钮完成安装。

PyCharm 安装的步骤如图 1-16 所示。

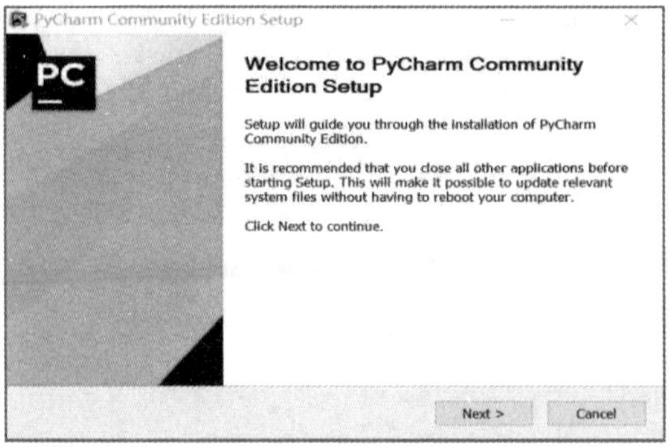

（1）进入安装程序的欢迎界面

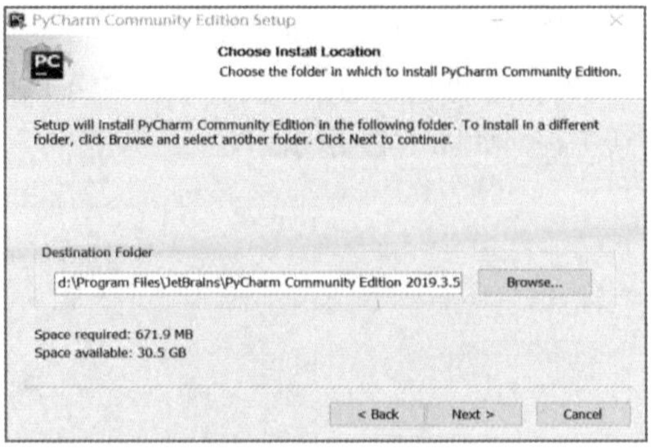

（2）选择安装路径

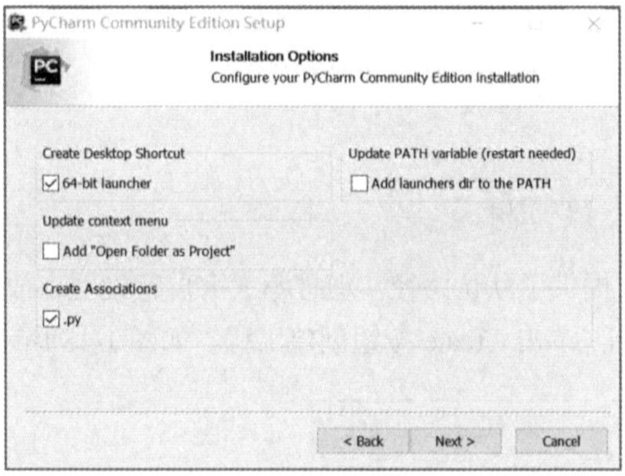

（3）选择安装选项

（4）选择快捷方式所在的文件夹

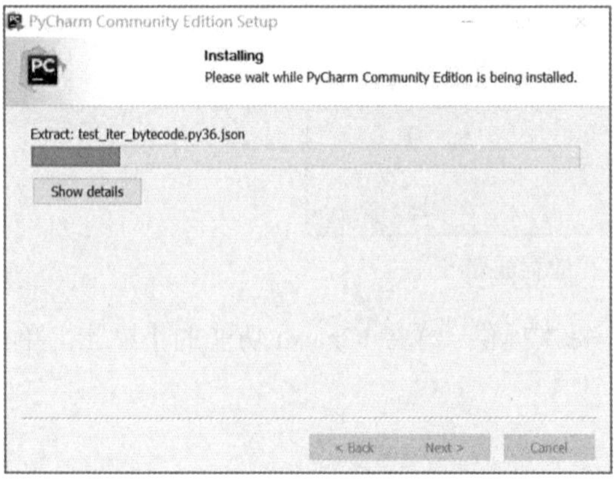

（5）开始安装并显示进度

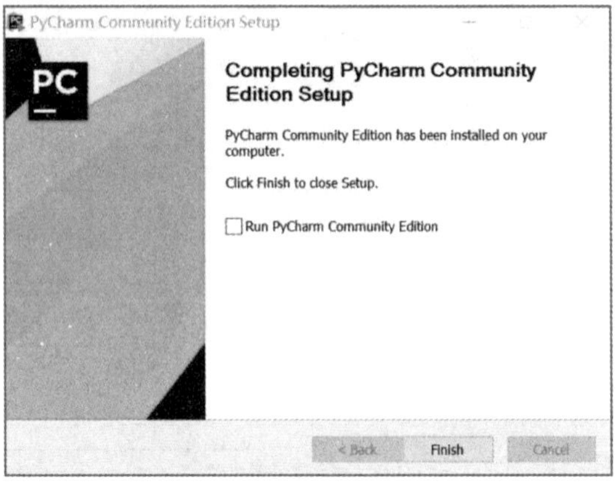

（6）安装完成

图 1-16　PyCharm 安装步骤

1.5　用 PyCharm 开发第一个程序

开发第一个程序操作视频

PyCharm 程序安装好后，我们就可以开发第一个 Python 程序了。下面，我们编写程序 case1-1.py，在终端输出“Hello world!”。

用 PyCharm 开发的步骤如下：

（1）启动 PyCharm，出现欢迎使用 PyCharm 界面，单击 Create New Project 按钮创建一个新工程，如图 1-17 所示。

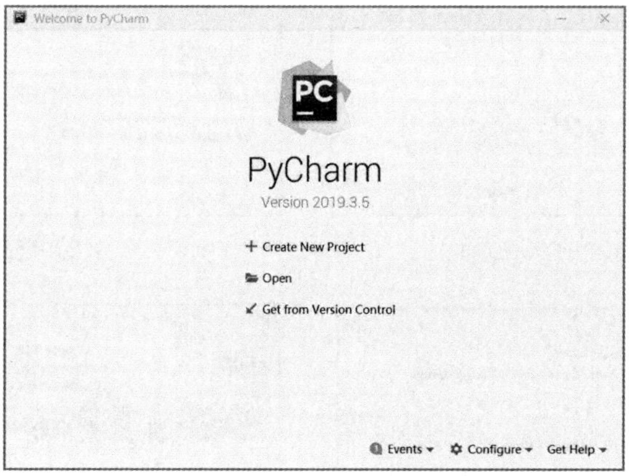

图 1-17　创建一个新工程

（2）设置新工程的存放路径，虽然 PyCharm 提供了默认路径，但推荐大家自行设置存放路径，此处设置项目存放路径为 D:\Python\HelloWorld，单击 Create 按钮创建工程，如图 1-18 所示。

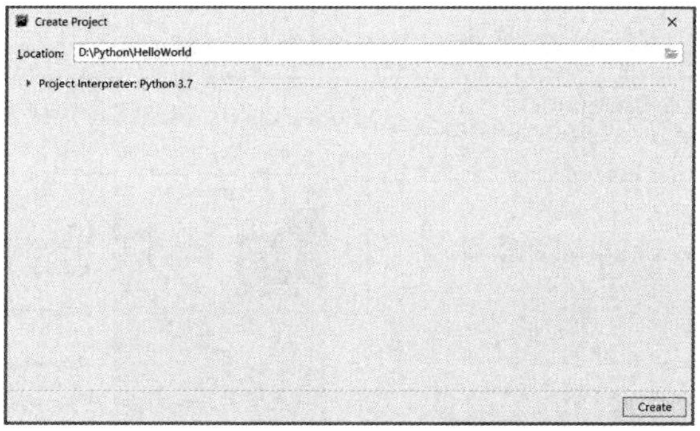

图 1-18　选择新工程的存放路径

（3）弹出 Tip of the Day 对话框（图 1-19），每次提供一个 PyCharm 功能的小贴士，单击 Close 按钮。

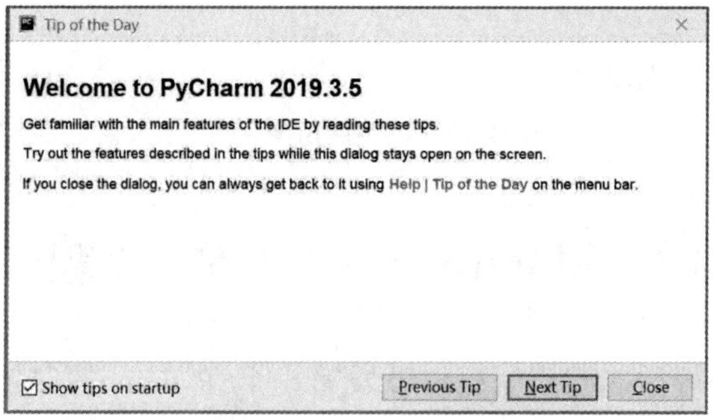

图 1-19　Tip of the Day 对话框

（4）进入 PyCharm 开发环境（图 1-20），PyCharm 界面的左侧是工程窗口，右侧是文件编辑区域。

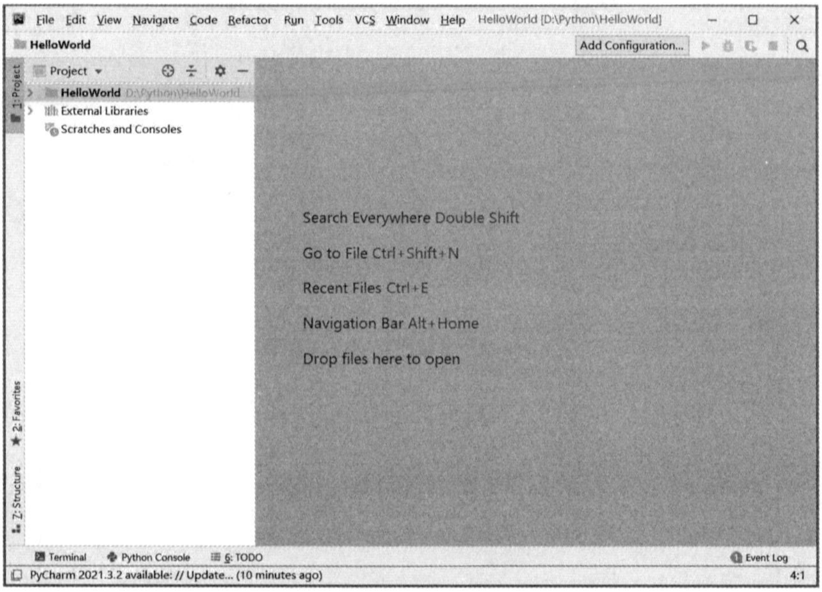

图 1-20　PyCharm 开发环境

（5）右击工程窗口中的 HelloWorld 文件夹，在弹出的快捷菜单中选择 New→Python File 命令新建 Python 程序，如图 1-21 所示。

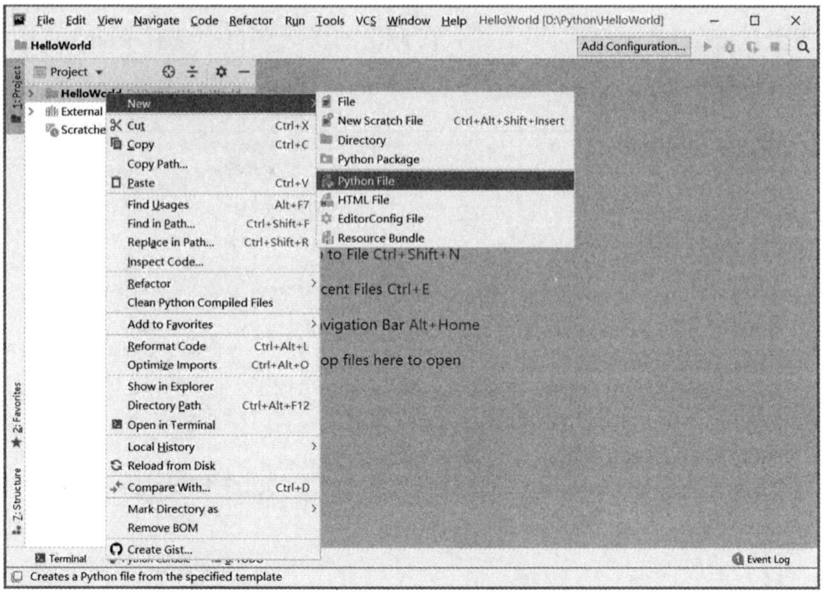

图 1-21　新建 Python 程序

（6）在 New Python file 对话框中输入 Python 程序的文件名，Python 程序的扩展名是 py，此处输入 case1-1.py（图 1-22），按 Enter 键创建 Python 文件。

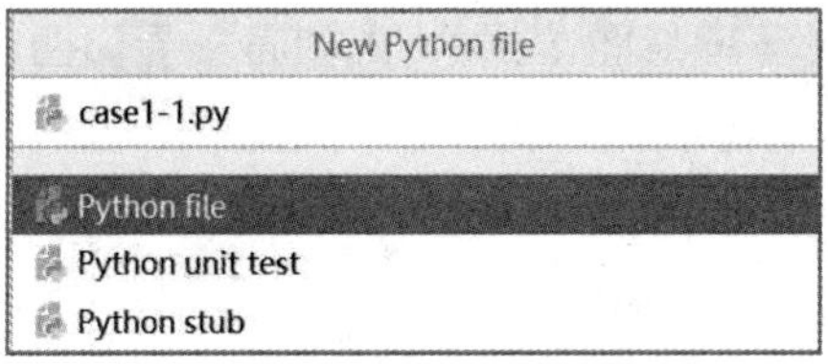

图 1-22　输入.py 文件名

（7）在打开的 case1-1.py 界面中输入程序代码，如图 1-23 所示。

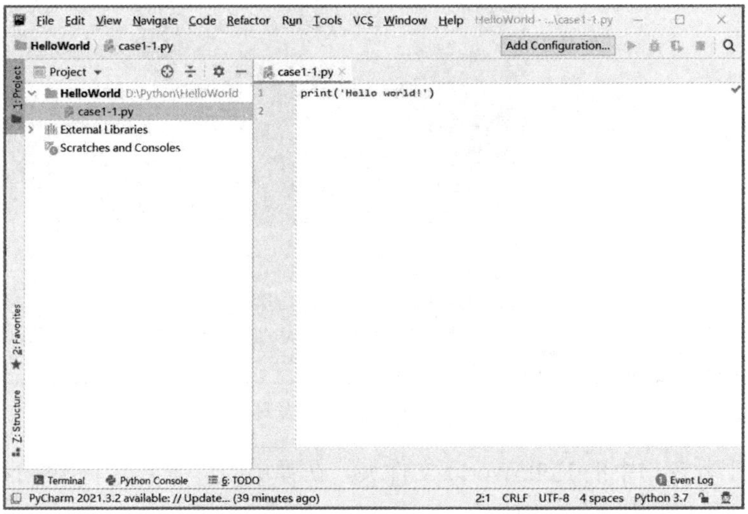

图 1-23　输入程序代码

（8）在打开的 case1-1.py 界面里右击，在弹出的快捷菜单中选择 Run 'case1-1'命令，如图 1-24 所示，运行 Python 程序，程序运行结果如图 1-25 所示。

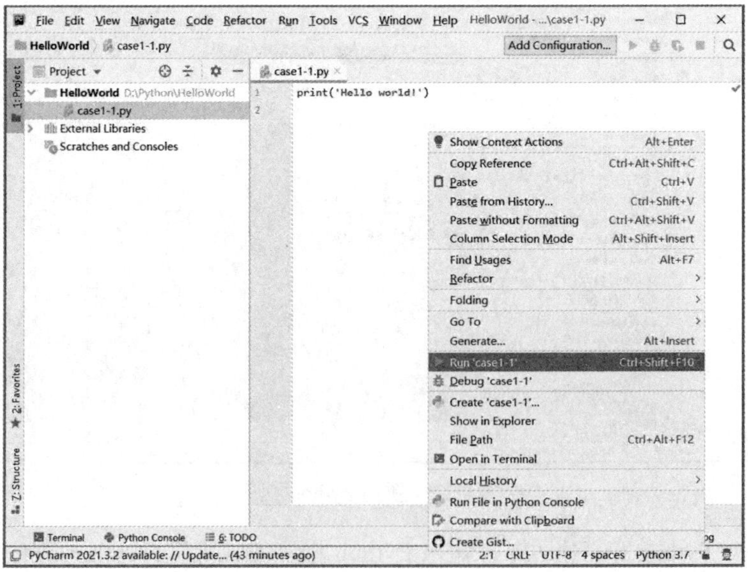

图 1-24　运行程序

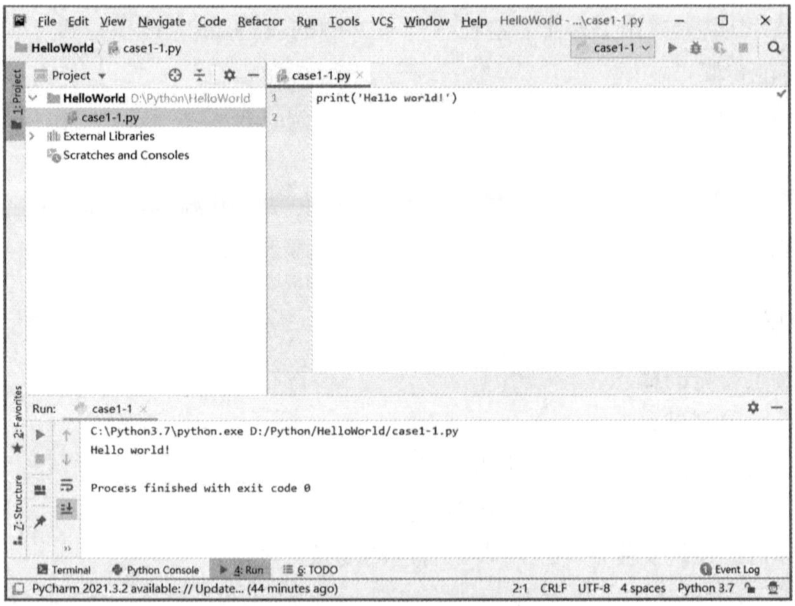

图 1-25　程序运行结果

1.6　本章小结

本章介绍了人工智能的基本知识和人工智能开发语言 Python，通过本章学习读者应掌握人工智能的概念，知道人工智能的来龙去脉，了解人工智能的诞生及其发展历程，知道人工智能在各行业的应用案例。此外，读者应能够安装人工智能的开发语言 Python，掌握集成开发环境 PyCharm 的安装与使用。

课后习题

一、选择题

1．（　　）年首次提出人工智能。

A．1946　　B．1960　　C．1916　　D．1956

2．（　　）被誉为人工智能之父。

A．冯・诺依曼　　B．阿兰・图灵　　C．麦肯锡　　D．尼尔逊

3．（　　）战胜了国际象棋世界冠军卡斯帕罗夫。

A．阿尔法狗　　B．深蓝　　C．冯・诺依曼　　D．IBM

4．人工智能应用研究的两个最重要、最广泛的领域是（　　）。

A．专家系统、自动规划　　B．专家系统、机器学习

C．机器学习、智能控制　　D．机器学习、自然语言理解

5．幕前 AI 虚拟主播属于人工智能在（　　）中的应用。

A．智能传媒　　B．智能制造

C．智能安防　　D．智能客服

6．以下（　　）不是 Python 的特点。

A．简单易学　　B．免费、开源

C．执行速度快　　D．跨平台兼容

二、简答题

1．简述人工智能的概念。

2．什么是图灵测试？

3．简述强人工智能和弱人工智能两种观点。

4．简述专用人工智能与通用人工智能的区别。

5．简述你自己在现实生活中应用人工智能的场景。

三、实践操作题

1．在计算机上安装 Python 3.7 程序和 PyCharm 2019 社区版。

2．用 PyCharm 新建工程，编写一个输出“世界，你好！”的 Python 程序，运行程序并查看执行结果。

第 2 章　Python 语言基础

本章导读

本章介绍 Python 的基本语法和编程必备知识，通过本章学习读者应掌握 Python 的基本语法、基本数据类型、运算符、数据的输入和输出等，能定义变量、书写 Python 表达式，能完成基本数据类型的转换，能进行数据的输入和输出，为编写 Python 程序打下基础。

本章要点

- Python 的基本语法
- 变量的命名与赋值
- 基本数据类型
- 数据类型转换
- 运算符及其优先级
- 数据的输入
- 数据的输出

2.1　基本语法

Python 的语法非常清晰，它不是一种格式自由的语言，对语法格式有严格的要求。因此，我们只有掌握其基本语法才能学好 Python，在编程时养成良好的编程习惯。

2.1.1　行与缩进

1．行

一个 Python 源程序是一个扩展名为 py 的文件，它是由 Python 的行构成的。Python 的行分为物理行和逻辑行，物理行是编写代码的所在行，逻辑行是 Python 中的单个语句。通常每个物理行对应一个逻辑行，也就是说，每行只有一条语句，这样看起来更加易于阅读。例如：

```
print('Hello World!')
```

上面这条语句是一个逻辑行，它本身就一行，那么它也是一个物理行。

如果在一个物理行中使用多个逻辑行，也就是说，要在一行中写多条语句，那么要使用分号，分号表示一个逻辑行的结束。如果一个逻辑行位于物理行的最后，则可以省略分号。例如：

```
x = 5
print(x)
```

上面的代码可以写成：

```
x = 5;print(x);
```

也可以写成：

```
x = 5;print(x)
```

建议读者编写程序时采用第一种格式，即每行只写一条语句，不加分号。

2. 缩进

Python 的最独特之处在于使用缩进来表示代码块，缩进时可以使用空格键也可使用 Tab 键。在 Python 的开发环境中，一般以 4 个空格作为基本的缩进单位。

Python 对缩进要求严格，这与其他编程语言不同。下面，我们通过一段简单的代码来验证 Python 的缩进规则。

正确执行缩进规则的代码如下：

```
x = 3
if x > 0:
    print('x 是正整数')
```

执行结果如下：

```
x 是正整数
```

错误执行缩进规则的代码如下：

```
x = 3
if x > 0:
print('x 是正整数')
```

执行上面的代码时，Python 会报出错误信息。

2.1.2 注释

Python 可以通过注释对程序进行解释和说明，也可以让某些程序行不起作用。Python 有加#号和通过三引号'''两种注释方法。一般来说，#号注释单行程序，三引号注释多行程序。

在编写程序中，我们经常在程序开始处添加程序的注释说明。例如，下面代码的第一行是注释，在程序执行时它不起作用。

```
# 闰年的判断程序
year = 1996
if year % 4 == 0 and year % 100 != 0 or year % 400 == 0:
    print('是闰年')
else:
    print('不是闰年')
```

除了加#注释以外，我们也可以使用三引号'''的注释方法，示例如下：

```
'''
闰年的判断程序
闰年的判断条件：能被 4 整除但不能被 100 整除或者能被 400 整除
'''
year = 1996
```

```
if year % 4 == 0 and year % 100 != 0 or year % 400 == 0:
    print('是闰年')
else:
    print('不是闰年')
```

在上面的程序中，我们使用一对三引号的多行注释，在程序执行时它们同样不起作用。

2.1.3 语句换行

在编写 Python 程序时，若遇到一条语句过长，阅读程序不方便，则需要进行换行处理。Python 的语句换行可以使用下述两种方法。

1. 在行尾加续行符“\”

例如：

```
x = 'Python\
程序设计\
教程'
print(x)
```

执行结果如下：

```
Python 程序设计教程
```

2. 在多行语句的外侧加一对圆括号

例如：

```
x = ('Python'
     '程序设计'
     '教程')
print(x)
```

执行结果如下：

```
Python 程序设计教程
```

注意：在含[]、{}或()的语句中，不需要加圆括号进行换行。例如：

```
total = ['one', 'two', 'three', 'four']
```

这个语句可以写成如下形式：

```
total = [
    'one',
    'two',
    'three',
    'four']
```

2.2 变量

编写程序时，我们经常使用变量保存数据，变量是一个占有内存空间的数据存储区，可以存储各种类型的数据。Python 的数据类型有整型（int）、浮点型（float）、布尔型（bool）、字符串型（str）等。

2.2.1 变量的命名

在 Python 中，变量的命名必须遵循相应的命名规则，否则在执行程序时会发生错误。命名规则和注意事项如下：

- 变量名由大小写英文字母、数字和下划线组成。中文也可以作变量名，但不建议使用。
- 第一个字符必须是字母或下划线，数字不能作为首字符。当标识符包含多个单词时，通常用下划线来连接，如 name_stu。
- 变量名区分大小写。例如，temp 和 Temp 代表两个变量。
- Python 的保留字不能作为变量名使用。Python 的保留字包括 False、None、True、and、as、assert、async、await、break、class、continue、def、del、elif、else、except、finally、for、from、global、if、import、in、is、lambda、nonlocal、not、or、pass、raise、return、try、while、with、yield。

错误的变量命名例子见表 2.1。

表 2.1 错误的变量命名例子

变量名	错误原因
a year	变量名中不能出现空格
abc*	变量名中不能出现*
2teachers	变量名不能以数字开头
False	变量名不能使用保留字

变量命名除了要遵守命名规则外，在命名变量时最好起一个有意义的名字，可以提高程序的可读性。例如，可以把表示年龄的变量命名为 age，把表示性别的变量命名为 sex。

2.2.2 变量的赋值

在 Python 中，不需要声明就可以直接给变量赋值，语法格式如下：

```
变量名=变量值
```

例如，要给变量 x 赋值成整数 1，可以使用下面的语句：

```
a = 1
```

Python 会自动为变量 a 分配内存空间，并将变量的值设置成 1。

我们在使用变量时，不用指定数据类型，Python 会根据变量值来设定变量的数据类型。

例如，下面的代码将变量 b 赋值成浮点数 2.3，变量 c 赋值成字符串 Python：

```
b = 2.3
c = 'Python'
```

Python 允许在同一行中为多个变量赋值，语法格式如下：

```
变量名 1,变量名 2,...,变量名 n=变量值 1,变量值 2,...,变量值 n
```

例如，上面的代码也可写成下面的形式：

```
b, c = 2.3, 'Python'
```

Python 也允许把同一个值同时赋值给多个变量，语法格式如下：

变量名 1=变量名 2=…=变量名 n=变量值

例如，我们要将变量 a、b、c 都赋值成 100，可以写成下面的形式：

a = b = c = 100

当程序执行完毕时，变量的空间会自动释放，在有些场合，我们可以在程序中通过 del 命令删除变量，语法格式如下：

del 变量名

例 2-1 交换两个变量的值。

例 2-1 操作视频

代码如下：

```
1    # 交换两个变量的值
2    a = 10
3    b = 20
4    a, b = b, a
5    print(a, b)
```

代码说明如下：

- 代码行 1：本程序的注释。
- 代码行 2～3：分别将变量 a、b 赋值成 10 和 20。
- 代码行 4：通过赋值交换变量 a 和 b 的值。
- 代码行 5：输出变量 a 和 b 的值。

运行结果如图 2-1 所示。

```
20 10

Process finished with exit code 0
```

图 2-1 例 2-1 程序的运行结果

2.3 基本数据类型

Python 提供了多种数据类型，本节介绍 Python 的基本数据类型，包括数值型、字符串型和布尔型，复合数据类型将在第 4 章介绍。

2.3.1 数值型

Python 数值型主要包括整型和浮点型两种。整型用来表示整数，浮点型用来表示实数。

Python 的整型可用十进制、十六进制、八进制和二进制表示，其中最常用的是十进制整数。

- 十进制整数：如 0、-1、29、125。
- 十六进制整数：需要 16 个字符（0，1，…，9，a，b，…，f）表示，必须以 0x 开头，如 0x10、0xfa、0xabcdef。

- 八进制整数：需要 8 个数字（0，1，…，7）表示，必须以 0o 开头，如 0o35、0o17。
- 二进制整数：只需要 2 个数字（0、1）表示，必须以 0b 开头，如 0b1010、0b1001。

Python 的浮点数可以用十进制小数和科学记数法表示。

- 十进制小数：如 15.3、0.37、-11.2。
- 科学记数法：格式为<实数>E 或者 e<整数>，如 1.2e2、314.15E-2。

2.3.2 字符串型

字符串型（str）也是 Python 常见的数据类型，使用单引号、双引号、三引号作为定界符，字符串中的字符可以是英文字符、数字、汉字及转义字符，用字母 r 或 R 引导的字符串表示原始字符串。例如，'swfu'、"I'm student"、'''Python '''、r'abc'、R'bcd'、'汉字'都是合法的 Python 字符串。

我们可以用字符串给变量赋值，例如：

```
str1 = 'Hello Python!'
str2 = '天津职业大学'
```

在 Python 中，空串是不含任何字符的字符串，用''或 ""表示。

以三引号'''或"""作为定界符的字符串可以换行。例如，下面的代码将一个多行的对话赋值给变量 str3：

```
str3= '''你好吗？
    我很好！你呢？
    我也很好！'''
print(str3)
```

执行结果如下：

```
你好吗？
    我很好！你呢？
    我也很好！
```

在字符串中，有些具有特殊意义的字符是我们无法表示的。在输出字符串时，我们经常要完成一些格式控制，例如要完成一个退格、一个制表符、一个换行等，此时需要在字符串中加入反斜杠“\”转义字符。常见的转义字符见表 2.2。

表 2.2 常见的转义字符

转义字符	描述	转义字符	描述
\a	铃声	\t	横向制表符
\b	退格	\v	垂直制表符
\'	单引号	\r	回车
\"	双引号	\f	换页
\n	换行	\\	反斜杠

2.3.3 布尔型

布尔型通常用于流程控制中的判断条件，取值只有两个：True 和 False，True 表示真，False 表示假。可以用布尔型数据给变量赋值，例如下面的代码给变量 isRight 和 isFemale 赋值成 True 和 False：

```
isRight = True
isFemale = False
```

2.3.4 数据类型转换

在 Python 中，当相同类型的数据进行运算时，不需要类型转换；当不同类型的数据进行运算时，要进行数据类型转换。Python 的数据类型转换有两种：自动类型转换和强制类型转换。

1. 自动类型转换

自动类型转换是由 Python 自动进行的，例如，若一个整型数据和一个浮点型数据进行运算，则 Python 会先将整型数据转换成浮点型数据，计算结果是浮点型数据。例如：

```
c = 3 + 2.6
print(c)
```

执行结果如下：

```
5.6
```

如果一个整型数据和一个布尔型数据进行运算，则 Python 会先将布尔型数据转换成整型数据，计算结果是整型数据。True 被转换成 1，False 被转换成 0。例如：

```
c = 3 + True
print(c)
```

执行结果如下：

```
4
```

2. 强制类型转换

当自动类型转换无法完成时，我们要通过类型转换函数进行强制转换。Python 常用的类型转换函数有如下 3 个：

- int(x)：将 x 强制转换成整数。
- float(x)：将 x 强制转换成浮点数。
- str(x)：将 x 强制转换成字符串。

例如，一个整数和一个由数字组成的字符串进行运算时，如果不进行强制类型转换会出现错误。例如：

```
c = 10 + '20'
print(c)
```

执行上面的代码，Python 会报出错误信息：整型数据无法与字符串数据执行相加运算。我们应对参与运算的数据进行类型转换。下面的代码用 int()函数将字符串强制转换成整数，计算结果是一个整数。

```
c = 10 + int('20')
print(c)
```

执行结果如下：

```
30
```

此外，当我们用 print()函数输出时，字符串与数值的运算会发生错误。例如：

```
total = 20
print('合计：' + total)
```

执行上面的代码，Python 也会报出错误信息。我们可以用 str()函数将整数强制转换为字符串，两个字符串的连接结果是一个字符串。例如：

```
total = 20
print('合计：' + str(total))
```

执行结果如下：

```
合计：20
```

2.4 输入函数

Python 提供了 input()函数从标准输入设备读入一行文本，默认的标准输入设备是键盘。input( )函数的语法格式如下：

```
变量= input(提示信息)
```

input()函数的返回值是一个字符串。用户在输入数据后按 Enter 键就完成了本次输入。例如，要输入姓名，可以使用下面的代码：

```
name = input("输入您的姓名：")
print('您的姓名：', name)
```

运行结果如图 2-2 所示。

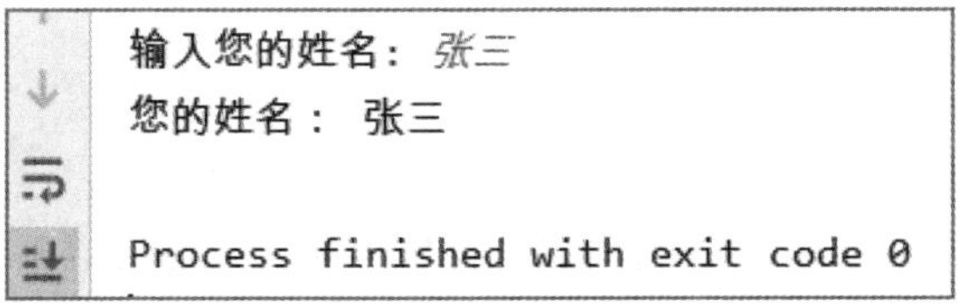

图 2-2 输入姓名

注意： 如果要输入数值，则必须进行强制类型转换，例如下面的代码让用户输入一个整数，然后计算它的两倍大小。

```
num = int(input('输入一个整数：'))
print(2 * num)
```

在上面的代码中，使用 int()函数将 input()函数返回的字符串强制转换成整数，再与整数 2 做乘法运算，运行结果如图 2-3 所示。

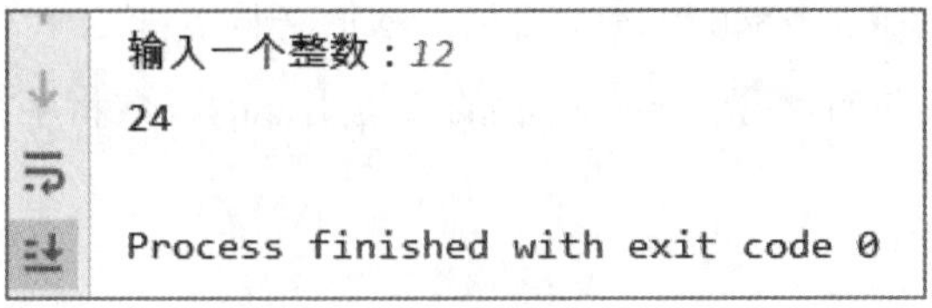

图 2-3 输入数据的类型转换

2.5 输出函数

程序的计算结果都保存在计算机的内存中，我们要想看到计算结果，就必须使用输出函数将计算结果显示在输出设备上。

2.5.1 print()函数

Python 使用 print()函数把数据输出到标准输出设备上，标准输出设备是屏幕。print()函数的语法格式如下：

```
print(项目 1[,项目 2,…,sep=分隔符,end=结束符])
```

说明如下：

- 项目：print()函数可一次输出多个项目，每个项目使用逗号“,”隔开。
- sep：每个项目的分隔符，默认是空格，我们可自行指定分隔符。
- end：结束符，默认是换行符\n，我们可自行指定结束符。

例如，下面的代码使用默认的分隔符（空格）输出变量 a 和 b 的值。

```
a = 1
b = 2
print(a, b)
```

执行结果如下：

```
1 2
```

如果想要以分号作为分隔符，需要把分号“;”作为指定的分隔符赋值给 sep 参数，代码如下：

```
a = 1
b = 2
print(a, b, sep=';')
```

执行结果如下：

```
1;2
```

如果想让 print()函数不使用默认的换行符\n 作为结束符，需要设置 end 参数值。例如，在下面的代码中将制表符\t 设置为结束符。

```
a = 1
print(a, end='\t')
b = 2
print(b)
```

执行结果如下：

```
1	2
```

2.5.2 格式化输出

print()函数可以用指定的格式来处理需要输出的项目，即输出的格式化，语法格式如下：

```
print('格式化字符串' % (参数表))
```

说明如下：

- 格式化字符串中包含两种字符：一种是普通字符，这些字符被原样输出；另一种是格式符，以“%”开始，后跟一个特定字符，用来确定输出格式。例如，%s 表示输出字符串，%d 表示输出十进制整数，%f 表示输出浮点数。
- 参数表是需要输出的一系列参数，各参数之间用“,”分隔，参数与格式符在数量上相等，在位置上一一对应。如果参数表中只含一个参数，则可以省略参数表两边的括号。

例如，用程序模拟一个充值的业务场景：首先，计算机让用户输入姓名和充值金额，假如用户输入的姓名是张三，充值金额是 100；然后，计算机输出“您好：张三，充值成功，您本次成功充值 100 元！”，我们可以使用下面的代码实现这个业务场景。

```
name = input('您的姓名：')
money = int(input('您要充值的金额：'))
print('您好：%s，充值成功，您本次成功充值%d 元！' % (name, money))
```

在上面的代码中，print()函数的格式化字符串中包含了“您好”等普通字符，还包含了%s 和%d 两个格式符，print()函数在遇到普通字符时原样输出，在遇到%s 格式符时输出变量 name 中的字符串，在遇到%d 格式符时输出变量 money 中的十进制整数。上面代码的运行结果如图 2-4 所示。

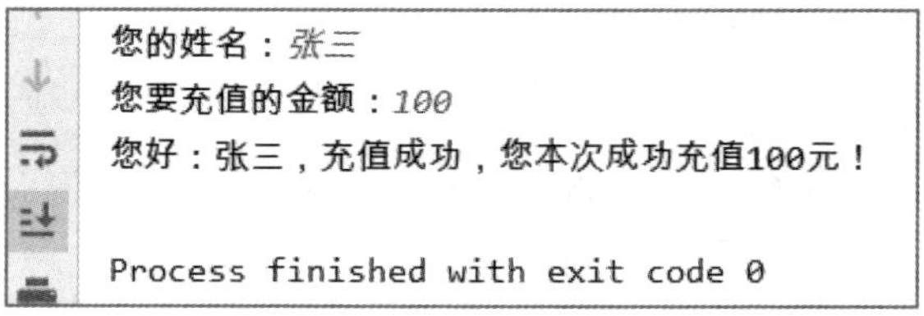

图 2-4 格式化输出示例的运行结果

我们还可以使用格式符控制保留小数位、填充前导 0 等输出格式，示例如下：

```
print('1:%6.2f' % 3.5)
print('2:%3d' % 5)
print('3: %05d' % 2)
```

在上面的代码中，%6.2f 代表输出浮点数，固定 6 位宽度，小数点占 1 位宽度，按四舍五入的原则保留 2 位小数，整数部分占余下的 3 位，如果整数部分少于 3 位，则在它的左边填上空格，如果小数部分少于 2 位，则在右边补 0，因此，在上面的代码中，浮点数 3.5 的输出是 3.50，并在它的左边填上 2 个空格；%3d 代表输出整数，固定 3 位宽度，如果整数小于 3 位，则在它的左边填上空格，如果大于 3 位，则输出全部整数，因此，上面的代码在输出整数 5 时，在它的左边填上 2 个空格；%05d 与%5d 用法的区别是如果整数小于 5 位，则在它的左边填上 0 而不是空格，因此，上面的代码在输出整数 2 时，在它的左边填上 4 个 0。执行上面的代码，输出结果如下：

```
1:  3.50
2:  5
3: 00002
```

例 2-2　编写程序 case2-2.py，输入姓名和年龄，将输入的年龄转换成整数，输出格式为“您的姓名：__，年龄：__岁”。

例 2-2 操作视频

代码如下：

```
1    # 输入姓名和年龄，格式化输出
2    name = input('输入您的姓名：')
3    age = int(input('输入您的年龄：'))
4    print('您的姓名：%s，年龄：%d 岁' % (name, age))
```

代码说明如下：

- 代码行 1：本程序的注释。
- 代码行 2：用 input()函数输入姓名后赋值给变量 name。
- 代码行 3：用 int()函数将输入的年龄字符串转换成整数并赋值给变量 age。
- 代码行 4：输出计算结果，%s 和%d 分别对应变量 name 和 age。

运行结果如图 2-5 所示。

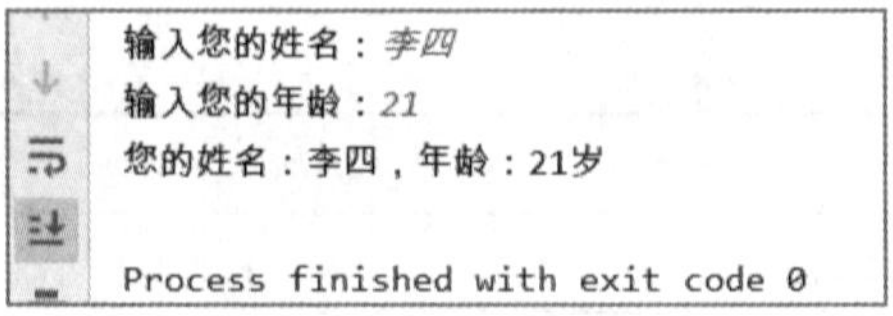

图 2-5　例 2-2 程序的运行结果

例 2-3　编写程序 case2-3.py，输入矩形的长度和宽度，计算矩形的周长和面积，按保留 4 位小数的格式输出周长和面积，输出格式为“该矩形的周长：__，面积：__。”

例 2-3 操作视频

代码如下：

```
1    # 计算矩形的周长和面积，格式化输出
2    length = float(input('输入矩形的长度：'))
3    width = float(input('输入矩形的宽度：'))
4    girth = 2 * (length + width)
5    area = length * width
6    print('该矩形的周长：%.4f，面积：%.4f' % (girth, area))
```

代码说明如下：

- 代码行 1：本程序的注释。
- 代码行 2～3：用 input()函数输入矩形的长度和宽度，用 float()函数将字符串转换成浮点数，并赋值给变量 length 和 width。
- 代码行 4～5：计算矩形的周长和面积，计算结果分别赋值给变量 girth 和 area。
- 代码行 6：输出计算结果，%.4f 表示输出项按四舍五入的原则保留 4 位小数。

运行结果如图 2-6 所示。

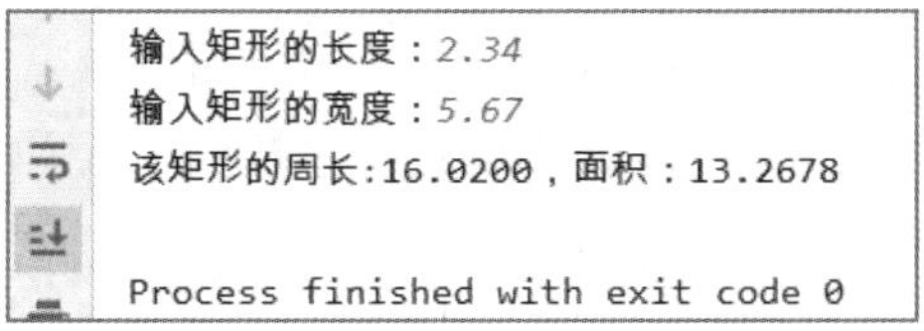

图 2-6　例 2-3 程序的运行结果

2.6 运算符

描述不同运算的各种符号称为运算符，参与运算的数据称为操作数。Python 的运算符包括算术运算符、赋值运算符、比较运算符、逻辑运算符等。表达式是将常量、变量等用运算符按一定的规则连接起来的式子。

2.6.1 算术运算符

算术运算符用来计算算术表达式。Python 的常用算术运算符包括+（加）、-（减）、*（乘）、/（除）、%（取余）、**（乘方）、//（整除），见表 2.3。

表 2.3 Python 的常用算术运算符

算术运算符	描述	运算式	运算结果
+	算术加法	3+2	5
-	得到负数或算术减法	3-2	1
*	算术乘法	3*2	6
/	算术除法	3/2	1.5
//	取商数	3//2	1
%	取余数	3%2	1
**	乘方	3**2	9

例 2-4 编写程序 case2-4.py，将输入的摄氏温度转换成华氏温度，摄氏温度（C）转换成华氏温度（F）的公式：F=C*(9/5)+32。

例 2-4 操作视频

代码如下：

```
1    # 摄氏温度转换为华氏温度
2    C = float(input('请输入摄氏温度：'))
3    F = C * (9/5) + 32
4    print('摄氏温度%.2f，转换成华氏温度是：%.2f % (C, F))
```

代码说明如下：

- 代码行 1：本程序的注释。
- 代码行 2：用 input()函数输入摄氏温度，用 float()函数将字符串转换为浮点数，并赋值给变量 C。
- 代码行 3：计算华氏温度，将计算结果赋值给变量 F。
- 代码行 4：输出计算结果，%0.2f 表示输出项按四舍五入的原则保留 2 位小数。

运行结果如图 2-7 所示。

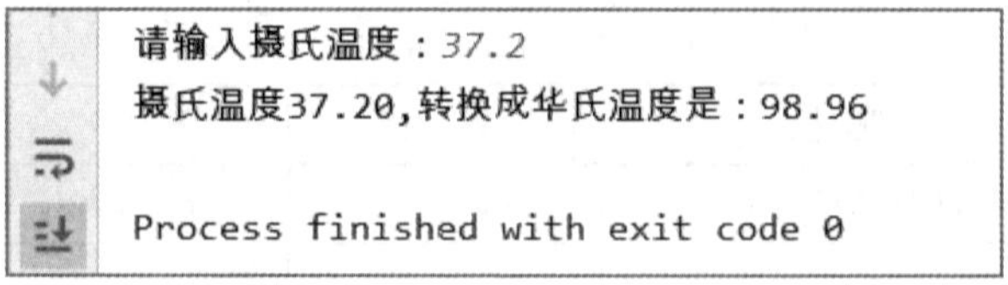

图 2-7　例 2-4 程序的运行结果

例 2-5　编写程序 case2-5.py，输入苹果数量和小学生人数，计算每位小学生分得几个苹果，还剩几个苹果。

例 2-5 操作视频

代码如下：

```
1    # 给小学生分苹果
2    appNum = int(input('请输入苹果数量：'))
3    pupNum = int(input('请输入小学生人数：'))
4    print('分得%d 个苹果，还剩%d 个苹果' % (appNum // pupNum, appNum % pupNum))
```

代码说明如下：

- 代码行 1：本程序的注释。
- 代码行 2～3：用 input()函数分别输入苹果数量和小学生人数，用 int()函数将字符串转换成整数，并赋值给变量 appNum 和 pupNum。
- 代码行 4：输出计算结果，分得的数量是苹果数量与小学生人数进行取商数运算的结果，剩余的数量是苹果数量与小学生人数进行取余数运算的结果，%d 表示输出十进制整数。

运行结果如图 2-8 所示。

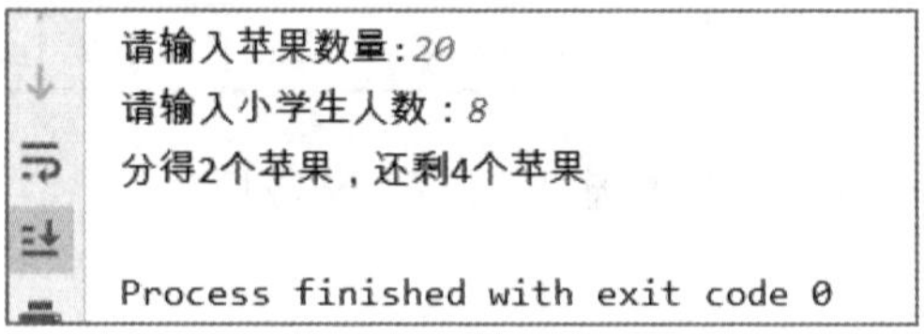

图 2-8　例 2-5 程序的运行结果

2.6.2　复合赋值运算符

Python 的赋值运算符有两种：简单赋值运算符（=）和复合赋值运算符（+=、-=、*=、/=、//%=、%=、**=）。简单赋值运算符是把等号右边的值赋给左边的变量，用法已在 2.2.2 节中介绍；复合赋值运算符可以看作将算术运算和赋值运算的功能结合在一起的运算符。

Python 的常用复合赋值运算符见表 2.4，假设表中 x=3，y=5。

表 2.4　Python 的常用复合赋值运算符

复合赋值运算符	描述	表达式	实例
+=	算术加法赋值运算	x +=y	等价于 x=x+y，x 结果是 8
-=	算术减法赋值运算	x-=y	等价于 x=x-y，x 结果是-2
*=	算术乘法赋值运算	x*=y	等价于 x=x*y，x 结果是 15

续表

复合赋值运算符	描述	表达式	实例
/=	算术除法赋值运算	x/=y	等价于 x=x/y，x 结果是 0.6
//=	取商数赋值运算	x//=y	等价于 x=x//y，x 结果是 0
%=	取余数赋值运算	x%=y	等价于 x=x%y，x 结果是 3
**=	乘方赋值运算	x**=y	等价于 x=x**y，x 结果是 243

2.6.3 比较运算符

Python 的比较运算符有等于（==）、不等于（！=）、大于（>）、小于（<）、大于或等于（>=）和小于或等于（<=）等。比较运算的结果是一个布尔值：True 或者 False。

Python 的常用比较运算符见表 2.5，假设表中 x=3，y=5。

表 2.5 Python 的常用比较运算符

比较运算符	描述	表达式	实例
==	等于	x==y	结果是 False
!=	不等于	x!=y	结果是 True
>	大于	x>y	结果是 False
<	小于	x<y	结果是 True
>=	大于或等于	x>=y	结果是 False
<=	小于或等于	x<=y	结果是 True

例 2-6 编写程序 case2-6.py，比较输入的两个整数值。

代码如下：

```
1  # 比较输入的两个整数值
2  num1 = int(input('输入第一个整数：'))
3  num2 = int(input('输入第二个整数：'))
4  print('第一个整数是否等于第二个整数：', num1 == num2)
5  print('第一个整数是否大于第二个整数：', num1 > num2)
6  print('第一个整数是否小于第二个整数：', num1 < num2)
7  print('第一个整数是否大于或等于第二个整数：', num1 >= num2)
8  print('第一个整数是否小于或等于第二个整数：', num1 <= num2)
```

代码说明如下：

- 代码行 1：本程序的注释。
- 代码行 2～3：用 input()函数分别输入两个整数，用 int()函数将字符串转换为整数，并赋值给变量 num1 和 num2。
- 代码行 4：比较两个数是否相等。
- 代码行 5：比较第一个数是否大于第二个数。
- 代码行 6：比较第一个数是否小于第二个数。

- 代码行 7：比较第一个数是否大于或等于第二个数。
- 代码行 8：比较第一个数是否小于或等于第二个数。

运行结果如图 2-9 所示。

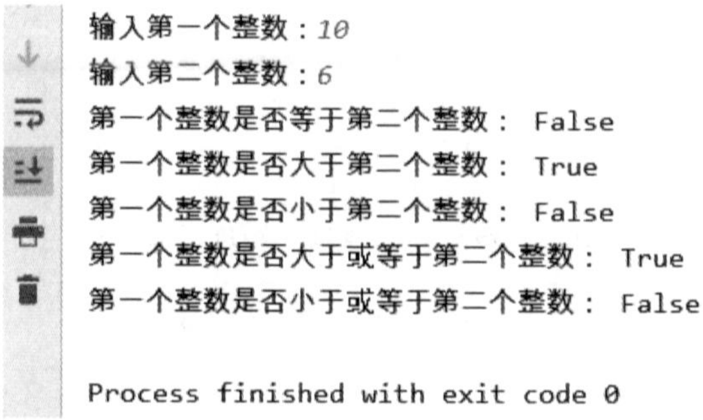

图 2-9　例 2-6 程序的运行结果

2.6.4　逻辑运算符

Python 中的逻辑运算符有与（and）、或（or）、非（not），通常用来表达生活中的并且、或者和取反的意思。

Python 的常用逻辑运算符见表 2.6。

表 2.6　Python 的常用逻辑运算符

逻辑运算符	描述	表达式	实例
and	与运算，当 x 和 y 两个表达式都为真时，x and y 的结果才为真，否则为假	6 > 3 and 3 < 2	结果是 False
		3 < 5 and 3 < 6	结果是 True
or	或运算，当 x 和 y 两个表达式都为假时，x or y 的结果才为假，否则为真	6 < 3 or 3 < 2	结果是 False
		3 < 5 or 3 > 6	结果是 True
not	非运算，如果 x 为 False，not x 的值是 True；如果 x 为 True，not x 的值是 False	not 6 > 3	结果是 False
		not 6 <3	结果是 True

例 2-7　编写程序 case2-7.py，输入学生成绩，学生成绩是 0～100 的浮点数，判断输入的成绩是否有效。

代码如下：

例 2-7 操作视频

```
1   # 判断输入的成绩是否有效，有效成绩在 0 和 100 之间
2   score = float(input('输入学生成绩：'))
3   isValid = score >= 0 and score <= 100
4   print('成绩是否有效：', isValid)
```

代码说明如下：

- 代码行 1：本程序的注释。
- 代码行 2：用 input()函数输入成绩，用 float()函数将字符串转换为浮点数并赋值给变量 score。

- 代码行 3：判断学生成绩是否大于或等于 0 并且小于或等于 100，并将判断结果赋值给变量 isValid。
- 代码行 4：输出判断结果。

运行结果如图 2-10 所示。

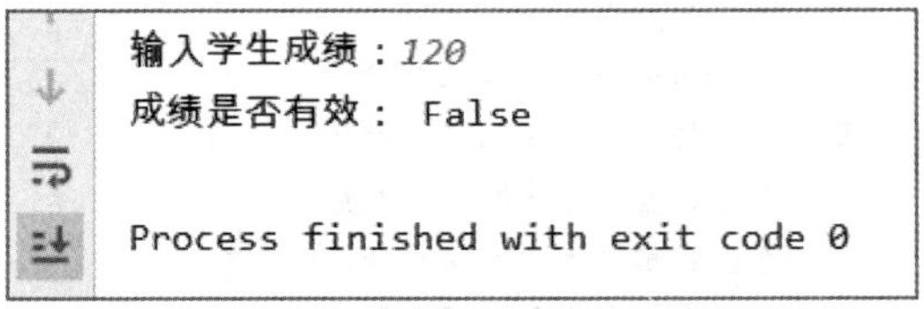

图 2-10　例 2-7 程序的运行结果

2.6.5　运算符的优先级

Python 按照运算符的优先级由高到低的原则计算表达式，表 2.7 列出了常用运算符优先级，表中关于成员运算符的用法将在后续章节中介绍。

表 2.7　常用运算符优先级

运算符	描述
**	乘方（最高优先级）
+ -	正号、负号
*/% //	乘法、除法、取余数、取商数
+ -	加法、减法
<= < > >=	小于或等于、小于、大于、大于或等于
== !=	等于、不等于
= % =/= //= -= += *= **=	赋值、取余数赋值、除法赋值、取商数赋值、减法赋值、加法赋值、乘法赋值、乘方赋值
in not in	成员运算符
not and or	非、与、或

下面是运算符优先级的示例。

```
a, b, c, d = 1, 2, 3, 4
e = a + b * c-d
print(e)
e = (a + b) * c-d
print(e)
```

在上面的代码中，表达式 e = a + b * c-d 的运算次序是“首先乘法，然后加法，最后减法”；表达式 e = (a + b) * c-d 的运算次序是“首先括号中的加法，然后乘法，最后减法”。执行结果如下：

```
3
5
```

2.7　程序练习

练习 2-1　编写程序 ex2-1.py，输入学生的语文、数学和英语成绩，成绩都是整数，输出总分和平均分。

提示与要求：

- 用 input()函数分别输入三科成绩，用 int()函数将字符串转换成整数。
- 计算总分和平均分。
- 用 print()函数输出总分和平均分。

参考程序：

```
# 输入语文、数学和英语成绩，输出总分和平均分
chi = int(input('输入语文成绩：'))
met = int(input('输入数学成绩：'))
eng = int(input('输入英语成绩：'))
total = chi + met + eng
ave = total/3
print('总成绩：', total, '平均分：', ave)
```

运行结果参考图 2-11。

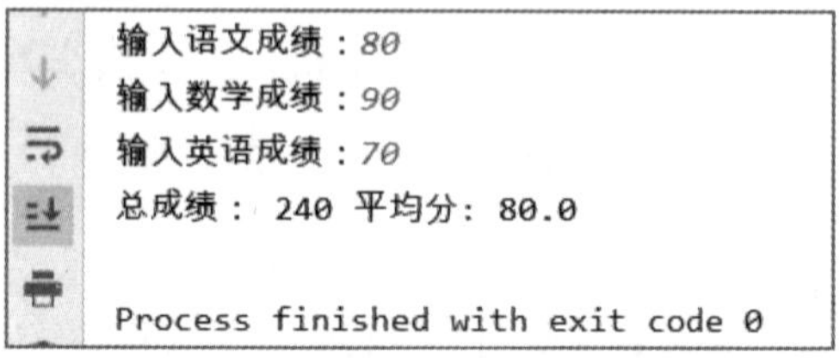

图 2-11　练习 2-1 程序的运行结果

练习 2-2　编写程序 ex2-2.py，输入一个三位自然数，输出其百位、十位和个位上的数字。

提示与要求：

- 用 input()函数输入一个三位自然数，用 int()函数将字符串转换成整数。
- 对三位自然数和 100 进行取商数运算可求得百位数字。
- 先对三位自然数和 10 进行取商数运算得到前两位数，再对这前两位数和 10 进行取余数运算可求得十位数字。
- 对三位自然数和 10 进行取余数运算可求得个位数字。
- 输出计算结果。

参考程序：

```
# 输出三位自然数的百位、十位和个位上的数字
x = int(input('请输入一个三位自然数：'))
a = x // 100        # 求百位数字
b = x // 10 % 10    # 求十位数字
c = x % 10          # 求个位数字
print('百位：%d，十位：%d，个位：%d' % (a, b, c))
```

运行结果参考图 2-12。

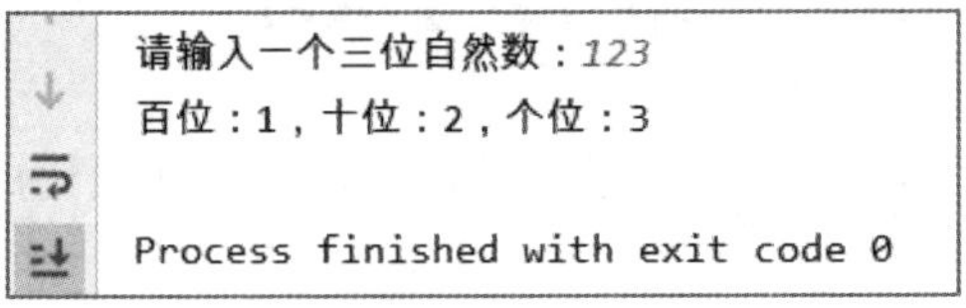

图 2-12　练习 2-2 程序的运行结果

练习 2-3　编写程序 ex2-3.py，输入三角形的底和高，输出三角形的面积。

提示与要求：

- 用 input()函数分别输入三角形的底和高，用 float()函数将字符串转换成浮点数。
- 用三角形的面积公式计算三角形的面积。
- 输出计算结果。

参考程序：

```
# 输入三角形的底和高，输出三角形的面积
a = float(input('输入三角形的底：'))
h = float(input('输入三角形的高：'))
area = a * h/2   # 计算三角形的面积
print('三角形的面积：', area)
```

运行结果参考图 2-13。

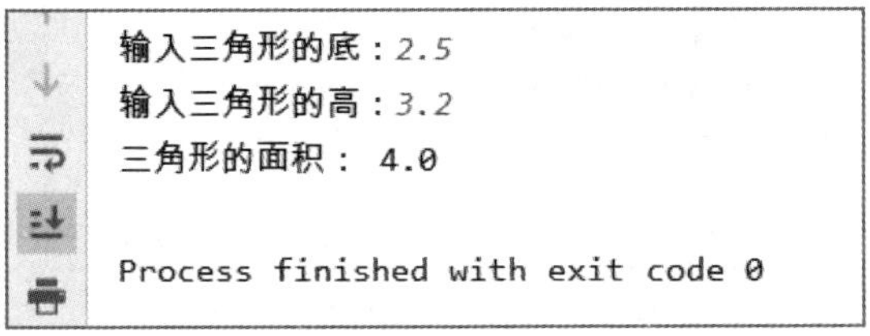

图 2-13　练习 2-3 程序的运行结果

2.8　本章小结

本章详细介绍了 Python 的基本语法、变量、基本数据类型、运算符、输入与输出函数等内容。通过本章学习，读者应按 Python 的规范编写程序代码，会定义变量、书写表达式，能对基本数据类型进行类型转换，会使用 input()函数和 print()函数完成数据的输入和输出，为编写复杂的 Python 程序打下基础。

课后习题

一、填空题

1．表达式 3 ** 2 的值为__________。

2. 表达式 3 * 2 的值为__________。

3. 转义字符'\n'的含义是__________。

4. Python 语句 print(1, 2, 3, sep=':')的输出结果为__________。

5. 表达式 int(4 ** 0.5) 的值为__________。

6. 已知 x = 3，则执行语句 x *= 6 后，x 的值为__________。

7. Python 的单行注释语句使用的字符是__________。

8. 表达式 5 // 3 的值是__________。

9. Python 语句 print(r'c:\table\n2.txt')的输出结果是__________。

10. 表达式 5 % 3 的值是__________。

11. 执行语句 a = 2 == 3 后，变量 a 的值是__________。

12. 若 a=3，b=2，则执行语句 a, b = b, a 后，a 的值是__________，b 的值是__________。

13. 若 n=15，则表达式 n % 3 == 0 and n % 5 == 0 的值是__________。

14. 表达式 not 5 > 6 or 3 > 5 的值是__________。

15. Python 语句 print('%d：%.1f' % (5, 3.14)) 的输出结果为__________。

16. 执行语句 a = b = 3 后，变量 a 的值是__________，b 的值是__________。

17. 若 a=2，b=1，则执行语句 b += a 后，变量 b 的值是__________。

18. 若一个语句过长，可以在行尾加续行符__________。

19. 表达式 2 * 3 ** 2 的值是__________。

20. 若 a='123'，将变量 a 的值强制转换成整数并赋值给变量 b 的语句是__________。

二、写出程序的运行结果

1. 下面程序的运行结果为__________。

```
a = 1
b = 2
c = 3
print(a, b, c, sep='*')
```

2. 下面程序的运行结果为__________。

```
a = 1
b = 3.1316
print('a=%d, b=%.2f' % (a, b))
```

3. 下面程序的运行结果为__________。

```
a = 23
b = 5
print(a/b, a // b, a % b)
```

4. 下面程序的运行结果为__________。

```
year = 2000
isLeap = (year % 4 == 0 and year % 100 != 0) or (year % 400 == 0)
print(isLeap)
```

5．下面程序的运行结果为__________。

```
a, b = 1, 2
a += 2
b *= 3
print(a, b)
```

三、编程题

1．编写程序，输入一个三位自然数，输出其各位上的数字之和。

2．编写程序，输入你的姓名和所学专业，输出格式为“我的姓名：___，所学专业：___”。

3．编写程序，输入一个华氏温度，将华氏温度转换成摄氏温度，输出格式为“华氏温度：___，其摄氏温度：___”。

第 3 章　Python 流程控制

本章导读

众所周知，计算机程序是一系列指令的集合，那么程序的执行就是指运行这些指令的过程，对这个过程的控制就是计算机程序的流程控制。流程控制结构分为顺序结构、选择结构和循环结构。本章将带领读者理解这三种流程控制结构的特点，掌握 if、while、for 等语句的格式和用法，能编写 Python 程序解决简单问题。

本章要点

- 流程图的表示符号
- if 语句的使用
- while 语句的使用
- for 语句的使用
- break 与 continue 语句的使用
- 简单问题的计算机求解

3.1　流程图的表示符号

在进行程序设计时，我们经常用流程图来辅助程序设计。流程图是以特定的图形符号加上说明来表示算法的图。使用流程图，我们可以很容易地了解整个任务的流程，便于程序的编写与调试。流程图的图形符号见表 3.1。

表 3.1　流程图的图形符号

名称	符号	含义
开始或结束符号		流程的开始或结束
流程符号	↓	程序流程的方向
程序处理符号	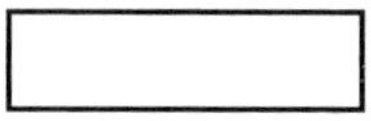	要处理的工作
输入或输出符号		数据输入或数据输出
流程判断符号	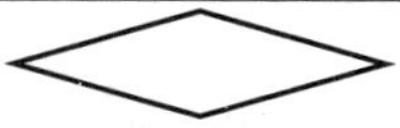	根据条件表达式判断程序执行方向

下面以猜数游戏程序为例来说明流程图如何帮助我们思考问题，程序流程图如图 3-1 所示。

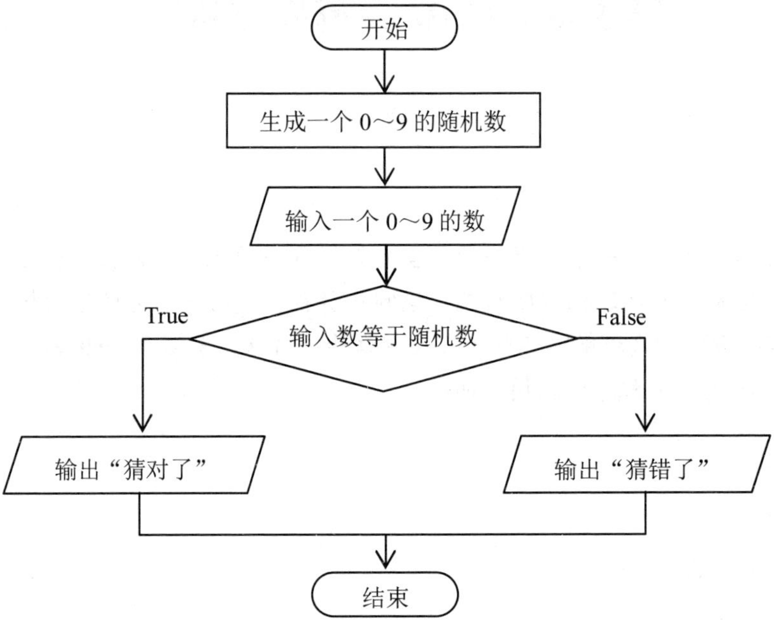

图 3-1　猜数游戏程序的流程图

3.2　顺序结构

程序的一般工作流程是输入数据、运算处理和输出结果。顺序结构是指按照代码的执行顺序依次执行，程序中大多数代码都是顺序执行的。顺序结构的流程图如图 3-2 所示。

图 3-2　顺序结构的流程图

例 3-1　编写程序 case3-1.py，输入圆的半径，输出圆的周长和面积。

代码如下：

```
# 输入圆的半径，计算出圆的周长和面积
r = float(input('输入圆的半径：'))
l = 2 * 3.14 * r
s = 3.14 * r * r
print('圆的半径：%.4f，其周长：%.4f，面积：%.4f' % (r, l, s))
```

代码说明如下：

- 代码行 1：本程序的注释。
- 代码行 2：用 input()函数输入圆的半径，用 float()函数将字符串转换成浮点数并赋值给变量 r。
- 代码行 3～4：计算圆的周长和面积，计算结果分别赋值给变量 l 和 s。
- 代码行 5：格式化输出计算结果，%.4f 表示输出浮点数，保留 4 位小数。

运行结果如图 3-3 所示。

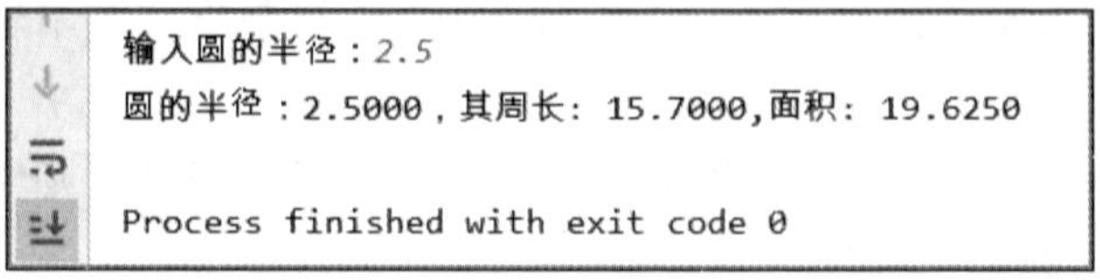

图 3-3　例 3-1 程序的运行结果

3.3　选择结构

选择结构是按照给定条件有选择地执行程序中的语句。在 Python 中使用保留字 if 构成选择结构。Python 提供了多种形式的选择结构：基本 if 语句的单分支结构、if…else…语句的双分支结构、if…elif…语句的多分支结构。

3.3.1　if 语句

if 语句构成了最简单的单分支选择结构，语法格式如下：

```
if 条件表达式:
    语句块
```

说明如下：

- 条件表达式后面的冒号“:”是不可缺少的。
- 条件表达式的结果为布尔值：True 或 False。
- 语句块也称 if 语句的内嵌语句，用缩进方式书写，是同一层缩进的连续代码。

单分支选择结构的流程图如图 3-4 所示。

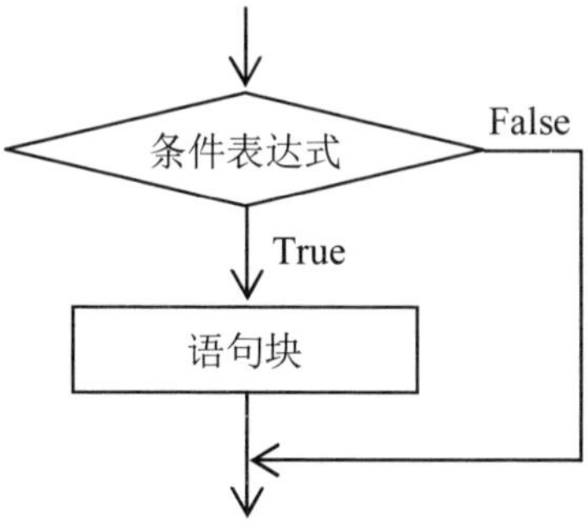

图 3-4　单分支选择结构的流程图

例 3-2 编写程序 case3-2.py，输入一个整数，若数值大于 10，则输出“大于十”。

代码如下：

```
1    # 输入一个整数，若数值大于 10 则输出“大于十”
2    number = int(input('输入一个整数：'))
3    if number > 10:
4        print('大于十')
```

代码说明如下：

- 代码行 1：本程序的注释。
- 代码行 2：用 input()函数输入一个整数，用 int()函数将字符串转换成整数并赋值给变量 number。
- 代码行 3～4：判断输入的整数是否大于 10，若条件成立，则输出“大于十”。

运行结果如图 3-5 所示。

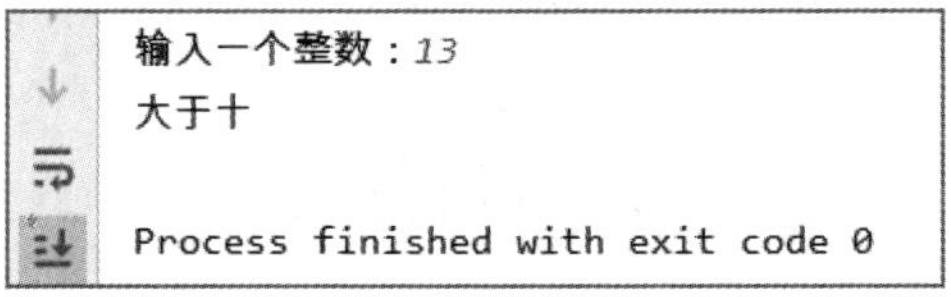

图 3-5 例 3-2 程序的运行结果

例 3-3 编写程序 case3-3.py，求两个整数的最大值。

代码如下：

```
1    # 求两个整数的最大值
2    x1 = int(input('请输入整数 x1：'))
3    x2 = int(input('请输入整数 x2：'))
4    if x2 > x1:
5        x1, x2 = x2, x1
6    print('最大值=', x1)
```

代码说明如下：

- 代码行 1：本程序的注释。
- 代码行 2～3：用 input()函数输入两个整数，用 int()函数将字符串转换成整数，并赋值给变量 x1 和 x2。
- 代码行 4～5：判断变量 x2 的值是否大于变量 x1 的值，若条件成立，则交换这两个变量的值。
- 代码行 6：输出变量 x1 的值。

运行结果如图 3-6 所示。

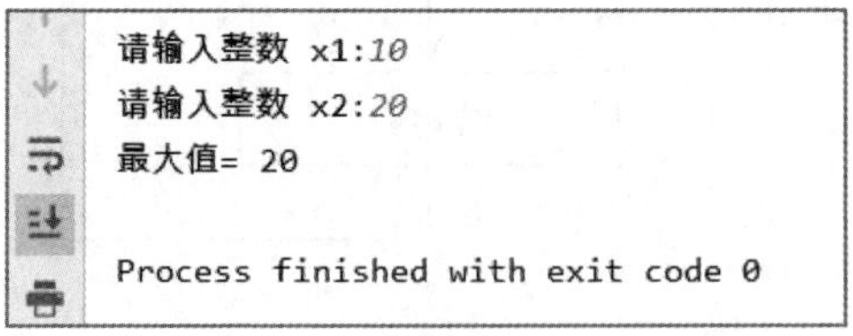

图 3-6 例 3-3 程序的运行结果

3.3.2 if…else…语句

if…else…语句构成了双分支选择结构，语法格式如下：

```
if 条件表达式:
    语句块 1
else:
    语句块 2
```

执行流程如下：判断条件表达式的值，如果值为 True，则执行语句块 1，否则执行语句块 2。其中，语句块可以是多条语句，用缩进来区分同一范围。

双分支选择结构的流程图如图 3-7 所示。

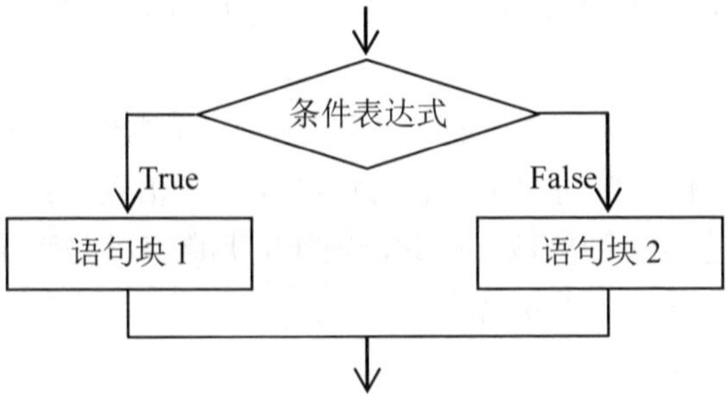

图 3-7　双分支选择结构的流程图

例 3-4　编写程序 case3-4.py，判断输入整数的奇偶性。

代码如下：

```
1   # 判断输入整数的奇偶性
2   x = int(input('请输入整数 x：'))
3   if x % 2 == 0:
4       print(x, '是偶数')
5   else:
6       print(x, '是奇数')
```

例 3-4 操作视频

代码说明如下：

- 代码行 1：本程序的注释。
- 代码行 2：用 input()函数输入一个整数，用 int()函数将字符串转换成整数并赋值给变量 x。
- 代码行 3～6：使用双分支选择结构判断该数能否被 2 整除，如果条件成立，则输出是偶数，否则输出是奇数。

运行结果如图 3-8 所示。

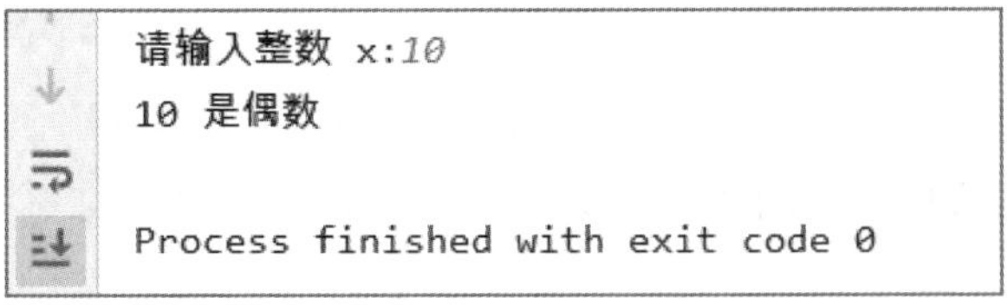

图 3-8　例 3-4 程序的运行结果

例 3-5 编写程序 case3-5.py，输入一个年份，判断是否为闰年。

代码如下：

```
1   # 输入一个年份，判断是否为闰年
2   year = int(input('请输入公历年份：'))
3   if year % 4 == 0 and year % 100 != 0 or year % 400 == 0:
4       print(year, '是闰年')
5   else:
6       print(year, '不是闰年')
```

代码说明如下：

- 代码行 1：本程序的注释。
- 代码行 2：用 input()函数输入一个公历年份，用 int()函数将字符串转换成整数并赋值给变量 year。
- 代码行 3～6：用 if 语句判断 year 是否是闰年，根据判断条件输出结果。闰年分为普通闰年和世纪闰年，普通闰年：公历年份是 4 的倍数，且不是 100 的倍数；世纪闰年：公历年份是 400 的倍数。因此，闰年的判断条件是满足年份能被 4 整除但不能被 100 整除或年份能被 400 整除。

运行结果如图 3-9 所示。

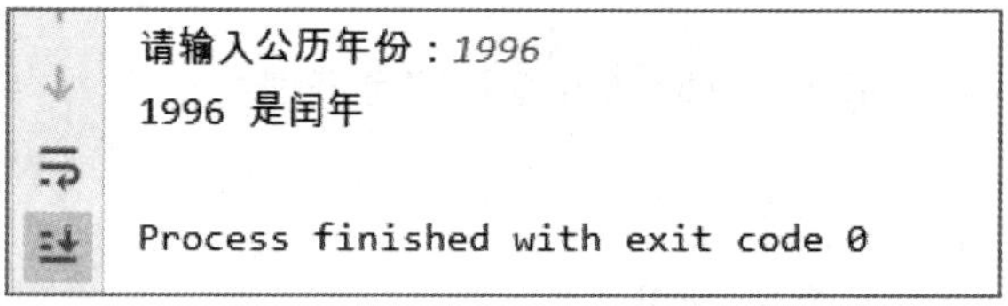

图 3-9 例 3-5 程序的运行结果

3.3.3 if…elif…语句

当程序中需要多个条件判断时，可用 if…elif…语句实现，构成了多分支选择结构，可以实现更为复杂的条件判断。语法格式如下：

```
if 表达式 1:
    语句块 1
elif 表达式 2:
    语句块 2
    …
elif 表达式 n:
    语句块 n
else:
    语句块 n+1
```

多分支选择结构的流程图如图 3-10 所示。

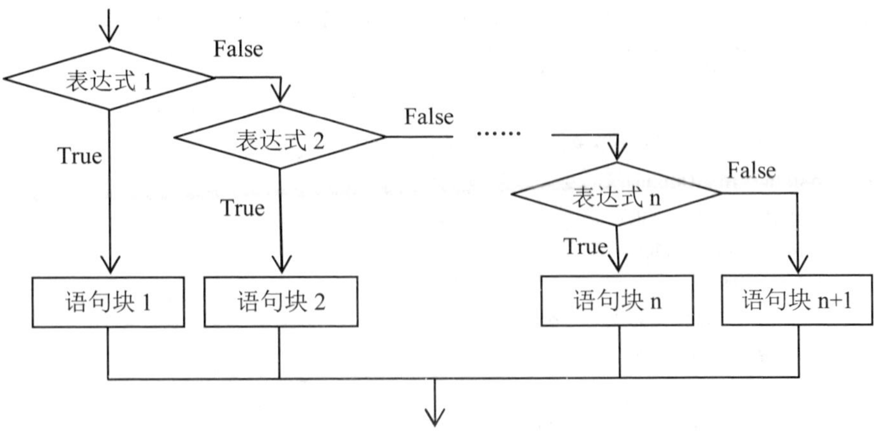

图 3-10　多分支选择结构的流程图

说明如下：

- 无论有几个分支，程序执行其中一个分支后，后面的分支都不再执行。
- 如果多分支中有多个表达式同时满足条件，则只执行第一个满足条件的语句块。

例 3-6　编写程序 case3-6.py，将百分制成绩转换成五级制。

代码如下：

例 3-6 操作视频

```
1    # 输入成绩，判断成绩的等级
2    score = int(input('输入成绩：'))
3    if score >= 90:
4        print('优秀')
5    elif score >= 80:
6        print('良好')
7    elif score >= 70:
8        print('中等')
9    elif score >= 60:
10       print('及格')
11   else:
12       print('不及格')
```

代码说明如下：

- 代码行 1：本程序的注释。
- 代码行 2：用 input()函数输入成绩，用 int()函数将字符串转换成整数并赋值给变量 score。
- 代码行 3～12：使用多分支选择结构，从上到下依次判断成绩满足哪个条件。如果满足某个条件，则输出相应的成绩等级；如果所有条件都不满足，则输出“不及格”。

运行结果如图 3-11 所示。

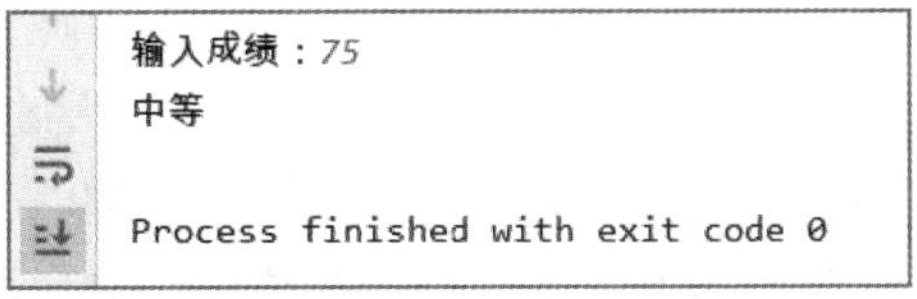

图 3-11　例 3-6 程序的运行结果

例 3-7 编写程序 case3-7.py，计算 BMI 指数，BMI=体重/身高^2（体重的单位是千克，身高的单位是米），判断某人的体重是否标准。

代码如下：

```
1   # 计算 BMI，判断某人的体重是否标准
2   height = float(input('输入身高（米）：'))
3   weight = float(input('输入体重（千克）：'))
4   bmi = weight/(height * height)
5   if bmi < 18.5:
6       print('BMI 指数为：', bmi)
7       print("体重过轻")
8   elif bmi < 24:
9       print('BMI 指数为：', bmi)
10      print("标准体重，注意保持")
11  elif bmi < 28:
12      print('BMI 指数为：', bmi)
13      print("体重过重")
14  else:
15      print('BMI 指数为：', bmi)
16      print('肥胖，该减肥了！')
```

代码说明如下：

- 代码行 1：本程序的注释。
- 代码行 2～3：用 input()函数输入身高和体重，用 float()函数将字符串转换成浮点数，并赋值给变量 height 和 weight。
- 代码行 4：计算 BMI 指数，bmi=weight/(height * height)。
- 代码行 5～16：使用多分支选择结构，从上到下依次判断：①如果满足 bmi<18.5，则输出"体重过轻"；②如果满足 bmi<24，则输出"标准体重，注意保持"；③如果满足 bmi<28，则输出"体重过重"；④如果以上条件都不满足，则输出"肥胖，该减肥了！"。

运行结果如图 3-12 所示。

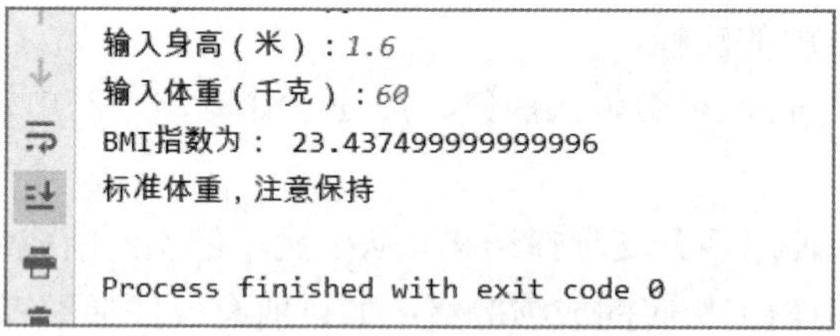

图 3-12 例 3-7 程序的运行结果

3.3.4 if 语句嵌套

在某些比较复杂的情况下，某个条件可以分为更为详细的子条件，此时我们可以使用选择结构的嵌套方式来实现逻辑关系。下面是一个选择结构的嵌套示例。

```
if 表达式 1:
    if 表达式 2:
        语句块 1
    else:
        语句块 2
else:
    if 表达式 3:
        语句块 3
    else:
        语句块 4
```

使用嵌套结构时，一定要严格控制不同级别代码块的缩进量，因为这决定了不同代码块的从属关系，是正确实现业务逻辑的条件。

例 3-8 编写程序 case3-8.py，判断某人是否达到法定结婚年龄。我国婚姻法规定结婚年龄：男不得早于二十二周岁，女不得早于二十周岁。

代码如下：

例 3-8 操作视频

```
1   # 判断某人是否达到法定结婚年龄
2   sex = input('请输入您的性别：')
3   age = int(input('请输入您的年龄（1～100）：'))
4   if sex == '男':
5       if age >= 22:
6           print('达到法定结婚年龄')
7       else:
8           print('未达到法定结婚年龄')
9   else:
10      if age >= 20:
11          print('达到法定结婚年龄')
```

代码说明如下：

- 代码行 1：本程序的注释。
- 代码行 2：用 input()函数输入性别，并赋值给变量 sex。
- 代码行 3：用 input()函数输入年龄，用 int()函数将字符串转换成整数并赋值给变量 age。
- 代码行 4～11：先使用双分支选择结构判断性别，再使用嵌套的分支选择结构判断是否达到法定结婚年龄，并输出判断结果。

运行结果如图 3-13 所示。

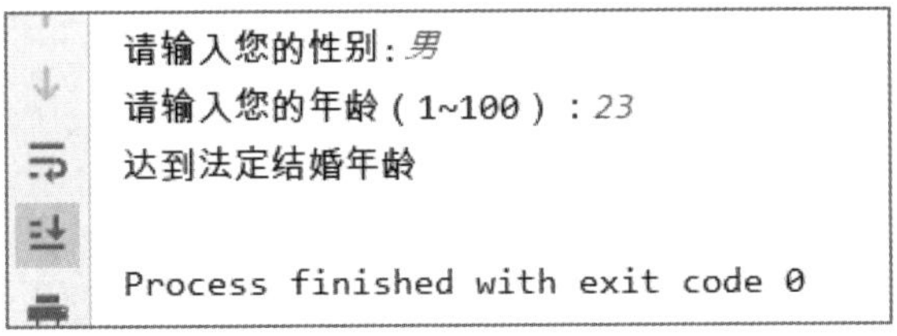

图 3-13 例 3-8 程序的运行结果

3.4 循环结构

循环结构能让代码块重复执行，Python 提供了两种循环结构：while 循环和 for 循环，while 循环一般用于难以提前确定循环次数的情况；for 循环一般用于可以提前确定循环次数的情况，尤其适用于迭代序列中的元素。

3.4.1 while 循环

while 循环先判断条件表达式的值是否为 True，如果为 True，则执行循环体语句，直到条件表达式的值为 False 时，循环结束。语法格式如下：

```
while 条件表达式:
    语句块
```

while 循环的流程图如图 3-14 所示。

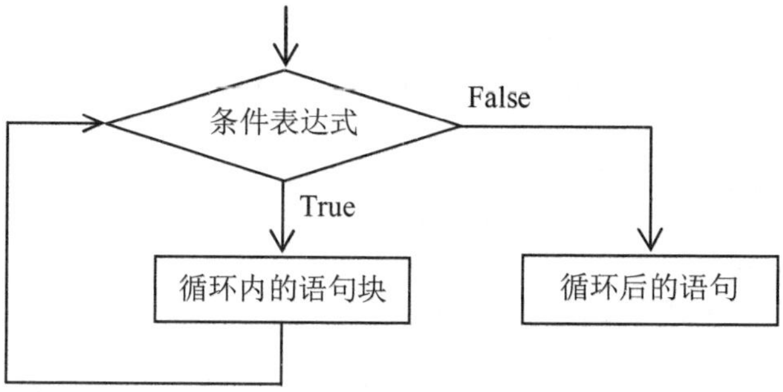

图 3-14 while 循环的流程图

说明如下：

- while 中的冒号“:”必不可少。
- while 中的语句块可以是单条语句，也可以是多条语句，它们必须具有相同的缩进。

例 3-9 编写程序 case3-9.py，设计 while 循环程序，计算 1～100 的和值。

代码如下：

```
1    # 用 while 循环计算 1～100 的和值
2    s = 0
3    i = 1
4    while i <= 100:
5        s += i
6        i += 1
7    print('1+2+3+...+100=', s)
```

例 3-9 操作视频

代码说明如下：

- 代码行 1：本程序的注释。
- 代码行 2：定义累加器变量 s，值为 0。
- 代码行 3：定义循环变量 i，值为 1。

- 代码行 4～6：用 while 循环计算 1～100 的和值，条件表达式是 i<=100，第 6 行代码使循环变量 i 自增 1，不能缺少这条语句，否则造成死循环。
- 代码行 7：输出计算结果。

运行结果如图 3-15 所示。

```
1+2+3+...100= 5050

Process finished with exit code 0
```

图 3-15　例 3-9 程序的运行结果

例 3-10　编写程序 case3-10.py，输入一个 1～10 的整数，设计 while 循环程序计算它的阶乘。

代码如下：

```
1    # 用 while 循环计算阶乘
2    n = int(input('输入一个 1～10 之间的整数：'))
3    fact = 1
4    i = 1
5    while i <= n:
6        fact *= i
7        i += 1
8    print('%d!=%d' % (n, fact))
```

代码说明如下：

- 代码行 1：本程序的注释。
- 代码行 2：用 input()函数输入整数，用 int()函数将字符串转换成整数，并赋值给变量 n。
- 代码行 3：定义阶乘变量 fact，值为 1。
- 代码行 4：定义循环变量 i，值为 1。
- 代码行 5～7：用 while 循环计算 1～n 的阶乘，条件表达式是 i<=n，第 7 行代码使循环变量 i 自增 1，不能缺少这条语句，否则造成死循环。
- 代码行 8：格式化输出计算结果。

运行结果如图 3-16 所示。

```
输入一个1~10之间的整数：5
5!=120

Process finished with exit code 0
```

图 3-16　例 3-10 程序的运行结果

在 while 循环中，还可以使用 else 语句，语法格式如下：

```
while 条件表达式:
    语句块 1
```

```
else:
    语句块 2
```

当 while 循环的条件表达式值为 True 时，执行语句块 1；当条件表达式值为 False 时，执行语句块 2，循环结束。例如：

```
count = 0
while count < 5:
    print(count, " 小于 5")
    count += 1
else:
    print(count, " 不小于 5")
```

当 count 变量值为 5 时，条件表达式值是 False，程序执行 else 语句，运行结果如图 3-17 所示。

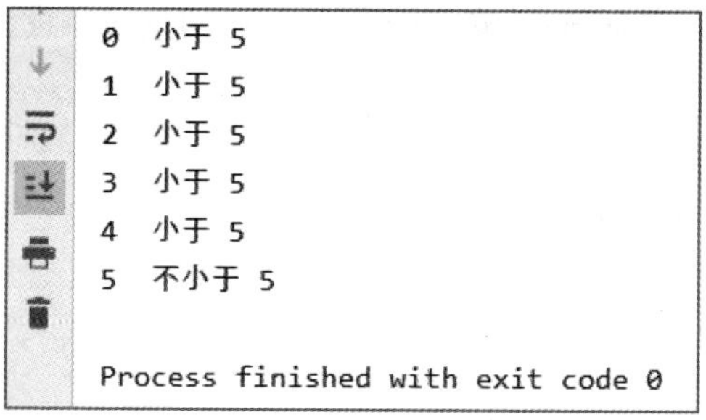

图 3-17 使用 else 语句的 while 循环示例运行结果

3.4.2 for 循环

for 循环可以遍历序列的元素，如字符串、列表、集合等，语法格式如下：

```
for 循环变量 in 序列:
    语句块
```

for 循环的执行过程如下：循环变量依次读取序列中的每个元素，每读取一个元素，执行循环中的语句块，直到读取完全部元素之后，循环结束。

for 循环的流程图如图 3-18 所示。

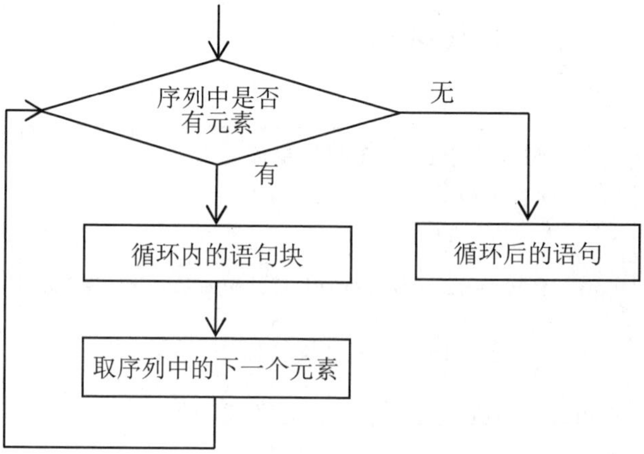

图 3-18 for 循环的流程图

说明如下：

- 因为循环变量存放从序列中读取出来的元素，所以不会在循环的语句块中对循环变量赋值。
- 循环中的语句块是具有相同缩进的一行或多行代码。

例如，下面使用 for 循环程序遍历字符串中的每个字符。

```
str = 'Python'
for i in str:
    print(i)
```

运行结果如图 3-19 所示。

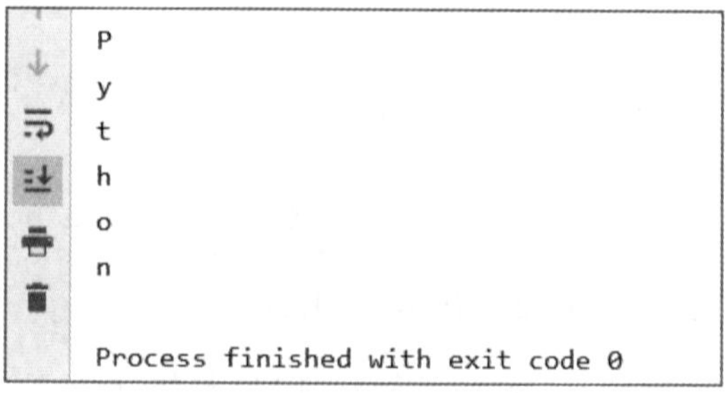

图 3-19　for 循环遍历示例运行结果

for 循环经常与 range()函数搭配使用，语法格式如下：

```
for 循环变量 in range([起始值],结束值,[步长]):
    语句块
```

range()函数用来产生一个整数序列，在三个参数中，结束值必不可少，起始值和步长可以缺省，参数说明如下：

- 起始值：表示序列的起始值，默认是 0。
- 结束值：表示序列的结束值，产生的序列不包括结束值，遵循“左闭右开”原则。
- 步长：表示每次的递增或递减值，默认是 1。

range()函数的示例如下：

- range(5)：省略起始值，序列从 0 开始；省略步长，按默认值 1 递增；结束值是 5，但产生的序列不包括 5，因此，产生的整数序列包括 0、1、2、3、4 共 5 个元素。
- range(1,5)：起始值是 1；省略步长，按默认值 1 递增；结束值是 5，但产生的序列不包括 5，因此，产生的整数序列包括 1、2、3、4 共 4 个元素。
- range(1,10,2)：起始值是 1，结束值是 10，步长是 2，因此，产生的整数序列包括 1、3、5、7、9 共 5 个元素。
- range(10,5,-2)：起始值是 10，结束值是 5，步长是-2，因此，产生的整数序列包括 10、8、6 共 3 个元素。

例 3-11　编写程序 case3-9.py，设计 for 循环程序，计算 1～100 的和值。

代码如下：

```
# 用 for 循环计算 1～100 的和值
s = 0
```

例 3-11 操作视频

```
3    for i in range(1, 101):
4        s += i
5    print('1+2+...+100=', s)
```

代码说明如下：

- 代码行 1：本程序的注释。
- 代码行 2：定义累加器变量 s，值为 0。
- 代码行 3～4：range(1,101) 函数产生一个 1，2，…，100 的整数序列，循环变量 i 遍历序列的所有元素，每循环一次，将变量 i 的值累加到变量 s 中。
- 代码行 5：输出计算结果。

运行结果如图 3-20 所示。

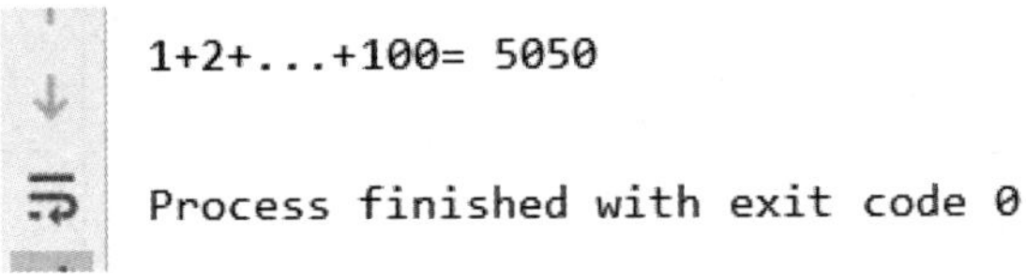

图 3-20　例 3-11 程序的运行结果

例 3-12　编写程序 case3-12.py，输入一个 1～10 的整数，设计 for 循环程序计算它的阶乘。

代码如下：

```
1    # 用 for 循环计算阶乘
2    n = int(input('输入一个 1～10 的整数：'))
3    fact = 1
4    for i in range(1, n + 1):
5        fact *= i
6    print('%d!=%d' % (n, fact))
```

代码说明如下：

- 代码行 1：本程序的注释。
- 代码行 2：用 input()函数输入整数，用 int()函数将字符串转换成整数，并赋值给变量 n。
- 代码行 3：定义阶乘变量 fact，值为 1。
- 代码行 4～5：用 range(1,n+1) 函数产生一个 1，2，…，n 的整数序列，循环变量 i 遍历序列的所有元素，每循环一次，将变量 i 的值乘到变量 fact 中。
- 代码行 6：格式化输出计算结果。

运行结果如图 3-21 所示。

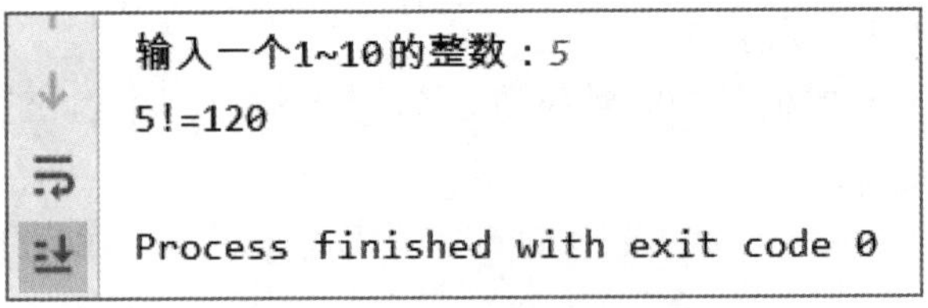

图 3-21　例 3-12 程序的运行结果

3.4.3 break 语句

在 while 循环和 for 循环中，break 语句用来直接退出循环，不再执行循环体内的语句。通常情况下，break 语句要与 if 语句联用，当满足某个条件时，结束循环。

例 3-13 编写程序 case3-13.py，输入一个大于 1 的自然数，判断它是否为素数。素数是除了 1 和它本身外，不能被其他数整除的自然数。

代码如下：

```
1  # 输入一个大于 1 的自然数，判断是否是素数
2  n = int(input('输入一个大于 1 的自然数：'))
3  for i in range(2, n):
4      if n % i == 0:
5          print('%d 不是素数' % n)
6          break
7  else:
8      print('%d 是素数' % n)
```

代码说明如下：

- 代码行 1：本程序的注释。
- 代码行 2：用 input()函数输入一个大于 1 的自然数，用 int()函数将字符串转换成整数，并赋值给变量 n。
- 代码行 3～8：如果变量 n 能被 2，3，…，n-1 中的某个数整除，则说明不是素数，用 break 语句结束循环；反之，则说明是素数。

运行结果如图 3-22 所示。

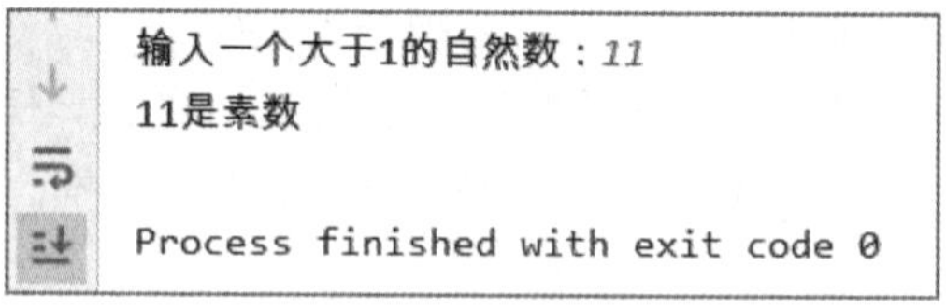

图 3-22 例 3-13 程序的运行结果

3.4.4 continue 语句

在 while 循环和 for 循环中，continue 语句用来终止本次循环，并忽略 continue 之后的循环体语句，然后继续下一次循环。通常情况下，continue 语句要与 if 语句联用，当满足条件时结束本次循环。

例 3-14 编写程序 case3-14.py，输出 1～20 中所有 3 的倍数。

代码如下：

```
# 输出 1～20 中所有 3 的倍数
for x in range(1, 21):
    if x % 3 != 0:
        continue
    print(x, end='   ')
```

代码说明如下：

- 代码行 1：本程序的注释。
- 代码行 2～5：循环变量 x 遍历 1，2，…，20，当 x 不能被 3 整除时，不执行后面的输出操作，继续下一次循环；否则，输出变量 x 的值。

运行结果如图 3-23 所示。

```
3  6  9  12  15  18
Process finished with exit code 0
```

图 3-23　例 3-14 程序的运行结果

3.4.5　循环嵌套

与分支结构相同，循环结构也是可以嵌套的，即在循环中可以再构造循环结构。执行嵌套循环时，先从外循环执行，再执行内循环，内循环执行结束后，外循环执行下一次循环。

例 3-15　编写程序 case3-15.py，打印九九乘法表。

代码如下：

```
1  # 打印九九乘法表
2  for i in range(1, 10):
3      for j in range(1, i + 1):
4          print('%d*%d=%2d' % (i, j, i * j), end=' ')
5      print()
```

例 3-15 操作视频

代码说明如下：

- 代码行 1：本程序的注释。
- 代码行 2：外循环，循环变量 i 取值范围是 1～9。
- 代码行 3：内循环，循环变量 j 的取值范围是 1～i 的值，例如，当 i = 1 时，j 的取值只能是 1；当 i = 2 时，j 的取值范围是 1 和 2；以此类推，当 i = 9 时，j 的取值范围是 1～9。
- 代码行 4：格式化输出，print()函数在输出数据后不进行自动换行，确保内循环中的 print()函数都把数据输出在同一行。
- 代码行 5：print()函数仅完成换行操作。

运行结果如图 3-24 所示。

```
1*1= 1
2*1= 2 2*2= 4
3*1= 3 3*2= 6 3*3= 9
4*1= 4 4*2= 8 4*3=12 4*4=16
5*1= 5 5*2=10 5*3=15 5*4=20 5*5=25
6*1= 6 6*2=12 6*3=18 6*4=24 6*5=30 6*6=36
7*1= 7 7*2=14 7*3=21 7*4=28 7*5=35 7*6=42 7*7=49
8*1= 8 8*2=16 8*3=24 8*4=32 8*5=40 8*6=48 8*7=56 8*8=64
9*1= 9 9*2=18 9*3=27 9*4=36 9*5=45 9*6=54 9*7=63 9*8=72 9*9=81

Process finished with exit code 0
```

图 3-24　例 3-15 程序的运行结果

例 3-16 编写程序 case3-16.py，输出一个由星号组成的三角形图案。

代码如下：

```
1   # 用循环嵌套结构输出一个由星号组成的三角形图案
2   for i in range(1, 5):
3       for j in range(1, i + 1):
4           print('*', sep='', end='')
5       print('')
```

代码说明如下：

- 代码行 1：本程序的注释。
- 代码行 2：外循环，循环变量 i 取值范围是 1～5。
- 代码行 3：内循环，循环变量 j 的取值范围是 1～i 的值，例如，当 i = 1 时，j 的取值只能是 1；当 i = 2 时，j 的取值范围是 1 和 2；以此类推，当 i = 5 时，j 的取值范围是 1～5。
- 代码行 4：格式化输出，print()函数在输出数据后不进行自动换行，确保内循环中的 print()函数都把数据输出在同一行。
- 代码行 5：print()函数仅完成换行操作。

运行结果如图 3-25 所示。

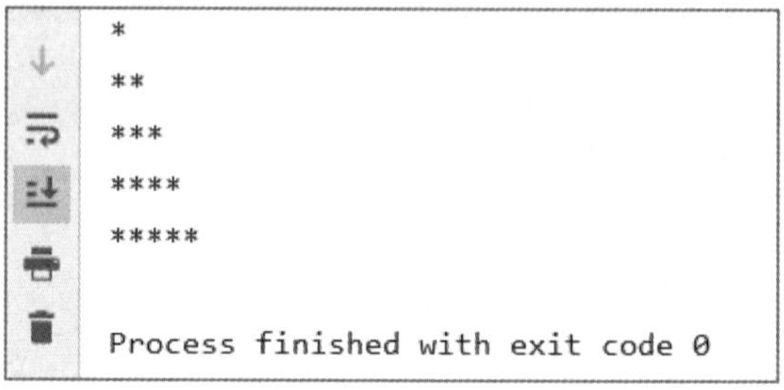

图 3-25 例 3-16 程序的运行结果

3.5 程序练习

练习 3-1 编写程序 ex3-1.py，模拟用户的登录验证。

提示与要求：

- 用户登录时要输入用户名和密码。
- 如果用户输入了合法的用户名和密码，则输出“欢迎登录”，否则输出“用户名或密码输入错误”。
- 假定合法的用户名是 admin，其密码是 123456。

参考程序：

```
# 模拟用户的登录验证
username = input("请输入用户名：")
password = input("请输入密码：")
if username == 'admin' and password == '123456':   # 验证用户名和密码
```

```
        print('欢迎登录！')
    else:
        print('用户名或密码输入错误！')
```

运行结果参考图 3-26。

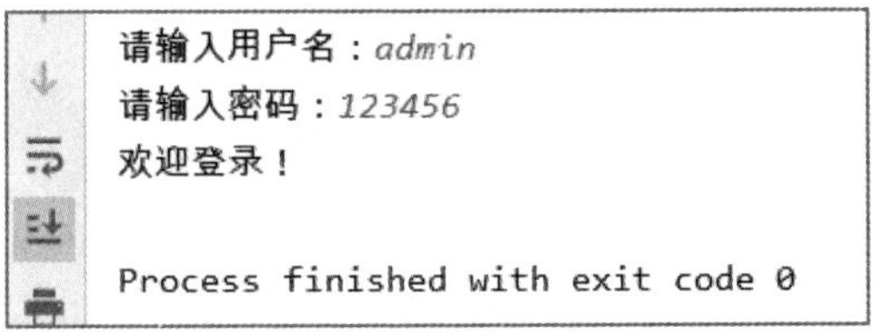

图 3-26 练习 3-1 程序的运行结果

练习 3-2 编写程序 ex3-2.py，输入某人的年龄，判断他是儿童、少年、青年、中年还是老年。

提示与要求：

- 用 input()函数输入年龄。
- 根据输入的年龄，共有五种选择输出，选用 if…elif…语句最合适。
- 年龄段判断条件：①儿童：年龄<10；②少年：10<=年龄<20；③青年：20<=年龄<30；④中年：30<=年龄<60；⑤老年：年龄>=60。

参考程序：

```
# 判断某人是儿童、少年、青年、中年还是老年
age = int(input('请输入年龄：'))
if age < 10:
    print('此人为儿童')
elif age < 20:
    print('此人为少年')
elif age < 30:
    print('此人为青年')
elif age < 60:
    print('此人为中年')
else:
    print('此人为老年')
```

运行结果参考图 3-27。

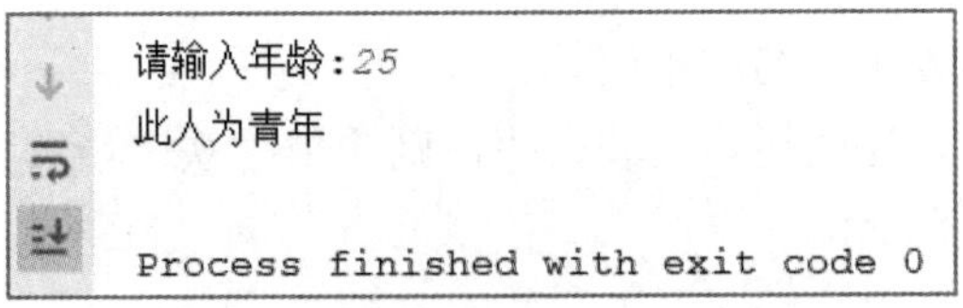

图 3-27 练习 3-2 程序的运行结果

练习 3-3 编写程序 ex3-3.py，设计 while 循环程序，计算 1～100 所有奇数的和值。

提示与要求：

- 用 while 循环遍历 1～100 的所有整数。

● 在循环体中，判断循环变量的值是否为奇数，如果是奇数，则进行累加。

参考程序：

```
# 利用 while 循环计算 1～100 所有奇数的和值
sum = 0
i = 1
while i <= 100:
    if i % 2 != 0:
        sum = sum + i
    i = i + 1
print("1+3+5+7+9+...+99=", sum)
```

运行结果参考图 3-28。

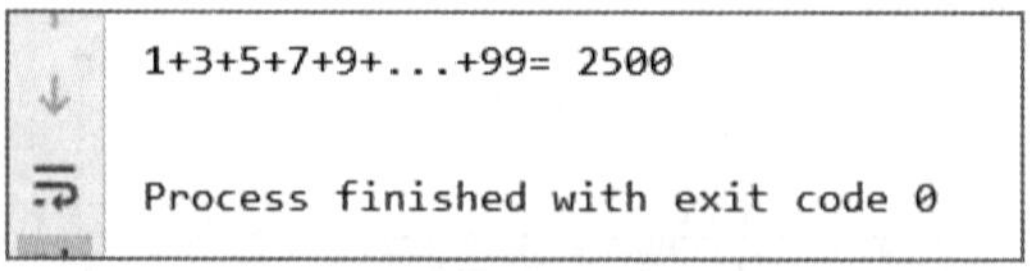

图 3-28　练习 3-3 程序的运行结果

练习 3-4　编写程序 ex3-4.py，利用 for 循环解决鸡兔同笼问题：假设鸡兔同笼，共有 35 个头，94 只脚，求鸡、兔各有多少只。

提示与要求：

● 可用穷举法实现，鸡和兔子的数量取值范围都是 1～34，测试所有可能的组合是否满足条件，如果满足则输出该组合。

● 如果鸡有 x 只，兔有 y 只，则在各自数量的取值范围内应满足 x+y=35 且 2x+4y=94。

参考程序：

```
# 利用 for 循环解决鸡兔同笼问题
for x in range(1, 35):
    for y in range(1, 35):
        if 2 * x + 4 * y == 94 and x + y == 35:
            print('鸡：', x, ' 兔：', y)
```

运行结果参考图 3-29。

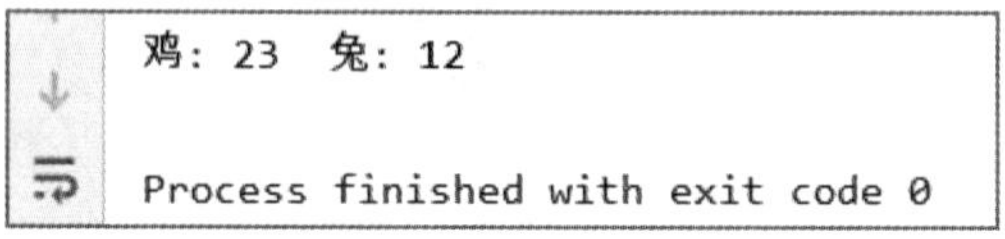

图 3-29　练习 3-4 程序的运行结果

练习 3-5　编写程序 ex3-5.py，打印 2～100 的所有素数，每行输出 5 个素数。

提示与要求：

● 用 for 循环遍历 2～100 的所有整数，在循环体中，判断循环变量的值是否为素数，如果是素数，则输出。

● 为实现每行输出 5 个素数，定义计数器变量保存已输出素数的数量，如果计数器变量的值是 5 的倍数，则完成换行操作。

参考程序：

```
# 打印2～100的所有素数，每行输出5个素数
counts = 0
for n in range(2, 101):
    for i in range(2, n):
        # 若n不是素数，退出内循环
        if n % i == 0:
            break
    else:
        # 每行输出5个素数
        print('%5d' % n, end='')
        counts += 1
        if counts % 5 == 0:
            print()
```

运行结果参考图3-30。

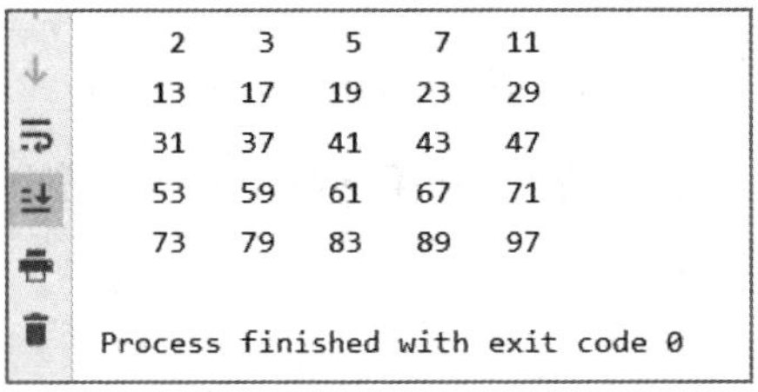

图3-30 练习3-5程序的运行结果

3.6 本章小结

本章介绍了程序的三种基本结构：顺序结构、选择结构和循环结构，展示了程序流程图的表示符号，讲解了Python中的if语句、while语句和for语句的使用方法。通过本章学习，读者应看懂程序的流程图，能编写单分支、双分支和多分支选择结构的程序，会根据要求合理选用while语句和for语句编写循环结构的程序，为后续的学习打下基础。

课后习题

一、选择题

1. 在 if…else…语句中，下列（　　）作为if的表达式会执行else 语句。

A. None　　B. 0　　C. 空字符串　　D. 以上都是

2. 使用 if…else…语句时，若出现多个if语句和else语句，则else语句将会根据（　　）确定该else语句属于哪个if语句。

A. 冒号　　B. 缩进

C. 离哪个if语句最近　　D. 具体情况具体分析，无特定依据

3．下列有关 break 语句与 continue 语句的说法中不正确的是（　　）。

A．当多个循环语句彼此嵌套时，break 语句只适用于所在层的循环

B．continue 语句类似于 break 语句，必须在 for 循环、while 循环中使用

C．continue 语句结束循环，继续执行循环语句的后继语句

D．break 语句直接退出循环，不再执行循环体内的语句

4．（　　）可以与保留字 for 一起循环遍历字符串。

A．until　　B．in　　C．if　　D．with

5．要输出 0～100 的所有偶数，划线处应填入（　　）。

```
for i in range(_____):
    print(i,end=" ")
```

A．2,100　　B．0,2,100　　C．0,101,2　　D．2,101,0

6．下列代码的输出结果为（　　）。

```
for i in range(10):
    if i % 3 == 0:
        continue
    print(i, end=' ')
```

A．1 2 4 5 7 8　　B．1 2 4 5 6　　C．0 1 2 4 5 6 7 8　　D．1 2

7．下列代码的输出结果为（　　）。

```
for i in range(1,15,5):
    print(i,end=' ')
```

A．15 15　　B．1 2 3 4　　C．1 6 11　　D．0

8．下面程序计算 1～100 所有奇数的和值，划线处应填入（　　）。

```
sum = 0
for i in range(_____):
    sum = sum + i
print(sum)
```

A．0,100,1　　B．1,101　　C．100　　D．1,101,2

9．下列 while 循环执行的次数为（　　）。

```
k=10
while k>1:
    print(k)
    k=k//2
```

A．1　　B．2　　C．3　　D．以上都不是

10．下面程序的执行结果为（　　）。

```
s = 0
for i in range(1, 101):
    s += i
else:
    print(1)
```

A．0　　B．1　　C．1250　　D．5050

二、编程题

1．编写程序，根据输入的 x 值输出相应的 y 值。要求：当 x<0 时，y=-1；当 x=0 时，y=0；当 x>0 时，y=1。

2．计算出租车的收费，输入行驶公里数，打印出费用（以元为单位，四舍五入）。出租车的收费标准如下：①3 公里以内收费 11 元；②超过 3 公里且不超过 10 公里，单价为 2.2 元/公里；③超过 10 公里且不超过 15 公里，单价增加 30%；④超过 15 公里且不超过 30 公里，单价增加 50%；⑤超过 30 公里，单价增加 70%。

3．编写程序，计算 1～100 所有偶数的和值。

4．编写循环嵌套结构程序，输出下面由星号组成的矩形图案。

```
********
********
********
********
********
```

第 4 章　Python 数据类型

本章导读

在 Python 中引入序列来存放一组数据。所谓序列指的是内存中存放多个数据的连续空间，这些数据按一定顺序排列，可通过每个元素所在位置的编号（索引）访问它们。根据数据的特点，序列分为字符串、列表、元组、字典和集合五种类型。本章学习这五种类型的概念和变量创建方法，掌握元素的访问方法和数据类型的操作函数，在程序中能使用这些数据类型解决实际问题。

本章要点

- 字符串元素的访问
- 字符串的运算与操作
- 列表的创建与操作
- 元组的创建与操作
- 字典的创建与操作
- 集合的创建与操作

4.1　字符串

Python 字符串（str）是一种由若干字符组成的有限序列，是表示文本的数据类型。Python 中的字符串可以由单引号（'）、双引号（"）或三引号（'''）包围。语法格式如下：

```
'字符串内容'
"字符串内容"
'''字符串内容'''
```

下面都是合法的字符串。

```
'123'，'a'
"123789"，"123abc"，"http://www.baidu.com"
'''你好'''，'''Hello  world！'''
```

4.1.1 访问字符串中的元素

1. 索引

在 Python 中，字符串中的字符是通过索引来提取的，索引从 0 开始。索引可以取负值，表示从末尾提取，最后一个为-1，倒数第二个为-2，即从末尾反向计数。

如果字符串'Hello'保存在变量 str 中，则字符串的存储如图 4-1 所示。

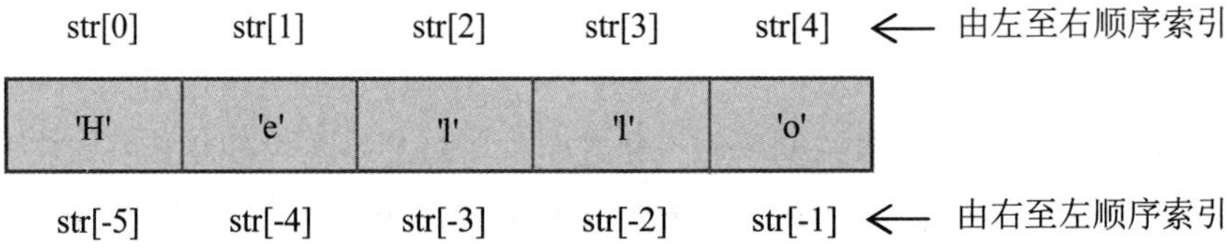

图 4-1 字符串的存储

2. 切片

简单来说，切片就是取出一个范围内的元素，需要使用切片符“:”。切片需要提供两个索引作为边界，语法格式如下：

```
字符串[start:stop:step]
```

说明如下：

- start：表示要截取的第一个字符的索引（包括该字符），如果不指定，则默认为 0。
- stop：表示要截取的最后一个字符的索引（不包括该字符），如果不指定，则默认为字符串的长度。
- step：表示步长，如果省略，则默认为 1，当省略步长时，最后一个冒号也可以省略。

表 4.1 是字符串 s = 'Hello Python!'在不同索引参数下的返回值。

表 4.1 字符串 s = 'Hello Python!'在不同索引参数下的返回值

索引与切片	作用	返回值
s[2]	取索引是 2 的元素	l
s[-1]	取字符串的最后一个元素	!
s[1:5]	由左至右取索引 1～4 的字符串	ello
s[1:-1]	自左向右取索引 1～-2 的字符串	ello Python
s[::-1]	由右至左取字符串	!nohtyP olleH
s[::-2]	由右至左间隔 2 个字符取元素	!otPolH
s[::3]	由左至右间隔 3 个字符取元素	HlPh!
s[1:5:2]	由左至右间隔 2 个字符取索引 1～4 的元素	el

4.1.2 字符串运算符

通过字符串运算符可以完成一些字符串操作，如字符串连接、重复输出字符串等。字符串运算符见表 4.2。

表 4.2　字符串运算符

运算符	功能描述	示例	输出结果
+	字符串连接	'Hello' + ' world'	Hello world
*	重复输出字符串	'hello' * 2	hellohello
[]	通过索引获取字符串中的元素	'hello' [2]	'l'
[:]	截取字符串中的一部分，遵循“左闭右开”原则	'hello' [1:4]	'ell'
in	如果字符串中包含指定字符则返回 True，否则返回 False	'h' in 'hello'	True
not in	如果字符串中不包含指定字符则返回 True，否则返回 False	'h' not in 'hello'	False

例 4-1　编写程序 case4-1.py，截取身份证号码中的出生日期。

例 4-1 操作视频

代码如下：

```
1    # 截取身份证号码中的出生日期
2    idcard = input('输入你的身份证号码：')
3    year = idcard[6:10]
4    month = idcard[10:12]
5    day = idcard[12:14]
6    birthday = year + '年' + month + '月' + day + '日'
7    print('您的生日：', birthday)
```

代码说明如下：

- 代码行 1：本程序的注释。
- 代码行 2：用 input()函数输入身份证号码。
- 代码行 3～5：用切片从身份证号码中取出索引 6～9 的出生年份、索引 10～11 的月份、索引 12～13 的日期。
- 代码行 6：连接字符串得到完整的出生日期。
- 代码行 7：输出结果。

运行结果如图 4-2 所示。

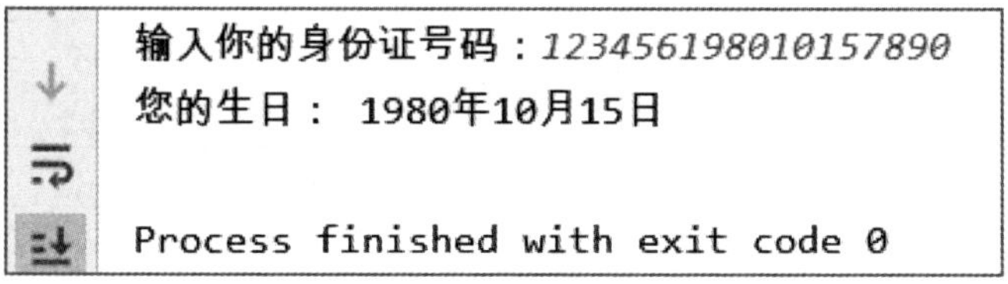

图 4-2　例 4-1 程序的运行结果

4.1.3　字符串函数

Python 提供了很多字符串函数，为我们进行字符串处理提供了极大便利。常用字符串函数见表 4.3。

表 4.3 常用字符串函数

字符串函数	功能	示例	执行结果
len(str)	返回字符串 str 的长度	str = 'hello world' print(len(str))	11
find(str)	检测字符串 str 是否包含在字符串中，如果包含则返回开始的索引值，否则返回-1	str = 'hello world' print(str.find('hello'))	0
index(str)	与 find()函数相同，但是如果字符串 str 不在字符串中则会报一个异常	str = 'hello world' print(str.index('hello'))	0
replace(str1,str2)	将字符串中的 str1 替换成 str2	str = 'hello world' print(str.replace('hello', 'Hello'))	Hello world
count(str,beg=0, end=len(string))	返回字符串 str 在字符串 beg~end 范围里出现的次数，beg、end 指定起始位置和结束位置	str = 'hello world' print(str.count('o'))	2
split(sep=' ')	以 sep 为分隔符截取字符串，默认是空格，函数返回被分割的若干字符串为元素的列表	str = 'hello world' print(str.split())	['hello', 'world']
startswith(substr, beg=0,end=len(string))	检查字符串是否以子串 substr 开头，beg、end 指定起始位置和结束位置，如果是则返回 True，否则返回 False	str = 'hello world' print(str.startswith('h')) print(str.startswith('e'))	True False
endswith(substr, beg=0, end=len(string))	检查字符串是否以子串 substr 结束，beg、end 指定起始位置和结束位置，如果是则返回 True，否则返回 False	str = 'hello world' print(str.endswith('d')) print(str.endswith('e'))	True False
title()	将字符串的所有单词都以大写字母开始，其余字母均为小写	str = 'hello world' print(str.title())	Hello World
capitalize()	将字符串的第一个字母转换为大写	str = 'hello world' print(str.capitalize())	Hello world
upper()	转换字符串中所有小写字母为大写	str = 'hello world' print(str.upper())	HELLO WORLD
lower()	转换字符串中所有大写字母为小写	str = 'Hello World' print(str.lower())	hello world
isupper()	如果字符串包含的字符都是大写字母，则返回 True，否则返回 False	str1 = 'Hello World' str2 = 'HELLO WORLD' print(str1.isupper()) print(str2.isupper())	False True
islower()	如果字符串包含的字符都是小写字母，则返回 True，否则返回 False	str1 = 'hello world' str2 = 'Hello World' print(str1.islower()) print(str2.islower())	True False

续表

字符串函数	功能	示例	执行结果
isspace()	如果字符串只包含空格，则返回 True，否则返回 False	str1 = 'hello world' str2 = ' ' print(str1.isspace()) print(str2.isspace())	False True
isalnum()	如果字符串只包含数字或字母，则返回 True，否则返回 False	str1 = 'abc123' str2 = '12*34' print(str1.isalnum()) print(str2.isalnum())	True False
isalpha()	如果字符串只包含字母或汉字，则返回 True，否则返回 False	str1 = 'hello world' str2 = '世界你好' print(str1.isalpha()) print(str2.isalpha())	False True
isdigit()	如果字符串只包含数字，则返回 True，否则返回 False	str1 = 'hello world' str2 = '1234' print(str1.isdigit()) print(str2.isdigit())	False True

例 4-2 编写程序 case4-2.py，不区分大小写字母验证会员名是否唯一。

代码如下：

例 4-2 操作视频

```
1   # 不区分大小写字母验证会员名是否唯一
2   member = '|ZhangSan|LiSi|WangWu|ZhaoLiu|'
3   member1 = member.lower()
4   regName = input('输入注册的会员名：')
5   regName1 = '|' + regName.lower() + '|'
6   if regName1 in member1:
7       print('会员名', regName, '已经存在')
8   else:
9       print('会员名', regName, '可以注册')
```

代码说明如下：

- 代码行 1：本程序的注释。
- 代码行 2：已注册的会员名保存在一个用“|”进行分隔的字符串中。
- 代码行 3：将已注册的会员名中的所有大写字母转换成小写。
- 代码行 4：用 input()函数输入要注册的会员名。
- 代码行 5：将输入的会员名中的所有大写字母转换成小写，并用“|”连接。
- 代码行 6～9：判断输入的会员名是否在已注册的会员名中，如果判断结果为 True，则输出“会员名已经存在”，否则输出“会员名可以注册”。

运行结果如图 4-3 所示。

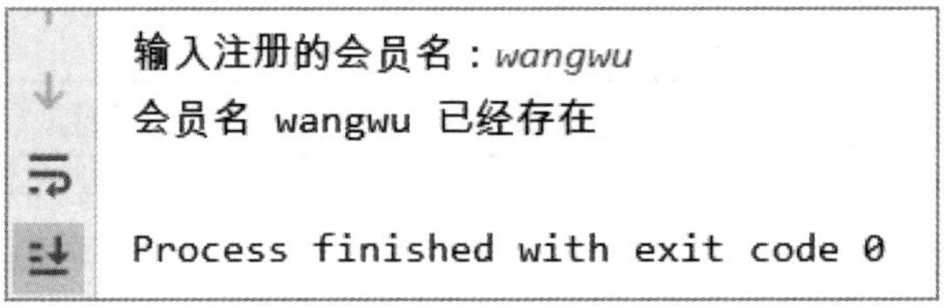

图 4-3　例 4-2 程序的运行结果

4.2　列表

请大家思考一个问题：假设一个班有 40 名学生，在程序中我们要存放每名学生的姓名，是不是要定义 40 个变量呢？如果有 100 名学生甚至更多，该怎么办呢？这种做法显然不可取，本节介绍的列表能轻松地解决这个问题。

4.2.1　列表类型

Python 中的列表是一种可变序列，是由特定顺序排列的元素组成的，列表的所有元素都放在一对中括号“[]”中，两个相邻元素用逗号“,”分隔，可以将整数、浮点数、字符串、列表等任何类型的内容放入列表，并且同一个列表中，元素的类型可以不同。例如，['hello', 'world',2021]，[1,2,3,4]，['spam', 2.0, 5, [10, 20]]都是列表。

1. 创建列表

与其他类型的 Python 变量相同，创建列表时，可以使用赋值运算符“=”直接将一个列表赋值给变量，语法格式如下：

```
列表名称=[元素 1,元素 2,…,元素 n]
```

下面定义的列表都是合法的。

```
list1 = ['Google', 'Runoob', 1997, 2000]
list2 = [1, 2, 3, 4, 5 ]
list3 = ['a', 'b', 'mpilgrim', 'z', 'example']
```

在 Python 中，也可以创建空列表。例如，要创建一个名称为 list4 的空列表，可以使用下面的代码：

```
list4 = []
```

2. 访问列表元素

在 Python 中，如果想输出列表的内容，可以直接使用 print()函数。例如，创建并输出名称为 color 的列表，可以使用下面的代码：

```
color = ['red', 'green', 'blue', 'white', 'black']
print(color)
```

执行结果如下：

```
['red', 'green', 'blue', 'white', 'black']
```

从上面的输出结果可以看出，在输出列表时，包括左右两侧的中括号。如果不想输出全部元素，可以通过索引获取指定的元素，列表的索引从 0 开始，第二个元素的索引为 1，依此类推。例如，要获取列表 color 中索引为 2 的元素，可以使用下面的代码：

```
print(color[2])
```

执行结果如下：

```
blue
```

3. 遍历列表

遍历列表的所有元素是一种常用的操作，在遍历的过程中可以完成查询、处理等功能。可以使用 for 循环或 while 循环遍历列表。

（1）使用 for 循环遍历列表。直接使用 for 循环遍历列表，只能输出元素的值。例如，下面的代码使用 for 循环输出列表 numList 中的全部元素：

```
numList = [10, 20, 30, 40, 50]
for num in numList:
    print(num, end=' ')
```

执行结果如下：

```
10 20 30 40 50
```

（2）使用 while 循环遍历列表。使用 while 循环遍历列表时，要通过索引访问列表元素。例如，下面的代码使用 while 循环输出列表 numList 中的全部元素：

```
numList = [10, 20, 30, 40, 50]
i = 0
while i < len(numList):
    print(numList[i], end=' ')
    i += 1
```

执行结果如下：

```
10 20 30 40 50
```

4.2.2 列表函数

我们可以对列表进行增加元素、删除元素等操作，Python 内建了很多与列表操作相关的函数。常用列表函数见表 4.4。

表 4.4 常用列表函数

列表函数	功能	示例	执行结果
列表.append(元素)	在列表末尾添加元素	list1 = [1, 2, 3] list1.append(4) print(list1)	[1, 2, 3, 4]
列表.insert(索引,元素)	将元素插入到索引之前，若索引位置超出列表索引范围，则将元素插入到列表末尾	list1 = [1, 2, 3] list1.insert(1, 4) print(list1)	[1, 4, 2, 3]
列表.pop(索引)	根据索引移除列表元素并返回该元素，若未指定索引，则移除列表最后一个元素	list1 = [1, 2, 3] a = list1.pop(2) print(list1) print(a)	[1, 2] 3

续表

列表函数	功能	示例	执行结果
列表.remove(元素)	移除列表中的元素	list1 = [1, 2, 3] list1.remove(2) print(list1)	[1, 3]
列表.clear()	清空列表中的所有元素	list1 = [1, 2, 3] list1.clear() print(list1)	[]
列表.index(元素)	查询元素在列表中首次出现的位置	list1 = [1, 2, 3] print(list1.index(3))	2
列表.count(元素)	统计元素在列表中出现的次数	list1 = [1, 2, 3, 2] print(list1.count(2))	2
len(列表)	返回列表的长度	list1 = [1, 2, 3] print(len(list1))	3
列表.sort(reverse=True|False)	对原列表进行排序，默认由小到大，当 reverse 参数值是 True 时，按由大到小排序	list1 = [1, 2, 3] list1.sort(reverse=True) print(list1)	[3, 2, 1]
list(可迭代数据)	将可迭代数据转换为列表类型	list1 = list(range(1, 4)) print(list1)	[1, 2, 3]

在列表中，可用 in 运算符判断某元素是否存在于列表中，语法格式如下：

```
元素 [not] in 列表
```

如果元素在列表中存在，则返回 True，否则返回 False。使用 not in 运算符的结果与使用 in 运算符的正好相反。例如：

```
list1 = [1, 2, 3]
print(1 in list1, 4 in list1)
```

执行结果如下：

```
True False
```

例 4-3 编写程序 case4-3.py，完成如下列表操作：

- 创建列表 fruits，它包含两个元素：苹果、香蕉。
- 向列表中添加两个元素：橘子、火龙果。
- 判断香蕉是否存在于列表中，若存在则删除该元素。
- 判断橘子是否存在于列表中，若存在则将它修改为橙子。
- 遍历列表，输出列表的所有元素。

例 4-3 操作视频

代码如下：

```
# 完成列表操作
fruits = ['苹果', '香蕉']
fruits.append('橘子')
fruits.append('火龙果')
if '香蕉' in fruits:
    fruits.remove('香蕉')
```

```
7     if '橘子' in fruits:
8         index = fruits.index('橘子')
9         fruits[index] = '橙子'
10    for fruit in fruits:
11        print(fruit, end='\t')
```

代码说明如下：

- 代码行 1：本程序的注释。
- 代码行 2：创建列表 apples。
- 代码行 3～4：用 append()函数向列表的末尾添加两个元素。
- 代码行 5～6：用 in 运算符判断香蕉是否存在于列表中，如果存在，则用 remove()函数将它删除。
- 代码行 7～9：用 in 运算符判断橘子是否存在于列表中，如果存在，则用 index()函数返回橘子在列表中首次出现的位置，并修改列表元素。
- 代码行 10～11：用 for 循环遍历列表，输出列表的所有元素。

运行结果如图 4-4 所示。

```
苹果	橙子	火龙果
Process finished with exit code 0
```

图 4-4　例 4-3 程序的运行结果

例 4-4　编写程序 case4-4.py，输入 5 个学生成绩，计算总分和平均分。

例 4-4 操作视频

代码如下：

```
1     # 输入 5 个学生成绩，计算总分和平均分
2     scores = []
3     for i in range(1,6):
4         s = int(input('输入第%d 个学生成绩：' % i))
5         scores.append(s)
6     total = 0
7     for score in scores:
8         total += score
9     ave = total/5
10    print('总分：', total, '平均分：', ave)
```

代码说明如下：

- 代码行 1：本程序的注释。
- 代码行 2～5：创建一个空列表 scores，使用 for 循环输入 5 个学生成绩，用 append()函数将成绩添加到列表中。
- 代码行 6～8：用 for 循环遍历列表，计算总分。
- 代码行 9：计算平均分。
- 代码行 10：输出总分和平均分。

运行结果如图 4-5 所示。

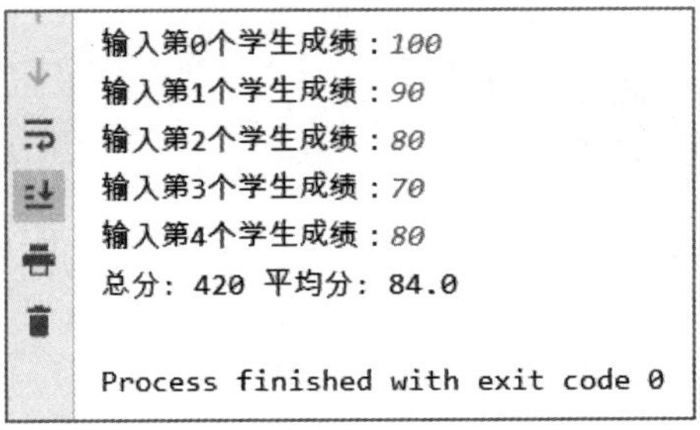

图 4-5 例 4-4 程序的运行结果

4.3 元组

Python 的元组（turple）与列表类似，也是由一系列按特定顺序排列的元素组成，但是它是不可变序列，因此，元组也可以称为不可变的列表。列表与元组的主要区别如下：元组不能修改、添加和删除元素，而列表可以；元组使用小括号，列表使用方括号。

4.3.1 元组类型

1. 创建元组

与其他类型的 Python 变量相同，创建元组时，使用赋值运算符直接将一个元组赋值给变量，语法格式如下：

元组名称=(元素 1,元素 2,…,元素 n)

例如，下面定义的都是合法的元组。

```
tuple1 = ('computer', 'software', 2008, 2018)
tuple2 = (1, 2, 3, 4, 5)
tuple3 = ('a', 'base', 'c++', 'd')
```

如果要创建的元组只包含一个元素，则需要在创建元组时在元素的后面加一个逗号“,”。例如，下面的代码定义的就是包含一个元素的元组。

```
tuple4 = (100,)
```

输出 tuple4，将显示以下内容：

```
(100,)
```

下面的代码表示定义一个整型变量。

```
tuple4 = (100)
```

输出 tuple4，将显示以下内容：

```
100
```

在 Python 中，也可以创建一个空元组。例如，创建一个名称为 tuple5 的空元组，可以使用下面的代码。

```
tuple5 = ()
```

2. 访问元组的元素

在 Python 中，如果想输出元组的内容，可以直接使用 print()函数。例如，创建并打印名称为 tuple6 的元组，可以使用下面的代码。

```
tuple6 = ('小笼包', '叉烧包', '水煎包', '灌汤包')
print(tuple6)
```

执行结果如下：

```
('小笼包', '叉烧包', '水煎包', '灌汤包')
```

从上面的输出结果可以看出，在输出元组时，包括左右两侧的小括号。如果不想输出全部元素，则可以通过索引获取指定的元素。例如，要获取元组 tuple6 中索引为 2 的元素，可以使用下面的代码。

```
print(tuple6[2])
```

执行结果如下：

```
水煎包
```

3. 列表与元组的相互转换

（1）元组转换成列表。使用 list()函数可以将元组转换为列表。例如，下面的代码将元组 tuple7 转换成列表 list7。

```
tuple7 = (10, 20)
list7 = list(tuple7)
print(list7)
```

执行结果如下：

```
[10, 20]
```

（2）列表转换成元组。使用 turple()函数可以将列表转换为元组。例如，下面的代码将列表 list7 转换成元组 tuple7。

```
list7 = [10, 20]
tuple7 = tuple(list7)
print(tuple7)
```

执行结果如下：

```
(10, 20)
```

4. 元组的遍历

与列表的遍历类似，元组的遍历是顺序从元组中读取元素，可以使用 for 循环或 while 循环遍历元组。

（1）使用 for 循环遍历元组。下面的代码使用 for 循环输出元组 numTur 中的全部元素。

```
numTur = (1, 2, 3, 4, 5)
for num in numTur:
    print(num, end=' ')
```

执行结果如下：

```
1 2 3 4 5
```

（2）用 while 循环遍历元组。下面的代码使用 while 循环输出元组 numTur 中的全部元素。

```
numTur = (1, 2, 3, 4, 5)
length = len(numTur)
i = 0
while i < length:
    print(numTur[i], end=' ')
    i += 1
```

执行结果如下：

1 2 3 4 5

4.3.2 元组函数

由于元组不能修改，因此只保留了与读取操作相关的函数，具体见表 4.5。

表 4.5 常用元组函数

元组函数	功能	示例	执行结果
元组.index(元素)	查询元素在元组中首次出现的位置	tup1 = (1, 2, 3) print(tup1.index(3))	2
元组.count(元素)	统计元素在元组中出现的次数	tup1 = (1, 2, 3, 2) print(tup1.count(2))	2
len(元组)	返回元组的长度	tup1 = (1, 2, 3) print(len(tup1))	3
turple(可迭代数据)	将可迭代数据转换为元组	tup1 = tuple(range(1, 4)) print(tup1)	(1, 2, 3)

4.4 字典

在 Python 中，字典与列表类似，也是可变序列，但与列表不同，它是无序的可变序列，保存的内容是以键值对的形式存放的。这与新华字典类似，它可以把拼音和汉字关联起来，通过音节表快速找到想要的汉字。其中新华字典里的音节表相当于键（key），对应的汉字相当于值（value）。键是唯一的，而值可以有多个。

4.4.1 字典类型

定义字典时，每个元素都包含“键”和“值”两个部分。以水果名称和价格的字典为例，键为水果名称，值为价格，如图 4-6 所示。

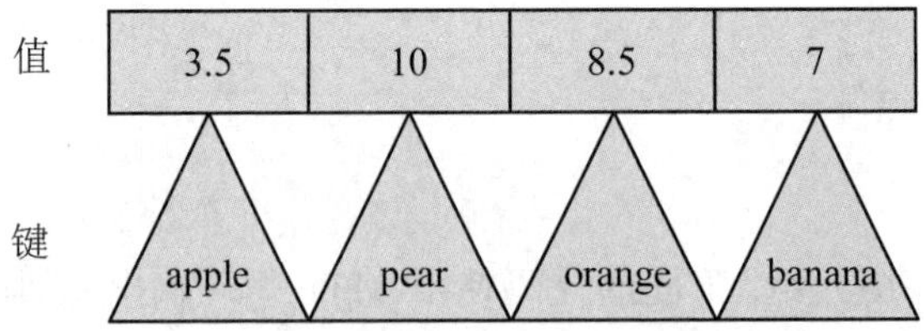

图 4-6 字典示意

1. **创建字典**

创建字典时，在“键”和“值”之间使用冒号“:”分隔，所有元素放在一对花括号“{}”中，语法格式如下：

```
字典名称={键1:值1, 键2:值2,…,键n:值n}
```

例如，创建一个保存学生成绩的字典 dict_1，可以使用下面的代码。

```
dict_1 = {'张三': 80, '李四': 90, '王五': 100}
print(dict_1)
```

执行结果如下：

```
{'张三': 80, '李四': 90, '王五': 100}
```

与列表、元组相同，也可以创建空字典。例如，创建空字典 dict_2 的代码如下：

```
dict_2 = {}
```

2. 通过键值对访问字典

在使用字典时，很少直接输出它的内容，一般需要根据指定的键得到相应的值。

（1）读取指定键对应的值。使用“字典名称['键']”的语法格式可读取指定键对应的值。例如，建立一个保存个人信息的字典 info，并获取姓名和地址对应的值，可以使用下面的代码。

```
info = {'姓名': '张三', '工号':'1001', '性别': '男', '地址': '北京'}
print(info['姓名'], info['地址'])
```

执行结果如下：

```
张三 北京
```

在使用该方法时，如果指定的键在字典中不存在，则程序会报出错误信息，可以使用 get() 函数避免发生这种错误。

（2）修改指定键对应的值。使用“字典名称['键']=值”的语法格式可以修改指定键对应的值。例如，将字典 info 中地址对应的值修改成“天津”，可以使用下面的代码。

```
info = {'姓名': '张三', '工号':'1001', '性别': '男', '地址': '北京'}
info['address'] = '天津'
print(info)
```

执行结果如下：

```
{'姓名': '张三', '工号': '1001', '性别': '男', '地址': '北京', 'address': '天津'}
```

（3）添加字典元素。使用“字典名称['新键']=值”的语法格式可以添加字典元素。例如，向字典 info 中添加一个电话为 13199999999 的元素，可以使用下面的代码。

```
info = {'姓名': '张三', '工号':'1001', '性别': '男', '地址': '北京'}
info['电话'] = '13199999999'
print(info)
```

执行结果如下：

```
{'姓名': '张三', '工号': '1001', '性别': '男', '地址': '北京', '电话': '13199999999'}
```

（4）删除字典元素。使用“del 字典名称['键']”的语法格式可以删除字典元素。例如，要想删除字典 info 中的地址，可以使用下面的代码。

```
info = {'姓名': '张三', '工号':'1001', '性别': '男', '地址': '北京'}
del info['地址']
print(info)
```

执行结果如下：

```
{'姓名': '张三', '工号': '1001', '性别': '男'}
```

（5）检查键是否存在于字典中。使用“键 [not] in 字典名称”的语法格式可以判断键是否存在于字典中，若存在则返回 True，否则返回 False。例如，要判断姓名和电话是否存在于字典中，可以使用下面的代码。

```
info = {'姓名': '张三', '工号':'1001', '性别': '男', '地址': '北京'}
print('姓名' in info, '电话' in info)
```

执行结果如下：

```
True False
```

4.4.2 字典函数

Python 内建了很多与字典操作相关的函数，常用字典函数见表 4.6。

表 4.6 常用字典函数

字典函数	功能	示例	执行结果
字典.get(键,[默认值])	返回键对应的值，若键不存在，则返回 None；若提供默认值，则返回默认值	person = {'name': '张三', 'id': 100} print(person.get('name')) print(person.get('phone', '未知'))	张三 未知
字典.keys()	返回以键为元素的列表	person = {'name': '张三', 'id': 100} print(person.keys())	['name', 'id']
字典.values()	返回以值为元素的列表	person = {'name': '张三', 'id': 100} print(person.values())	['张三', 100]
字典.items()	返回以键值对为元素的列表	person = {'name': '张三', 'id': 100} print(person.items())	[('name', '张三'), ('id', 100)]
len(字典)	返回字典元素数	person = {'name': '张三', 'id': 100} print(len(person))	2
字典.pop(键)	删除字典指定键及对应的值，返回值为被删除的值	person = {'name': '张三', 'id': 100} person.pop('id') print(person)	{'name': '张三'}
字典.clear()	删除字典的全部元素	person = {'name': '张三', 'id': 100} person.clear() print(person)	{}

例 4-5 编写程序 case4-5.py，完成如下字典操作：

- 建立一个存放个人通讯录的字典 memo，它包含的元素为“姓名：张三，电话：13112345678，QQ：123456”。
- 向字典中添加一个元素“E-mail：123456@199.com”。
- 输出姓名、电话和微信号的值，若不存在于字典中，则输出“未知”。
- 判断 E-mail 是否存在于字典中。
- 删除“QQ”元素。
- 分别输出以字典的键、值和键值对为元素的列表。

例 4-5 操作视频

代码如下：

```
1    # 完成字典操作
2    memo = {
3        '姓名': '张三',
4        '电话': '13112345678',
5        'QQ': '123456'}
6    memo['Email'] = '123456@199.com'
7    print(memo.get('姓名', '未知'))
8    print(memo.get('电话', '未知'))
9    print(memo.get('微信号', '未知'))
10   print('Email' in memo)
11   memo.pop('QQ')
12   print(memo.keys())
13   print(memo.values())
14   print(memo.items())
```

代码说明如下：

- 代码行 1：本程序的注释。
- 代码行 2～5：创建字典 memo。
- 代码行 6：向字典中添加一个元素。
- 代码行 7～9：用 get()函数返回姓名、电话和微信号的值，默认值都是“未知”。
- 代码行 10：用 in 运算符判断 E-mail 是否存在于字典中。
- 代码行 11：用 pop()函数从字典中删除 QQ 元素。
- 代码行 12：用 keys()函数返回以键为元素的列表。
- 代码行 13：用 values()函数返回以值为元素的列表。
- 代码行 14：用 items()函数返回以键值对为元素的列表。

运行结果如图 4-7 所示。

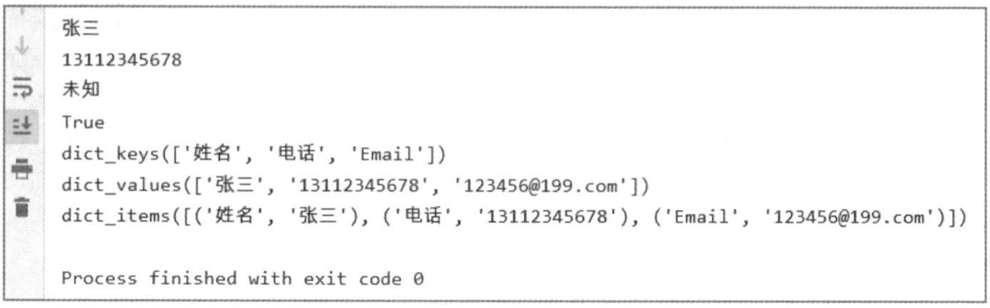

```
张三
13112345678
未知
True
dict_keys(['姓名', '电话', 'Email'])
dict_values(['张三', '13112345678', '123456@199.com'])
dict_items([('姓名', '张三'), ('电话', '13112345678'), ('Email', '123456@199.com')])

Process finished with exit code 0
```

图 4-7　例 4-5 程序的运行结果

4.4.3　字典的遍历

1. 遍历字典的键

字典的 keys()函数返回以键为元素的列表，遍历字典的键只需遍历 keys()函数值。例如，要遍历个人信息字典 info 的键，可以使用下面的代码。

```
info = {'姓名': '张三', '工号':'1001', '性别': '男', '地址': '北京'}
```

```
for key in info.keys():
    print(key, end=' ')
```

执行结果如下：

姓名 工号 性别 地址

2. 遍历字典的值

values()函数返回以值为元素的列表，遍历字典的值只需遍历 values()函数值。例如，要遍历个人信息字典 info 的值，可以使用下面的代码。

```
info = {'姓名': '张三', '工号':'1001', '性别': '男', '地址': '北京'}
for value in info.values():
    print(value, end=' ')
```

执行结果如下：

张三 1001 男 北京

3. 遍历字典的键值对

字典的 items()函数返回以键值对为元素的列表，遍历字典的键值对只需遍历 items()函数值。例如，要遍历个人信息字典 info 的键值对，可以使用下面的代码。

```
info = {'姓名': '张三', '工号': '1001', '性别': '男', '地址': '北京'}
for key, value in info.items():
    print('键：%s,值：%s' % (key, value))
```

执行结果如下：

```
键：姓名,值：张三
键：工号,值：1001
键：性别,值：男
键：地址,值：北京
```

例 4-6 编写程序 case4-6.py，创建一个含五个条目的英汉字典，查询英文单词对应的中文，如果单词在字典中不存在，则输出“字典无此单词”。

代码如下：

例 4-6 操作视频

```
1   # 创建一个英汉字典，查询英文单词对应的中文
2   dict = {
3       'book': '书',
4       'people': '人',
5       'teacher': '老师',
6       'student': '学生',
7       'father': '父亲'}
8   for key, value in dict.items():
9       print('%s:%s' % (key, value))
10  word = input('输入查询单词：')
11  result = dict.get(word, '字典无此单词')
12  print(result)
```

代码说明如下：

- 代码行 1：本程序的注释。
- 代码行 2～7：创建一个包含五个条目的字典 dict，键是英文单词，值是对应的中文。
- 代码行 8～9：遍历字典 dict，输出字典的键和值。

- 代码行 10：用 input()函数输入要查询的单词。
- 代码行 11：用 get()函数返回单词对应的中文，默认值是“字典无此单词”。
- 代码行 12：输出查询结果。

运行结果如图 4-8 所示。

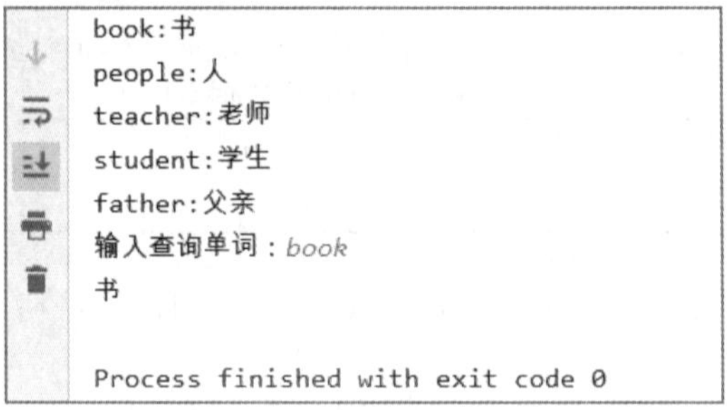

图 4-8　例 4-6 程序的运行结果

4.5　集合

与数学中的集合相似，Python 中的集合（set）由不同的元素组成，是一种无序可变序列。由于集合不记录元素位置，因此不支持索引、切片等序列的操作。集合适合于删除重复元素，因为集合中的元素都是唯一的。

集合的元素用{}括起来，两个相邻元素间使用“,”分隔，创建集合的语法格式如下：

集合名称={元素 1,元素 2,…,元素 n}

例如，创建集合 basket：

```
basket = {'apple', 'orange', 'pear'}
```

输出集合 basket 的结果如下：

```
{'orange', 'apple', 'pear'}
```

集合是无序的，因此每次输出时元素的排列顺序都可能不同。

4.5.1　集合函数

Python 提供了与集合操作相关的函数，可完成向集合中添加元素和从集合中删除元素等操作。常见集合函数见表 4.7。

表 4.7　常见集合函数

集合函数	功能	示例	执行结果
集合.add(元素)	将元素添加到集合中，如果元素已存在，则不进行任何操作	basket = {'apple', 'orange', 'pear'} basket.add('lemon') print(basket)	{'lemon', 'orange', 'pear', 'apple'}
集合.remove(元素)	从集合中删除元素，如果元素不存在，则会发生错误	basket = {'apple', 'orange', 'pear'} basket.remove('apple') print(basket)	{'orange', 'pear'}

续表

集合函数	功能	示例	执行结果
集合.discard(元素)	与 remove()用法相同，但如果元素不存在，则不会发生错误	basket = {'apple', 'orange', 'pear'} basket.discard('apple') print(basket)	{'orange', 'pear'}
len(集合)	计算集合元素数	basket = {'apple', 'orange', 'pear'} print(len(basket))	3
set(可迭代数据)	将可迭代数据转换为集合类型	a = set('hello') print(a)	{'l', 'o', 'e', 'h'}

若要判断元素是否存在于集合中，可用 in 运算符实现，语法格式如下：

元素 [not] in 集合

若元素存在于集合中则返回 True，否则返回 False。使用 not in 运算符的结果与使用 in 运算符的正好相反。例如，要判断元素 apple 是否存在于集合 basket 中，可以使用下面的代码。

```
basket = {'apple', 'orange', 'pear'}
print('apple' in basket)
```

执行结果如下：

```
True
```

例 4-7 编写程序 case4-7.py，完成如下集合操作：

- 建立集合 fruits，包含的元素有苹果、橘子、香蕉。
- 向集合中添加元素：火龙果、西瓜。
- 从集合中删除元素：香蕉。
- 判断香蕉和橘子是否存在于集合中。
- 输出集合 fruits。

代码如下：

```
1   # 完成集合操作
2   fruits = {
3           '苹果',
4           '橘子',
5           '香蕉'}
6   fruits.add('火龙果')
7   fruits.add('西瓜')
8   fruits.remove('香蕉')
9   print('香蕉' in fruits)
10  print('橘子' in fruits)
11  print(fruits)
```

代码说明如下：

- 代码行 1：本程序的注释。
- 代码行 2～5：创建含有三个元素的集合 fruits。
- 代码行 6～7：用 add()函数向集合中添加两个元素。
- 代码行 8：用 remove()函数从集合中删除元素。

- 代码行 9~10：用 in 运算符判断“香蕉”和“橘子”是否存在于集合中。
- 代码行 11：输出集合 fruits。

运行结果如图 4-9 所示。

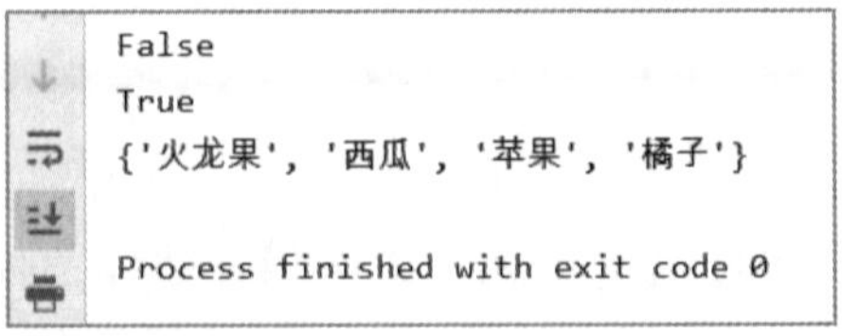

图 4-9　例 4-7 程序的运行结果

4.5.2　集合运算

在 Python 中，集合可进行交集（&）、并集（|）、差集（-）和补集（^）运算，运算规则与数学中的集合相同。下面是集合运算的示例。

```
a = {'r', 'a', 'b', 'd', 'c'}
b = {'m', 'c', 'a'}
print(a | b)        # 并集运算
print(a & b)        # 交集运算
print(a-b)          # 差集运算
print(a ^ b)        # 补集运算
```

执行结果如下：

```
{'b', 'c', 'm', 'a', 'd', 'r'}
{'c', 'a'}
{'b', 'd', 'r'}
{'d', 'r', 'b', 'm'}
```

4.6　程序练习

练习 4-1　编写程序 ex4-1.py，输入一行字符，统计其中英文字母、数字和其他字符的数量。

提示与要求：

- 用 input()函数输入一行字符。
- 定义英文字母、数字和其他字符的计数器变量，它们的值都置为 0。
- 遍历字符串，判断读出的字符是英文字母、数字还是其他字符，根据判断结果将对应的计数器变量自增 1。
- 输出英文字母、数字和其他字符的数量。

参考程序：

```
# 输入一行字符，统计其中英文字母、数字和其他字符的数量
s = input('输入一行字符：')
letter = 0
digit = 0
```

```
others = 0
for i in s:
    if i.isalpha():  # 判断是否为字母
        letter += 1
    elif i.isdigit():  # 判断是否为数字
        digit += 1
    else:
        others += 1
print('字母：%d，数字：%d，其他：%d' % (letter, digit, others))
```

运行结果参考图 4-10。

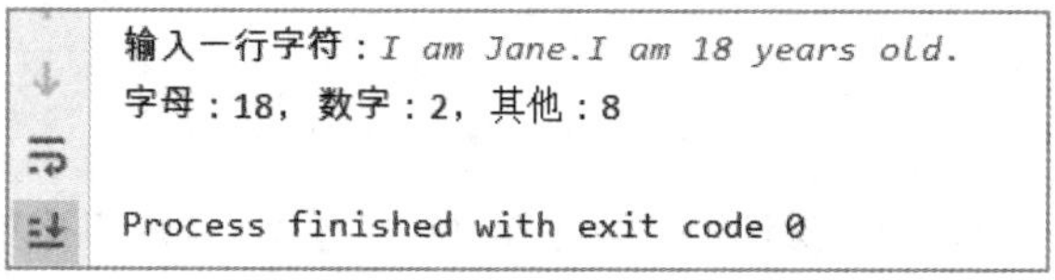

图 4-10　练习 4-1 程序的运行结果

练习 4-2　编写程序 ex4-2.py，实现造句练习。

提示与要求：

- 假设有三个列表：who=['小马', '小羊', '小鹿']，where=['在草地上','在电影院', '在家里']，what = ['看电影', '听故事', '吃晚饭']，写出所有造句结果。
- 使用嵌套循环遍历每种情况，输出每种组合。

参考程序：

```
# 造句练习
who = ['小马', '小羊', '小鹿']
where = ['在草地上','在电影院', '在家里']
what = ['看电影', '听故事', '吃晚饭']
ls = []
# 使用嵌套循环遍历每种情况，将每种组合加入列表 ls 中
for i in who:
    for j in where:
        for k in what:
            ls.append(i + j + k)
for i in ls:
    print(i)
```

运行结果参考图 4-11。

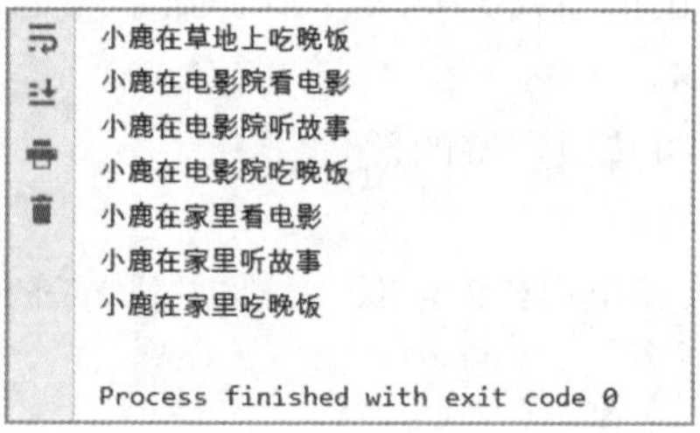

图 4-11　练习 4-2 程序的运行结果

练习 4-3 编写程序 ex4-3.py，完成课程名称操作。

提示与要求：

- 创建一个列表，保存课程名称。
- 使用 tuple()函数将列表转换成元组。
- 输出第二门和最后一门课程名称。
- 输出课程门数。

参考程序：

```
# 完成课程名称操作
str = input('输入课程名称，以逗号分隔：')
# 将字符串分割后转换成列表
courseList = str.split(',')
# 将列表转换成元组
courseTuple = tuple(courseList)
print(courseTuple)
print('第二门课：', courseTuple[1], '最后一门课：', courseTuple[-1])
print('课程门数：', len(courseTuple))
```

运行结果参考图 4-12。

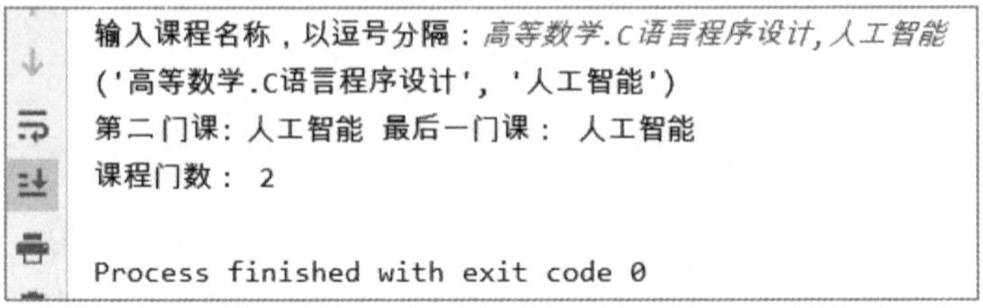

图 4-12 练习 4-3 程序的运行结果

练习 4-4 编写程序 ex4-4.py，创建电话号码本并查询手机号。

提示与要求：

- 建立一个空字典，存放电话号码本。
- 循环输入以逗号分隔的姓名和手机号，若直接按 Enter 键则退出循环。
- 输入查询的姓名后输出相应的手机号，若姓名在电话号码本中不存在，则输出“无此人电话”。

参考程序：

```
# 建立电话号码本，查询手机号
dicts = {}
# 建立电话号码本
while True:
    item = input('输入姓名和手机号，以逗号分隔，直接按 Enter 键停止输入：')
    # 若输入空串，退出循环
    if item == '':
        break
    # 切割字符串，获取姓名和手机号
```

```
        items = item.split(',')
        name = items[0]
        phone = items[1]
        # 将姓名和手机号作为一个键值对添加到字典中
        dicts[name] = phone
# 查询手机号
searchName = input('输入查询姓名：')
print(dicts.get(searchName, '无此人电话'))
```

运行结果参考图 4-13。

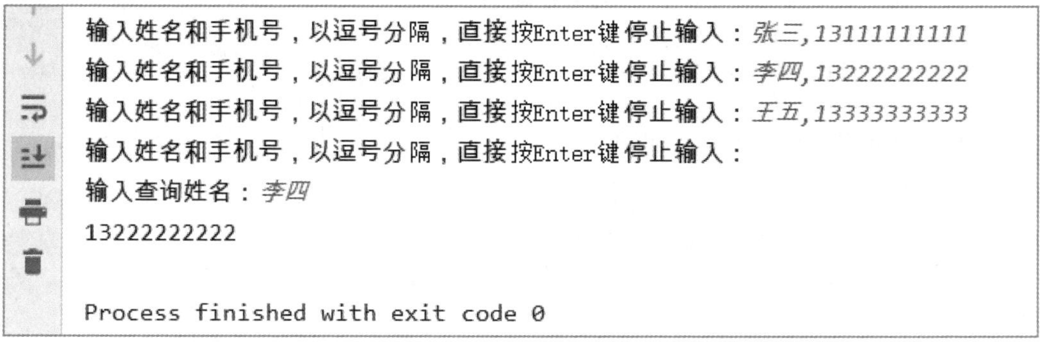

图 4-13 练习 4-4 程序的运行结果

练习 4-5 编写程序 ex4-5.py，从输入的两行文字中找出不同的字。

提示与要求：

- 将输入的两行文字转换为集合类型。
- 使用集合的补集运算找出不同的字。

参考程序：

```
# 从输入的两行文字中找出不同的字
line1 = input('输入第一行文字：')
line2 = input('输入第二行文字：')
# 将两个字符串分别转换成集合
wordSet1 = set(line1)
wordSet2 = set(line2)
# 用集合的补集运算找出不同的字
print('不同的字：', wordSet1 ^ wordSet2)
```

运行结果参考图 4-14。

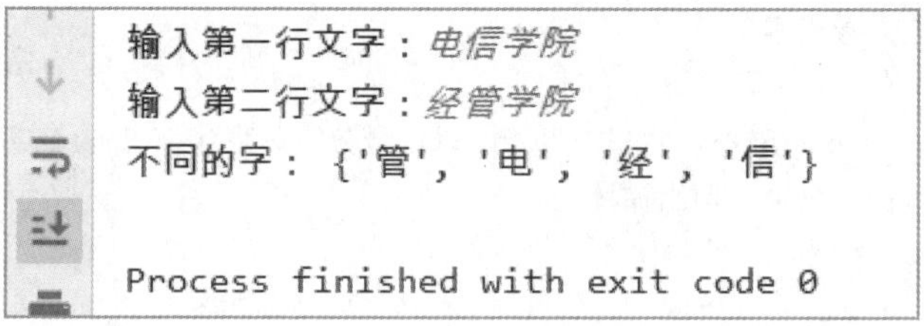

图 4-14 练习 4-5 程序的运行结果

4.7 本章小结

本章讲述了字符串、列表、元组、字典和集合类型，从实用角度出发，介绍了每种类型的概念、特点、元素的访问方法，讲述了与各类型操作相关的函数。希望读者通过本章的学习，掌握这五种类型的特点，在编程时能根据实际需要选择合适的数据类型，能完成遍历操作，会使用这五种类型的操作函数，为后续的学习打下基础。

课后习题

一、填空题

1．假设列表 a 的值为[3,4,5,6,7,9,11,13,15,17]，则切片 a[3:7]得到的值是__________。
2．字符串中的字符是通过索引提取的，索引从__________开始。
3．表达式 0 in [1,2,3,4]的值是__________。
4．list(range(1,10,3))的结果是__________。
5．表达式'ab' in 'acbed'的值是__________。
6．已知 x = {1:2}，则执行语句 x[2] = 3 之后，x 的值为__________。
7．字典的__________函数返回以键值对为元素的列表。
8．字典的__________函数返回以值为元素的列表。
9．字典的__________函数返回以键为元素的列表。
10．已知 x = [1, 2, 3, 2, 3]，则执行语句 x.pop()之后，x 的值为__________。
11．已知 s= 'Hello world. I like Python.'，则 s.find('python')的结果为__________。
12．已知 x = [3, 5, 7]，则执行语句 x.append(6)之后，x 的值为__________。
13．已知 s = 'hello python'，则 s.replace('python','Python')的结果为__________。
14．已知 x = [1, 3, 5]，则执行语句 x.insert(1, 2)之后，x 的值为__________。
15．已知 x = {'A': 1, 'B': 2}，则 x.get('C')的结果为__________。
16．执行语句 x = (3,) 之后，x 的值为__________。
17．执行语句 x = (3) 之后，x 的值为__________。
18．已知 str = 'Good moring'，则 str.count('o')的结果为__________。
19．已知 str = 'a b c d'，则表达式 str.split()的值为__________。
20．已知 A = set('abcd')，B = set('def')，则表达式 A & B 的值为__________。

二、写出程序运行结果

1．下面程序的运行结果为__________。

```
list1 = [1, 2, 3, 4, 5]
i = len(list1) -1
```

```
while i >= 0:
    print(list1[i],end=' ')
    i -= 1
```

2．下面程序的运行结果为＿＿＿＿＿＿。

```
list1 = [1, 2, 3, 4, 5]
a = list1[0]
b = list1[0]
for i in list1:
    if i > a:
        a = i
    if i < b:
        b = i
print(a, b)
```

3．下面程序的运行结果为＿＿＿＿＿＿。

```
a = [1, 2, 3, 4, 5, 6]
b = ['a', 'b', 'c', 'd', 'e', 'f']
d = {}
for index in range(len(a)):
    d[a[index]] = b[index]
print(d)
```

4．下面程序的运行结果为＿＿＿＿＿＿。

```
dict1 = {'A': 10, 'B': 20, 'C': 30}
s = 0
for k, v in dict1.items():
    s = s + v
print(s)
```

5．下面程序的运行结果为＿＿＿＿＿＿。

```
s = '50 students.'
letter = 0
digit = 0
others = 0
for i in s:
    if i.isalpha():
        letter += 1
    elif i.isdigit():
        digit += 1
    else:
        others += 1
print(letter, digit, others)
```

三、编程题

1．完成如下列表操作：

（1）创建一个名称为 names 的空列表。

（2）添加列表元素：老王、小王、小李、小陈、小刘。

（3）在“小王”前面插入一个“老郭”。

（4）把“小陈”修改成“小高”。

（5）返回“小李”的索引。

（6）判断“小杨”是否存在于列表中。

（7）取出列表的第一个元素。

（8）取出列表的最后一个元素。

（9）遍历列表，输出列表的全部元素。

2．字典操作练习。

（1）创建一个由学号和姓名构成键值对的字典 stu，包含的元素为“'1001':'张三', '1002':'李四', '1003':'王五', '1004':'赵六'”。

（2）向字典中添加一名学生，学号为“1005”，姓名为“朱七”。

（3）输出学号为“1003”的学生姓名，若字典中不存在，则输出“未知”。

（4）判断学号为“1007”的学生是否存在于字典中。

（5）删除学号为“1004”的学生。

（6）遍历字典的键，输出全部学号。

（7）遍历字典的值，输出全部姓名。

（8）遍历字典的键值对，输出全部学号和姓名。

3．编写程序，列表 s=[1,4,5,8,9,6]，要求修改列表：若元素是偶数，值为它的平方；若元素是奇数，值为它的立方，输出修改后的列表。

4．编写程序，统计英文句子中单词出现的次数。

第 5 章　Python 函数与文件操作

本章导读

在 Python 中，函数是组织好的且可重复使用的代码段，用来实现单一或关联功能；模块是一个 Python 文件，把相关的代码组织到一个模块里能让代码更好用、更易懂；Python 的模块包括自定义模块、标准模块和第三方模块；Python 提供了与文件操作相关的函数，以便我们操作文件。本章主要讲解函数的定义与调用方法、模块的使用方法和文件的操作方法，为后续的人工智能应用开发打下坚实的基础。

本章要点

- 函数的定义与调用
- 函数的参数与返回值
- 局部变量与全局变量
- 常用内置函数
- 模块的概念
- 自定义模块、标准模块和第三方模块的使用
- 文件操作

5.1　自定义函数

Python 提供了丰富的内置函数，如 print()函数、input()函数等，当内置函数无法满足程序功能时，开发者可自定义函数。函数是组织好的、可重复使用的用来实现单一或关联功能的代码段，它能够提高程序的模块性和重复利用率。例如，下面这段代码的功能是输出一个三角形图案，如果在程序中需要多次用到这个功能，每次都重复写这些代码的做法显然是不可取的，好的做法是将这段代码组织成一个函数，在程序中需要它的地方就调用这个函数。

```
print('  *  ')
print(' *** ')
print('*****')
```

5.1.1　函数的定义与调用

1. 定义函数

定义函数的语法格式如下：

```
def 函数名称([参数列表]):
```

```
    函数体
```

说明如下：

- 函数的定义以 def 关键字开头，后接函数名称和圆括号。
- 参数列表用于指定向函数中传递的参数。如果有多个参数，则各参数使用逗号“,”分隔。如果不指定，表示该函数没有参数，即使函数没有参数，也必须保留一对空括号“()”。
- 函数体是函数被调用后要执行的程序代码，函数体必须写成缩进的格式。

例如，将输出三角形图案的代码段定义成函数的代码如下：

```
def printStar():
    print('  *  ')
    print(' *** ')
    print('*****')
```

2．调用函数

调用函数也就是执行函数。如果把创建的函数理解为创建一个具有某种用途的工具，那么调用函数就相当于使用该工具。调用函数的语法格式如下：

```
函数名称([参数值列表])
```

说明如下：

- 调用的函数名称必须与定义的函数名称一致。
- 参数值列表用于指定各参数的值。如果需要传递多个参数值，则各参数值使用逗号“,”分隔。如果函数没有参数，则直接写一对小括号即可。

例 5-1　编写程序 case5-1.py，在程序中定义一个无参数的函数 printStar，在函数中输出一个三角形图案，再调用该函数。

代码如下：

例 5-1 操作视频

```
1   # printStar()函数的定义与调用
2   def printStar():
3       print('  *  ')
4       print(' *** ')
5       print('*****')
6   printStar()
```

代码说明如下：

- 代码行 1：本程序的注释。
- 代码行 2：定义函数名称为 printStar 的函数，没有参数。
- 代码行 3～5：输出一个三角形图案。
- 代码行 6：调用函数，调用时小括号不能省略。

运行结果如图 5-1 所示。

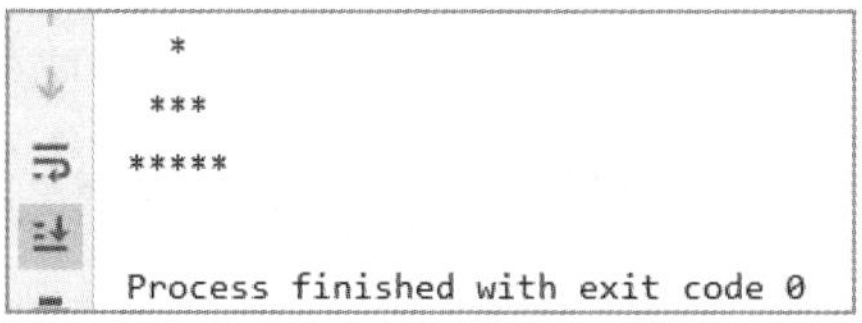

图 5-1　例 5-1 程序的运行结果

例 5-2 编写程序 case5-2.py，在程序中定义一个有参数的函数 hello，其参数名称是 personName，在函数中输出“欢迎某人光临 Python 世界，这个世界很精彩！”，其中“某人”是调用函数时传递给 personName 的参数值，最后以三个不同的姓名为参数值调用函数。

代码如下：

```
1  # hello()函数的定义与调用
2  def hello(personName):
3      print('欢迎%s 光临 Python 世界，这个世界很精彩！' % personName)
4  hello('张三')
5  hello('李四')
6  hello('王五')
```

代码说明如下：

- 代码行 1：本程序的注释。
- 代码行 2：定义函数名称为 hello 的函数，参数名称为 personName。
- 代码行 3：格式化输出一行欢迎信息。
- 代码行 4～6：以三个不同的姓名为实参调用函数。

运行结果如图 5-2 所示。

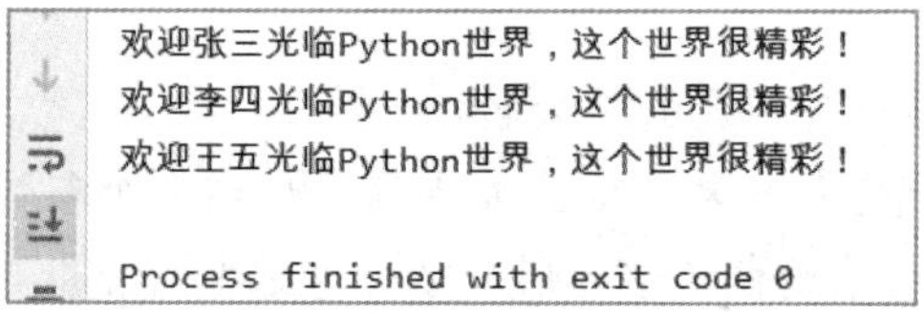

图 5-2 例 5-2 程序的运行结果

5.1.2 函数的参数

1．形参与实参

在使用函数时，我们经常会用到形参和实参，二者都叫作参数。形参是形式参数的简称，是在定义函数时函数名后面括号中的参数，作用是接收在调用函数时传递的参数值。实参是实际参数的简称，是在调用函数时传递给函数的参数，实参可以是常量、变量、表达式和函数等，在调用函数时，实参必须有确定的值，并将这些值传递给形参。例如在例 5-2 中，personName 是形参，hello('张三')中的“张三”是实参。

2．位置参数

位置参数是必须按照正确的顺序传递的参数，即实参和形参在数量上相等，在位置上一一对应。例如，在下面的函数定义中，fun()函数的形参是 name、age、gender，调用函数的实参是'小王'、18、'男'。

```
def fun(name, age, gender):
    print('姓名：', name, '年龄：', age, '性别：', gender)
fun('小王', 18, '男')
```

在上面的代码中，实参和形参的数量相等，在调用函数时，按照位置顺序将'小王'、18 和'男'分别传给 name、age 和 gender。执行结果如下：

```
姓名：小王  年龄：18  性别：男
```

3. 关键字参数

在 Python 中，除了位置参数外，还可以使用关键字参数传递参数值。关键字参数是指使用形式参数的名字确定传入的值。通过该方式指定实际参数时，不再需要与形参的位置完全一致，只要将参数名称书写正确即可。这样可以避免用户需要牢记参数位置的麻烦，使得参数的传递更加灵活方便。

例如，下面的程序通过位置参数和关键字参数传递参数值。

```
def fun(name, age, gender):
    print('姓名：', name, '年龄：', age, '性别：', gender)
print('按位置参数传递参数值：')
fun('小王', 18, '男')
print('按关键字参数传递参数值：')
fun(age=18, name='小王', gender='男')
```

执行结果如下：

```
按位置参数顺序传递参数值：
姓名：小王   年龄：18   性别：男
按关键字参数传递参数值：
姓名：小王   年龄：18   性别：男
```

从执行结果可以看出，通过关键字参数传递参数值时，尽管参数值的顺序与定义函数时不一致，但运行结果与预期的一致。

4. 默认参数

调用函数时，如果没有给某个形参提供参数值，程序运行时会发生错误。为了解决这个问题，我们可以在定义函数时为参数设置默认值。这样，当没有传入参数值时，直接使用定义函数时设置的默认值。定义带默认参数函数的语法格式如下：

```
def 函数名称(…,参数名=默认值):
        函数体
```

Python 中的函数可以给一个或多个参数设置默认值，这样在调用函数时可以选择性地省略参数。例如，在下述程序中，fun()函数有三个参数，其中参数 c 为默认参数，当执行 fun(1,2) 的调用时，a、b、c 的和是 8；当执行 fun(1,2,3)的调用时，a、b、c 的和是 6。

```
def fun(a, b, c=5):
    print(a + b + c)
fun(1, 2)
fun(1, 2, 3)
```

执行结果如下：

```
8
6
```

使用默认参数可以减少代码，简化程序。例如录入某单位人员信息，如果很多人的地址相同，可以将地址定义成默认参数，就不用重复传入每个人的地址了。

5.1.3 函数的返回值

在函数体中，使用“return [表达式]”语句可以返回表达式的值，若 return 语句中没有表达式或函数体中没有 return 语句，则函数的返回值是 None，表示没有返回值。return 语句也可以同时返回多个值，这些值将聚集起来以元组表示。

例 5-3 编写程序 case5-3.py，在程序中定义一个函数 myAbs，其参数名称为 num，在函数中计算 num 的绝对值并返回计算结果，最后在程序中调用函数。

代码如下：

例 5-3 操作视频

```
1   # 绝对值函数的定义与调用
2   def myAbs(num):
3       if num < 0:
4           return -num
5       else:
6           return num
7   print('100 的绝对值：', myAbs(100))
8   print('-100 的绝对值：', myAbs(-100))
```

代码说明如下：

- 代码行 1：本程序的注释。
- 代码行 2：定义一个函数名称为 myAbs 的函数，参数名称为 num。
- 代码行 3～6：若参数值小于零，则返回其相反数，否则返回参数值自身。
- 代码行 7～8：分别以 100 和-100 为参数值调用函数。

运行结果如图 5-3 所示。

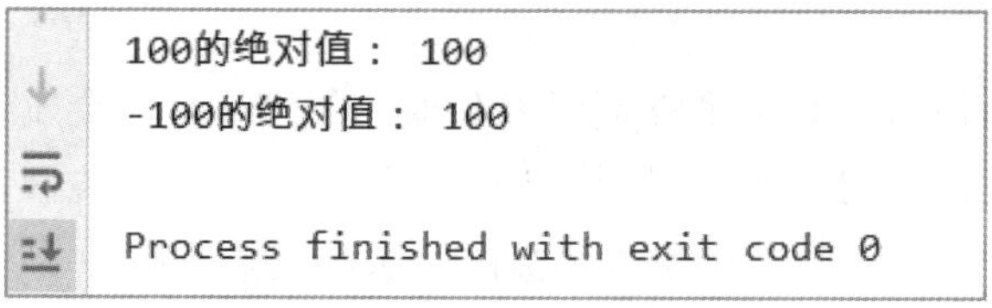

图 5-3 例 5-3 程序的运行结果

例 5-4 编写程序 case5-4.py，在程序中定义一个函数 calSum，其参数名称为 num，在函数中计算 1～num 的和值并返回计算结果，最后在程序中调用函数。

代码如下：

```
1   # 1～num 和值函数的定义与调用
2   def calSum(num):
3       result = 0
4       for i in range(1, num + 1):
5           result += i
6       return result
7   num = int(input('输入正整数：'))
8   print('1+2+...+%d = %d' % (num, calSum(num)))
```

代码说明如下：

- 代码行 1：本程序的注释。
- 代码行 2：定义函数名称为 calSum 的函数，参数名称为 num。
- 代码行 3～5：计算 1～num 的和值，变量 result 存放计算结果。
- 代码行 6：用 return 语句返回计算结果。

- 代码行 7：用 input()函数输入一个正整数。
- 代码行 8：调用函数，输出计算结果。

运行结果如图 5-4 所示。

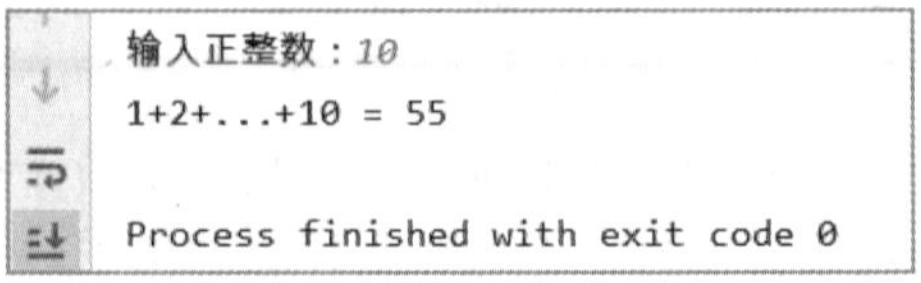

图 5-4　例 5-4 程序的运行结果

例 5-5　编写程序 case5-5.py，在程序中定义一个函数 calSumFact，其参数名称为 num，在函数中计算 1～num 的和值与阶乘并返回两个计算结果，最后在程序中调用函数。

代码如下：

```
1   # 1～num 的和值与阶乘函数的定义及调用
2   def calSumFact(num):
3       sumRes = 0
4       factRes = 1
5       for i in range(1, num + 1):
6           sumRes += i
7           factRes *= i
8       return sumRes, factRes
9   num = int(input('输入一个正整数：'))
10  sumRes, factRes = calSumFact(num)
11  print('1+2+...+%d = %d' % (num, sumRes))
12  print('1*2*...*%d = %d' % (num, factRes))
```

例 5-5 操作视频

代码说明如下：

- 代码行 1：本程序的注释。
- 代码行 2：定义函数名称为 calSumFact 的函数，参数名称为 num。
- 代码行 3～7：进行累加和阶乘计算，变量 sumRes 存放累加结果，变量 factRes 存放阶乘结果。
- 代码行 8：用 return 语句返回两个计算结果，两个变量用逗号分隔。
- 代码行 9：用 input()函数输入一个正整数。
- 代码行 10：调用函数，函数的返回值是一个元组，包含两个计算结果，通过赋值语句分别赋值给两个变量。
- 代码行 11～12：输出计算结果。

运行结果如图 5-5 所示。

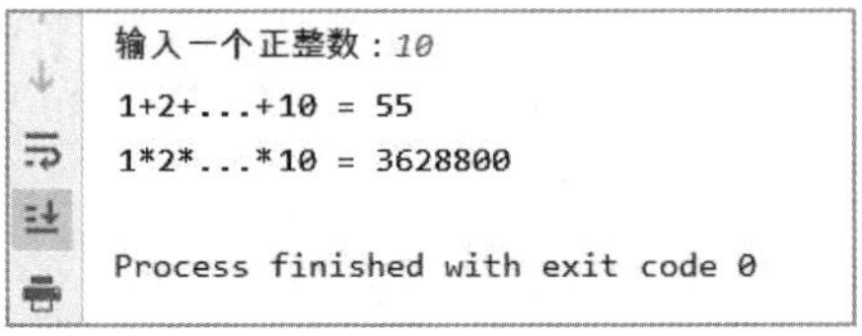

图 5-5　例 5-5 程序的运行结果

5.1.4 变量作用域

变量作用域是指程序代码能够访问该变量的区域，如果超出该区域，访问时就会出现错误。在程序中，一般会根据变量的“有效范围”将变量分为“局部变量”和“全局变量”。

1. 局部变量

局部变量是指在函数内部定义并使用的变量，它只在函数内部有效。即函数内部的变量只在函数运行时才会创建，在函数运行之前或者运行完毕之后所有的变量就都不存在了。所以，如果在函数外部使用函数内部定义的变量，运行时就会出现错误。例如：

```
def func():
    d=200
    print(d)
```

在 func()函数中，d 是在函数体中定义的变量，所以 d 为局部变量。根据局部变量的定义，变量 d 仅能在函数体中被访问，如果超出函数体的范围访问将提示语法错误。例如，下面的程序试图在 func()函数范围之外输出 d 变量的值。

```
def func():
    d = 200
    print(d)
func()
print(d)   # 超出函数体范围的访问
```

运行上面的程序，Python 显示如下错误信息：

```
200
Traceback (most recent call last):
  File "D:\人工智能应用基础代码/第 5 章/case5-var.py", line 5, in <module>
    print(d)   # 超出函数体范围的访问
NameError: name 'd' is not defined
```

2. 全局变量

在函数外定义的变量拥有全局作用域，称为全局变量。全局变量可以在整个程序范围内访问，在函数内部也可以访问全局变量。如果出现全局变量和局部变量名字相同的情况，则在函数中访问的是局部变量。

示例程序如下：

```
def func1():
    print('func1:c=', c)
def func2():
    c = 10          # 定义局部变量 c，值为 10
    print('func2:c=', c)
c = 5               # 定义全局变量 c，值为 5
func1()
func2()
print('main:c=', c)
```

执行结果如下：

```
func1:c= 5
func2:c= 10
main:c= 5
```

从运行结果可以看出，在 func1()函数中输出的变量是全局变量 c，在 func2()函数中又定义了局部变量 c，尽管这两个变量的名字相同，但它们是两个完全不同的变量，在 func2()函数中输出的变量是局部变量 c。

5.2 常用的内置函数

Python 有许多常用内置函数，见表 5.1，开发人员可在程序中直接使用。

表 5.1 常用内置函数

内置函数	功能	示例	执行结果
abs(x)	返回数值 x 的绝对值	print(abs(-45))	45
chr(x)	用一个 0～255 的整数作参数，返回一个对应的字符	print(chr(98))	b
eval(x)	执行一个字符串表达式，并返回表达式的值	print(eval('3 * 2'))	6
float(x)	将整数或字符串转换成浮点数	print(float(1))	1.0
int(x)	将一个字符串或数字转换为整数	print(int(0.5)) print(int(3.2))	0 3
max(x)	返回给定参数的最大值，参数可以为序列	a = [1, 2, 3, 4] print(max(a))	4
min(x)	返回给定参数的最小值，参数可以为序列	a = [1, 2, 3, 4] print(min(a))	1
ord(x)	以一个字符作为参数，返回对应的 ASCII 数值或者 Unicode 数值	print(ord('b'))	98
pow(x,y)	返回 x 的 y 次方的值	print(pow(3, 2))	9
round(x[,小数位数])	对 x 进行四舍五入，若不指定小数位数，则返回整数	print(round(4.3)) print(round(4.26, 1))	4 4.3
str(obj)	把对象 obj 直接转换为字符串	a = str(123) print(a)	123
sum(x)	对参数进行求和计算	a = [1, 2, 3] print(sum(a))	6

5.3 模块

Python 提供了强大的模块支持，主要体现为不仅在 Python 的标准库中包含了大量的模块（称为标准模块），而且有很多第三方模块。另外，开发者也可以开发自定义模块。这些强大的模块支持将极大地提高我们的开发效率。

5.3.1 模块的概念

模块（Modules）可以认为是一盒主题积木，可以拼出某个主题的东西。一个函数相当于一块积木，而一个模块中可以包括很多函数，也就是很多积木，所以也可以说模块相当于一盒积木。

在 Python 中，一个扩展名是 py 的文件就称为一个模块。通常情况下，我们把能够实现某个特定功能的代码放置在一个文件中作为一个模块，从而方便其他程序导入并使用。另外，使用模块也可以避免函数名和变量名冲突。

我们知道 Python 代码可以写到一个文件中，但是随着程序不断变大，为了便于维护，需要将其分为多个文件以提高代码的可维护性。另外，使用模块还可以提高代码的可重用性。即编写好一个模块后，要调用该功能的程序只需导入这个模块。

5.3.2 模块的导入

当在一个 Python 程序中要使用某个模块中定义的函数或者变量时，必须先在程序中导入这个模块。

1. 使用 import 语句

import 语句能导入整个模块，语法格式如下：

```
import 模块名 [as 别名]
```

别名部分可无，也可以通过别名使用模块。调用模块中的函数或者变量时需要在函数名、变量名前添加“模块名.”作为前缀。

例如，下面的代码会生成一个[1,6]中的随机整数，需要先导入 Python 中生成随机数的 random 标准模块，然后调用 random 模块中生成随机整数的 randint()函数。

```
import random   # 导入 random 标准模块
print(random.randint(1, 6))   # 在 1～6 中随机挑选一个整数
```

2. 使用 from…import 语句

有些人不喜欢在调用时，在函数名、变量名前加上“模块名.”这种写法，使用 from…import 语句导入模块后，在使用模块中的函数、变量时可以省略模块名，这种写法特别适合只使用模块中少数几个函数或变量的情况，语法格式如下：

```
from 模块名 import 成员名 1,成员名 2,…
```

其中，成员名是在模块中定义的函数名或变量名，可以一次导入多个成员名。

例如，使用 from…import 语句生成一个[1,6]中的随机整数的代码如下：

```
from random import randint   # 从 random 标准模块中导入 randint()函数
print(randint(1, 6))   # 调用 randint()函数
```

5.3.3 自定义模块

除了使用 Python 提供的标准模块外，我们还可以自定义模块，它可以是一个包含函数定义的文件，文件的后缀是.py。

例 5-6 本示例包含两个文件，一个是主程序文件 case5-6.py，另一个是模块文件 myMath.py，它们位于同一个目录下，在模块文件中定义了阶乘函数，在主程序文件中调用该函数计算 5 的阶乘。

模块文件 myMath.py 的代码如下：

```
# 模块文件，定义阶乘函数
def calFact(num):
```

例 5-6 操作视频

```
    result = 1
    for i in range(1, n + 1):
        result *= i
    return result
```

主程序文件 case5-6.py 的代码如下：

```
1 # 主程序文件
2 import myMath
3 print('1*2*...*%d=%d' % (5, myMath.calFact(5)))
```

主程序文件的代码说明如下：

- 代码行 1：本程序的注释。
- 代码行 2：用 import 语句导入整个模块。
- 代码行 3：调用阶乘函数，这里不能省略模块名。

主程序文件也可以写成如下形式：

```
# 主程序
from myMath import calFact
print('1*2*...*%d=%d' % (5, calFact(5)))
```

运行主程序文件 case5-6.py，运行结果如图 5-6 所示。

```
1*2*...*5=120

Process finished with exit code 0
```

图 5-6 例 5-6 程序的运行结果

5.3.4 标准模块

Python 自带了很多实用的模块，称为标准模块，无须额外安装，在程序中可以直接使用 import 语句将模块导入程序使用，下面简单介绍下常用标准模块。

1. sys 模块

sys 模块提供了一系列与 Python 解释器交互的函数和变量，用于操控 Python 的运行时环境。例如，变量 version 可获取 Python 解释器的版本信息，示例如下：

```
import sys
print(sys.version)
```

执行结果如下：

```
3.7.0 (v3.7.0:1bf9cc5093, Jun 27 2018, 04:59:51) [MSC v.1914 64 bit (AMD64)]
```

2. os 模块

os 模块提供了许多访问操作系统功能的函数。例如，getcwd()函数获取当前工作路径，示例如下：

```
import os
print(os.getcwd())
```

执行结果如下：

```
D:\人工智能应用基础代码\第 5 章
```

3. random 模块

random 模块提供了许多生成随机数或根据给定的序列数据进行随机抽取的函数。例如，random()函数返回 0～1 的随机浮点数，示例如下：

```
import random
print(random.random())
```

执行结果如下：

```
0.4440165196528565
```

4. math 模块

math 模块提供了许多对浮点数的数学运算函数。例如，sqrt(x)函数返回 x 的平方根，示例如下：

```
import math
print(math.sqrt(4))
```

执行结果如下：

```
2.0
```

5. time 模块

time 模块提供了一系列处理时间的函数。例如，time()函数获取当前的时间（单位为秒），可计算程序的执行时间，示例如下：

```
import time
before = time.time()
# 计算 1000 的 50000 次方
result = pow(1000, 50000)
after = time.time()
interval = after-before
print("运行时间为%f 秒" % interval)
```

执行结果如下：

```
运行时间为 0.022127 秒
```

6. calendar 模块

calendar 模块提供了很多处理年历和月历的函数。例如，isleap(year) 函数判断 year 是否为闰年，返回布尔值，示例如下：

```
import calendar
year = 2022
if calendar.isleap(year):
    print('%d 年是闰年' % year)
else:
    print('%d 年不是闰年' % year)
```

执行结果如下：

```
2022 年不是闰年
```

5.3.5 第三方模块

Python 拥有极为丰富的模块，除了标准模块外，还有很多第三方模块可供使用。所谓第三方模块，是指其他人已编写好的模块，而不是 Python 自带的模块，第三方模块需要从网络上下载并安装。

1. 下载并安装第三方模块

在 Python 中应用的第三方模块（如图像处理模块 pillow、科学计算模块 numpy 等）都可以在 Python 的官方网站注册，我们只要找到对应的模块名字，通过 Python 提供的 pip 命令即可下载并安装第三方模块。pip 命令的语法格式如下：

```
pip install 第三方模块的名字
```

下面以图像处理模块 pillow 为例来介绍在 PyCharm 中下载并安装第三方模块的两种方法。

（1）使用 pip 命令。

1）在 PyCharm 程序中，单击下方的 Terminal 图标，打开命令行窗口。

2）在命令行窗口中输入如下命令：

```
pip install pillow
```

执行上述命令后，从网络下载并安装 pillow 模块，安装成功后显示图 5-7 所示的结果。

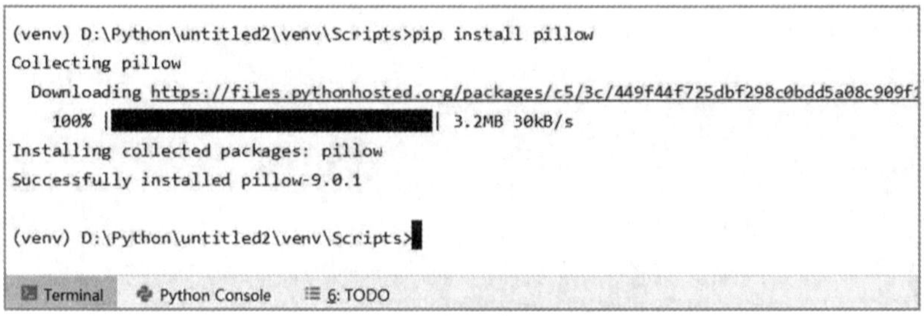

图 5-7　使用 pip 命令安装 pillow 模块

（2）使用 PyCharm 的“设置”菜单。

1）在 PyCharm 程序中，单击 File→Settings 菜单命令，弹出 Settings 对话框，如图 5-8 所示，选择“Project：第五章”→Project Interpreter 选项。

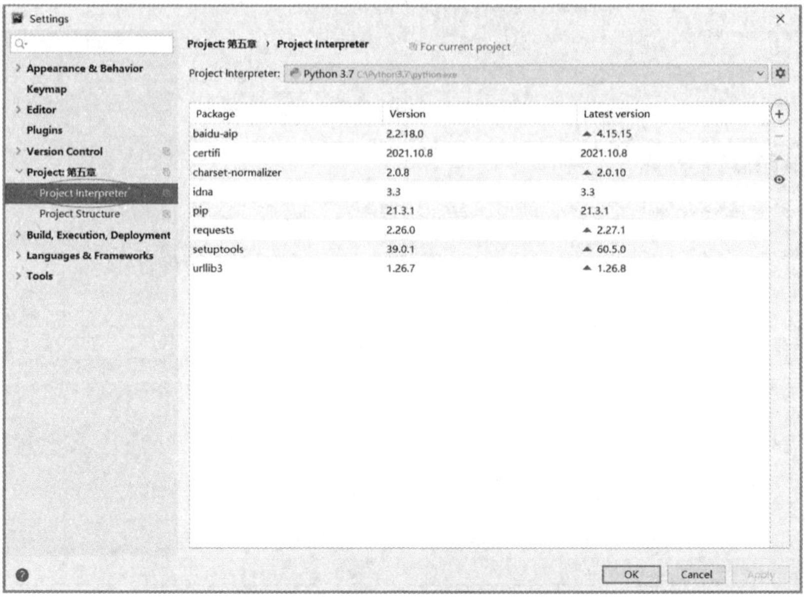

图 5-8　Settings 对话框

2）单击“+”图标，弹出 Available Packages 对话框，如图 5-9 所示，输入要安装的第三方模块名称，这里输入 pillow，单击 Install Package 按钮后开始下载并安装模块。

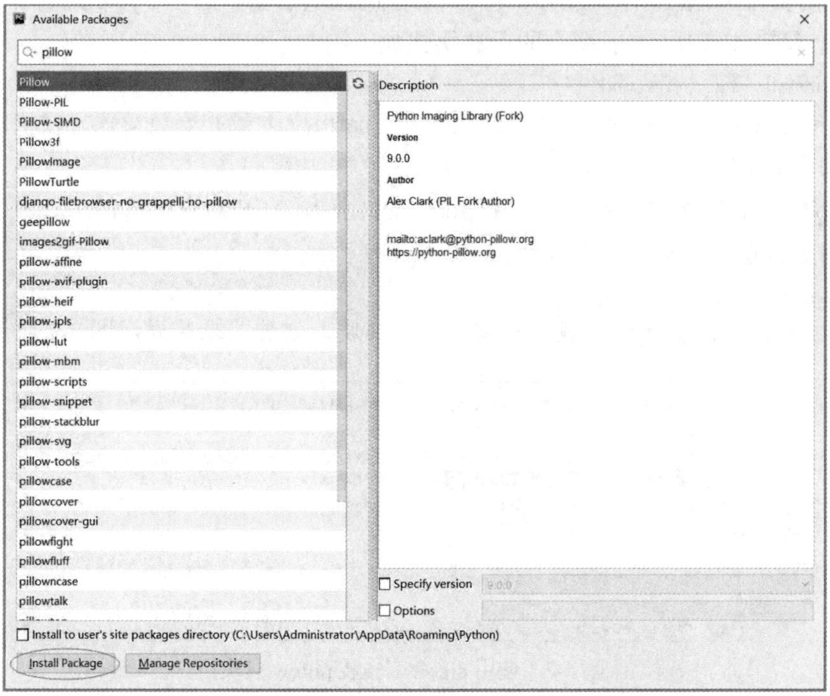

图 5-9 Available Packages 对话框

3）安装完成后，我们看到 pillow 模块已显示在已安装的模块列表中，如图 5-10 所示。

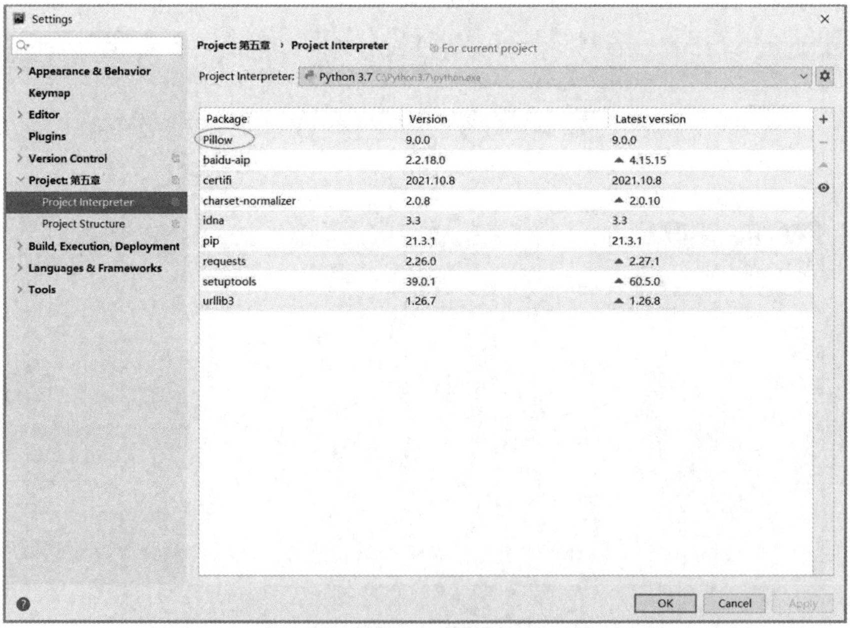

图 5-10 模块安装成功

2. 使用第三方模块

安装第三方模块后，在程序中即可像使用标准模块一样导入并使用了。在程序中，我们除了使用第三方模块外，有时还要使用标准模块和自定义模块，推荐首先导入标准模块，然后导入第三方模块，最后导入自定义模块。下面以图像处理模块 pillow 为例来演示第三方模块的导入和使用。

例 5-7 编写程序 case5-7.py，在给定的动物图片 animal.jpg 的左上角写出动物名称并显示图像。

代码如下：

```
1  #在给定的动物图片的左上角写出动物名称并显示图像
2  from PIL import Image, ImageFont, ImageDraw
3  img = Image.open('animal.jpg')
4  font = ImageFont.truetype('c:/windows/Fonts/simsun.ttc', 30)
5  draw = ImageDraw.Draw(img)
6  prtStr = '国宝大熊猫'
7  draw.text((5, 5), prtStr, 'red', font=font)
8  img.show()
```

代码说明如下：

- 代码行 1：本程序的注释。
- 代码行 2：从 PIL 包中导入 Image、ImageFont、ImageDraw 模块。
- 代码行 3：用 Image 模块的 open()函数打开动物图片，创建一个图像对象。
- 代码行 4：用 ImageFont 模块的 truetype()函数加载字体文件并创建一个字体对象。
- 代码行 5：用 ImageDraw 模块的 Draw()函数创建一个指定图像的绘图对象。
- 代码行 6：定义变量 prtStr，存放动物名称。
- 代码行 7：用绘图对象的 text()函数以红色宋体格式在图像上的坐标(5,5)处写出动物名称。
- 代码行 8：用图像对象的 show()函数显示图像。

运行结果如图 5-11 所示。

图 5-11　例 5-7 程序的运行结果

5.4 文件操作

在变量中存储的数据是暂时的，程序结束后就会消失。为了能够长时间地保存程序中的数据，需要将程序中的数据保存到磁盘文件中。Python 提供了很多文件操作函数，可以很方便地将数据保存到磁盘文件中，以达到长时间保存数据的目的。

5.4.1 文件路径的概念

文件路径表示在磁盘寻找文件时所历经的文件夹线路，文件路径有两种表示形式：一种是绝对路径，另一种是相对路径。

1. 绝对路径

在 Windows 操作系统中，绝对路径包括“盘符”“目录名”和“文件名”三个部分，每个部分使用“\”符号连接。例如，我们可以使用下面的绝对路径表示图 5-12 所示的 abc.py 文件。

C:\Python3.7\Lib \abc.py

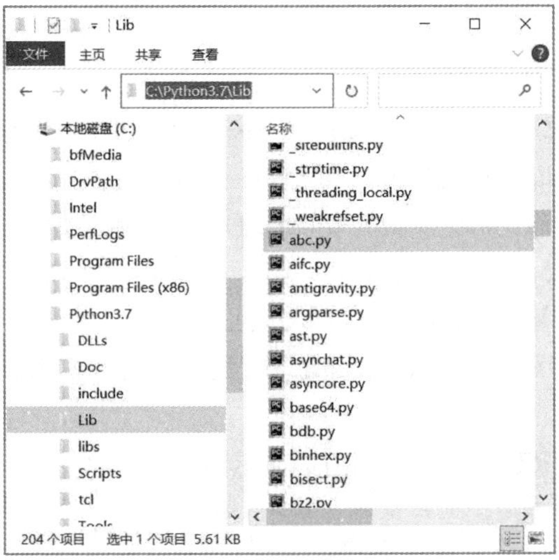

图 5-12 文件路径示例

2. 相对路径

为了更加灵活地定位文件，我们还可以使用相对路径。相对路径是以当前所在位置为基准定位其他位置的方法。

例如，如果当前所在位置是 C:\Python3.7，那么访问图 5-12 中的 abc.py 文件的相对路径如下：

Lib\abc.py

若当前所在位置是 C:\Python3.7\Lib，则可以用下面的相对路径访问 abc.py 文件。

abc.py

在相对路径中，我们可以使用“.”和“..”指令，其中“.”表示当前目录位置，“..”表示返回上一级目录位置。例如，如果当前所处位置是 C:\Python3.7\include，那么访问 abc.py

文件的相对路径如下：

..\Lib\abc.py

5.4.2 文件的打开与关闭

Python 操作文件的过程与用 Word 写简历的过程相似：打开或新建一个文件、读取或写入数据、关闭文件。

1. 打开文件

在 Python 中，要操作文件就必须先打开或新建指定的文件并返回文件对象，可以通过 open()函数实现，语法格式如下：

```
file=open(filename[, mode][, encoding])
```

说明如下：

- file：创建的文件对象。
- filename：要打开或新建文件的文件名，字符串类型，如果要打开或新建的文件和程序文件在同一个目录下，那么直接写文件名即可，否则需要指定完整路径，可以使用绝对路径，也可以使用相对路径。
- encoding：设置打开或新建文件时使用的编码格式，只适用于文本文件，建议设置成 utf-8 的编码格式，utf-8 是世界通用的语言编码，是应用非常广泛的编码。
- mode：打开文件的模式，若未指定模式，则默认为只读模式，见表 5.2。

表 5.2 打开文件的模式

模式	说明
r	以只读模式打开文件，文件的指针将会放在文件的开头
w	以只写模式打开文件
a	以追加模式打开一个文件。如果该文件已存在，文件指针将放在文件的结尾（即新内容会被写入到已有内容之后），否则创建新文件用于写入
rb	以二进制格式打开文件，并且采用只读模式。文件指针将会放在文件的开头，一般用于非文本文件，如图片、声音等
wb	以二进制格式打开文件，并且采用只写模式。一般用于非文本文件，如图片、声音等
ab	以二进制格式打开文件，并且采用追加模式。如果该文件已存在，文件指针将会放在文件的末尾（即新内容会被写入到已有内容之后），否则创建新文件用于写入
r+	打开文件后，可以读取文件内容，也可以写入新的内容覆盖原有文件（从文件开头进行覆盖）
w+	打开文件后，清空原有内容，使其变为一个空的文件，对这个空文件有读写权限
a+	以读写模式打开文件。如果该文件已存在，文件指针将会放在文件的末尾（即新内容会被写入到已有内容之后），否则创建新文件用于读写
rb+	以二进制格式打开文件，并且采用读写模式，文件指针将会放在文件的开头。一般用于非文本文件，如图片、声音等
wb+	以二进制格式打开文件，并且采用读写模式。一般用于非文本文件，如图片、声音等
ab+	以二进制格式打开文件，并且采用追加模式。如果该文件已存在，文件指针将会放在文件的末尾（即新内容会被写入到已有内容之后），否则创建新文件用于读写

下面的代码以只读模式打开当前目录（即与程序文件相同的目录）下的 file1.txt 文件，设置 utf-8 的编码格式。

```
file1 = open('file1.txt', 'r',encoding='utf-8' )
```

下面的代码以只写模式打开当前目录下的 file2.txt 文件，设置 utf-8 的编码格式。

```
file2 = open('file2.txt', 'w', encoding='utf-8')
```

当文件路径作为 open()函数的参数时，路径字符串中的“\”看作特殊字符，此时需要在“\”的前面或后面加上一个“\”作为逃逸符。

例如，下面的代码以只读模式打开一个绝对路径为“d:\exaplc\ch2\file3.txt”的文件，设置 utf-8 的编码格式。

```
file3 = open('d:\\exaple\\ch2\\file3.txt', 'r', encoding='utf-8')
```

2. 关闭文件

完成文件操作后，一定要关闭文件对象，这样才能保证对文件所做的任何修改都保存到文件中，语法格式如下：

```
file.close()
```

其中，file 是打开的文件对象。例如，关闭上面代码中打开的 file1.txt 文件，可以使用下面的代码：

```
file1.close()
```

5.4.3 文件的读写操作

Python 的文件对象是使用 open()函数创建的，它提供了一些与文件读写操作相关的函数。文件对象的常用函数见表 5.3。

表 5.3 文件对象的常用函数

函数	说明
flush()	将缓冲区的数据写入文件
read([size])	从头开始读取文件中 size 所指定长度的数据，如果未指定 size，则读取文件所有数据
readline([size])	从文件当前行读取 size 所指定长度的数据，如果未指定 size，则读取当前行的整行数据
readlines()	读取所有行，返回值是一个列表
tell()	返回文件指针的当前位置
seek(offset[, from])	把文件指针移动到指定位置，offset 表示偏移量，代表需要移动的字节数；from 表示开始偏移的位置，0 表示文件开头（默认值），1 表示当前位置，2 表示文件末尾
write(str)	将字符串 str 写入文件
writelines(seq)	把一个字符串列表 seq 写入文件，如果需要换行则要自己加入每行的换行符

例 5-8 编写程序 case5-8.py，把王之涣的诗“登鹳雀楼”写入文件名为 poetry.txt 的文本文件，设置 utf-8 的编码格式，文件的存放位置是当前目录。

代码如下：

例 5-8 操作视频

```
1    # 把王之涣的诗“登鹳雀楼”写入文件
2    str = ''' 登鹳雀楼
3    白日依山尽，
4    黄河入海流。
5    欲穷千里目，
6    更上一层楼。
7    '''
8    file = open('poetry.txt', 'w', encoding='utf-8')
9    file.write(str)
10   file.close()
```

代码说明如下：

- 代码行 1：本程序的注释。
- 代码行 2～7：定义一个字符串变量 str，存放诗的文本。
- 代码行 8：用 open()函数以只写模式打开文件，设置 utf-8 的编码格式。
- 代码行 9：用 write()函数将变量 str 中存储的内容写入文件。
- 代码行 10：用 close()函数关闭文件。

程序运行结束后，在当前目录下建立了一个文件名为 poetry.txt 的文本文件，记事本程序打开的文件如图 5-13 所示。

图 5-13 记事本程序打开的文件

例 5-9 编写程序 case5-9.py，读取例 5-8 中建立的 poetry.txt 文件，输出文件内容。

代码如下：

例 5-9 操作视频

```
1    # 读取文本文件 poetry.txt，输出文件内容
2    file = open('poetry.txt', 'r', encoding='utf-8')
3    content = file.read()
4    print(content)
5    file.close()
```

代码说明如下：

- 代码行 1：本程序的注释。

- 代码行 2：用 open()函数以只读模式打开 poetry.txt 文件，设置 utf-8 的编码格式。
- 代码行 3：用 read()函数读取文件，将读出的文本保存在变量 content 中。
- 代码行 4：输出变量 content 中的文本。
- 代码行 5：用 close()函数关闭文件。

运行结果如图 5-14 所示。

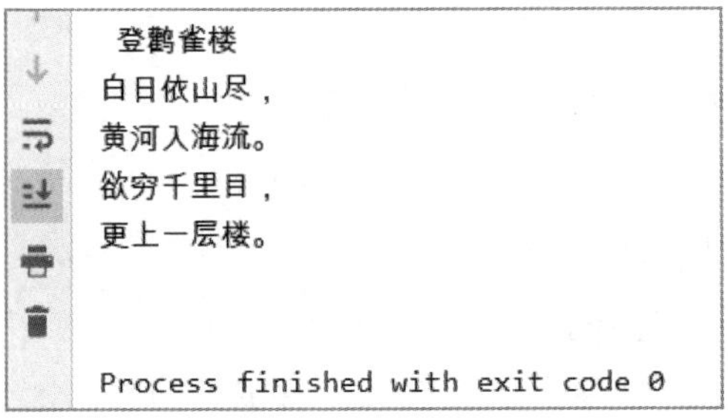

图 5-14　例 5-9 程序的运行结果

5.4.4　使用 with 语句操作文件

在文件操作中，即使写了关闭文件的代码，也无法保证文件一定能够正常关闭。例如，如果在打开文件之后和关闭文件之前发生了运行错误而导致程序崩溃，则文件无法正常关闭。在管理文件对象时，推荐使用 Python 提供的 with 语句，可以有效地避免这个问题，语法格式如下：

```
with open(filename[, mode][, encoding]) as 文件对象:
        语句块
```

with 语句可以自动管理文件对象，保证 with 语句执行完毕后关闭已打开的文件。

例 5-10　编写程序 case5-10.py，使用 with 语句进行文件操作，将当前目录下文件名为 src.jpg 的图片文件复制一个副本，副本的文件名为 dest.jpg。

例 5-10 操作视频

代码如下：

```
1    # 复制一个图片文件
2    with open('src.jpg', 'rb') as file:
3        content = file.read()
4    with open('dest.jpg', 'wb') as file:
5        file.write(content)
```

代码说明如下：

- 代码行 1：本程序的注释。
- 代码行 2：用 open()函数以二进制格式打开文件 src.jpg 用于只读。
- 代码行 3：用 read()函数读取图片文件，将读出的数据保存在 content 变量中。
- 代码行 4：用 open()函数以二进制格式打开文件 dest.jpg 用于只写。
- 代码行 5：用 write()函数将 content 变量中的数据写入文件。

程序运行结束后，在当前目录下建立了一个文件名为 dest.jpg 的图片文件，画图程序打开的两个图片文件如图 5-15 所示。

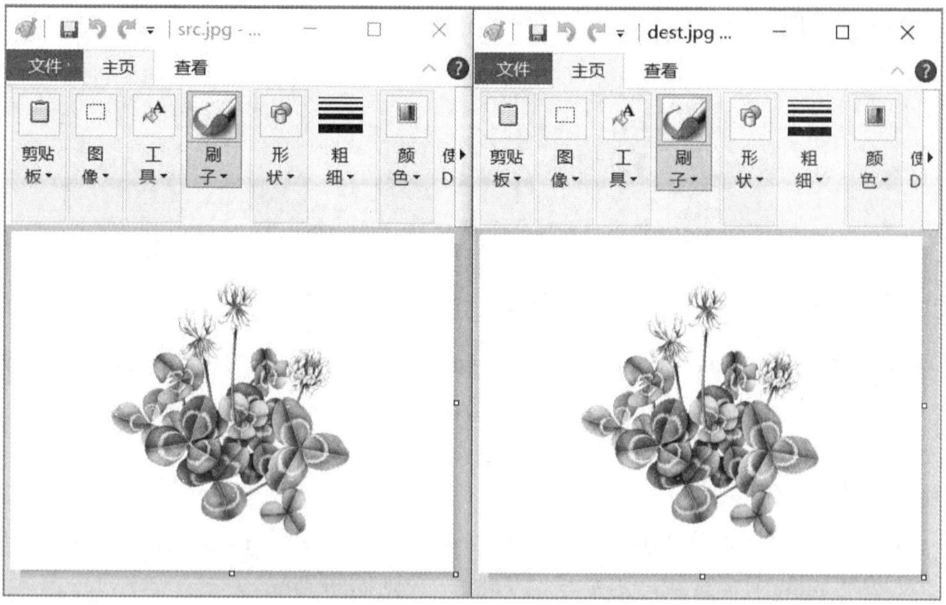

图 5-15　画图程序打开的两个图片文件

5.5　程序练习

练习 5-1　编写程序 ex5-1.py，定义一个登录验证函数 loginSuccess，函数有两个参数：userName（用户名参数）和 passWord（密码参数），在程序中通过该函数验证用户登录是成功还是失败。

提示与要求：

- 在登录验证函数中，如果传入的用户名和密码分别是 admin 和 123456，则登录验证成功，函数返回 True；否则，登录验证失败，函数返回 False。
- 在程序中，以用户输入的用户名和密码为实参调用登录验证函数，根据函数返回值输出验证结果。

参考程序：

```
# 定义一个登录验证函数，验证用户登录是成功还是失败
def loginSuccess(userName, passWord):
    if userName == 'admin' and passWord == '123456':
        return True
    else:
        return False
userName = input('用户名：')
passWord = input('密码：')
if loginSuccess(userName, passWord):
    print('登录成功！')
else:
    print('登录失败！')
```

运行结果参考图 5-16。

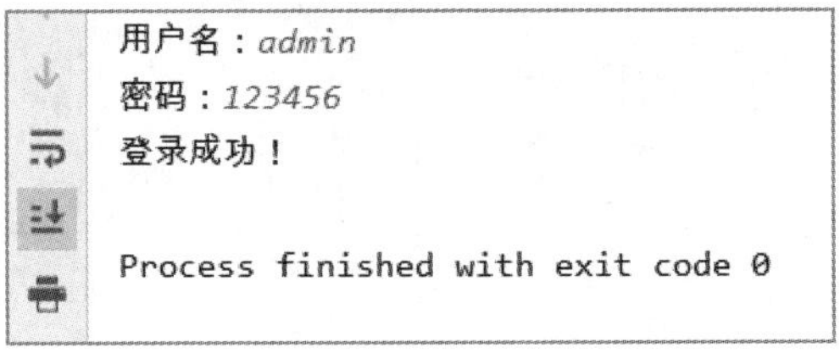

图 5-16　练习 5-1 程序的运行结果

练习 5-2　编写程序 ex5-2.py，定义一个 isPrime 函数，参数名称为 num，在函数中，判断 num 是否为素数，若是素数，则函数返回 True，否则返回 False。在程序中，输出 20 以内的所有素数。

提示与要求：

- 在函数中，用 for 循环遍历 2～num-1 的所有整数，如果 num 能被循环变量的值整除，则说明 num 不是素数，函数返回 False，否则返回 True。
- 在程序中，遍历 2～20 的所有整数，以遍历的整数为实参调用 isPrime()函数，若函数的返回值是 True，则输出该整数。

参考程序：

```
# 通过判断素数函数输出 20 以内的所有素数
def isPrime(num):
    for i in range(2, num):
        if num % i == 0:
            return False    #不是素数返回 False
    return True   # 是素数返回 True
# 输出 20 以内的所有素数
for i in range(2, 21):
    if isPrime(i):
        print("%4d" % i, end='')
```

运行结果参考图 5-17。

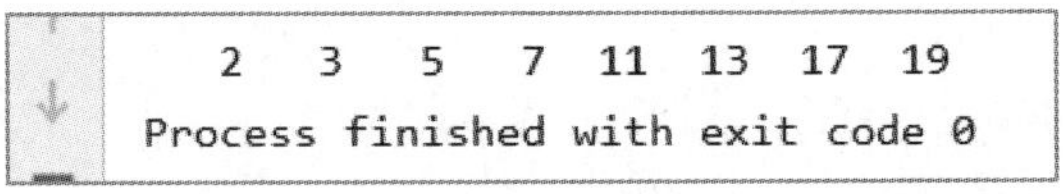

图 5-17　练习 5-2 程序的运行结果

练习 5-3　编写程序 ex5-3.py，读出文本文件 data.txt 中的所有整数，将这些整数按升序排序后写入文本文件 data_asc.txt。

提示与要求：

- 在当前目录下建立一个文本文件 data.txt，每行写入一个整数，按 utf-8 编码格式保存文件。
- 调用 readlines()函数读取文件的所有行，函数返回“整数\n”格式的字符串列表。
- 将字符串列表转换成整数列表，并调用 sort()函数对整数列表排序。

- 调用 writelines()函数将一个字符串列表写入文件，由于在文件中每个数据占据一行，因此先将排序后的整数列表转换为“整数\n”格式的字符串列表，再调用 writelines()函数。

参考程序：

```
# 将文本文件 data.txt 中的所有整数按升序排序后写入文本文件 data_asc.txt
with open('data.txt', 'r', encoding='utf-8') as file:
    lineList = file.readlines()
# 将字符串列表 lineList 转换成整数列表 dataList
dataList = []
for line in lineList:
    # 删除末尾的\n 并转换成整数，再添加到列表中
    dataList.append(int(line.strip('\n')))
# 对 dataList 列表按升序排序
dataList.sort()
# 将整数列表 dataList 转换成整数\n 格式的字符串列表 lineList
lineList = []
for data in dataList:
    lineList.append(str(data) + '\n')
# 将字符串列表 lineList 写入文件
with open('data_asc.txt', 'w', encoding='utf-8') as file:
    file.writelines(lineList)
```

程序运行结束后，在当前目录下建立了一个文件名为 data_asc.txt 的文本文件，记事本程序打开这两个文件的结果参考图 5-18。

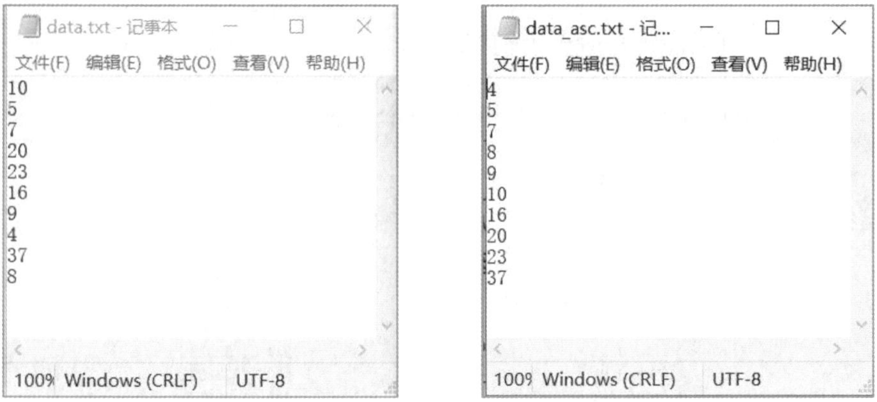

图 5-18　两个文件的数据对比

练习 5-4　编写程序 ex5-4.py，使用 openpyxl 模块处理 Excel 数据。

提示与要求：

- openpyxl 是一个第三方模块，可以处理 Excel 数据，在命令行下输入 pip install openpyxl 命令安装 openpyxl 模块。
- 在当前目录下，用 Microsoft Excel 2019 建立名为“学生成绩表.xlsx”的文件，参照图 5-19 输入表格数据。

	A	B	C	D	E	F
1	学号	数学	语文	外语		
2	10010101	90	80	75		
3	10010102	86	72	86		
4	10010103	82	76	92		
5	10010104	75	90	80		
6	10010105	65	75	70		
7	10010106	80	90	70		

图 5-19　学生成绩表

- 在程序中，首先装载工作簿并获取 Sheet1 工作表；然后在 E1 和 F1 单元格中分别填写“总分”和“平均分”标题，计算每名学生的总分和平均分并填到相应的单元格中；最后保存工作簿。

参考程序：

```
# 使用 Excel 处理模块 openpyxl 进行 Excel 操作
from openpyxl import load_workbook
# 装载工作簿，获取 Sheet1 工作表
wb = load_workbook('学生成绩表.xlsx')
ws = wb['Sheet1']
# 在 E1 和 F1 单元格中填写标题
ws.cell(row=1, column=5).value = '总分'
ws.cell(row=1, column=6).value = '平均分'
for row in range(2, ws.max_row + 1):
    # 计算学生的总分
    sumScore = 0
    for col in range(2, 5):
        sumScore += ws.cell(row=row, column=col).value
    # 在单元格中填写总分和平均分
    ws.cell(row=row, column=5).value = sumScore
    ws.cell(row=row, column=6).value = sumScore/3
# 保存工作簿
wb.save('学生成绩表.xlsx')
```

程序运行结束后，打开“学生成绩表.xlsx”文件，工作表中的数据参考图 5-20。

	A	B	C	D	E	F
1	学号	数学	语文	外语	总分	平均分
2	10010101	90	80	75	245	81.66667
3	10010102	86	72	86	244	81.33333
4	10010103	82	76	92	250	83.33333
5	10010104	75	90	80	245	81.66667
6	10010105	65	75	70	210	70
7	10010106	80	90	70	240	80

图 5-20　数据处理后的学生成绩表

5.6　本章小结

本章介绍了自定义函数、内置函数、模块和文件操作等内容。通过本章学习，读者应掌握自定义函数的定义与调用方法，会使用常用内置函数，掌握模块的导入方法，理解自定义

模块、标准模块和第三方模块的区别，能安装第三方模块，能在 Python 程序中进行文件操作，为后续的人工智能应用开发打下坚实的基础。

课后习题

一、简答题

1．写出定义函数的语法格式。
2．什么是形参和实参？
3．如何在 Python 程序中区分局部变量和全局变量？
4．什么是模块？
5．标准模块、自定义模块和第三方模块的区别是什么？
6．什么是绝对路径？什么是相对路径？
7．为什么对文件进行操作后一定要关闭文件？
8．写出使用 with 语句操作文件的语法格式。

二、填空题

1．在 Python 中，定义函数使用__________关键字。
2．定义函数时使用的参数是__________，调用函数时传递给函数的参数是__________。
3．若 return 语句中不带任何返回值或没有 return 语句，则函数的返回值是__________。
4．__________是在函数内部定义并使用的变量，只在函数内部有效。
5．在函数外定义的变量称为__________，可以在整个程序范围内访问。
6．如果出现全局变量与局部变量名字相同的情况，则在函数中访问的是__________。
7．eval('3 +2*4')的结果是__________。
8．sum([1,2,3])的结果是__________。
9．round(5.367,2)的结果是__________。
10．导入标准模块 random 的语句是__________。
11．Python 的标准模块 math 中用来计算平方根的函数是__________。
12．Python 的标准模块__________提供了一系列处理时间的函数。
13．Python 的标准模块__________提供了一系列访问操作系统功能的函数。
14．Python 下载和安装第三方模块的命令是__________。
15．Python 下载和安装图像处理模块 pillow 的完整命令是__________。
16．Python 的第三方模块__________可以处理 Excel 文件。
17．在相对路径中，__________表示当前目录位置，__________表示返回上一级目录位置。
18．在 Python 中，函数__________用来打开或创建文件并返回文件对象。
19．在对文件进行写操作后，__________函数将文件缓冲区中的数据写入文件。
20．Python 使用__________语句自动管理文件对象，保证文件正确关闭。

三、编程题

1．定义函数 circleArea，其参数名称为 r。在函数中，计算以 r 为半径的圆的面积并返回圆面积。在程序中，输入圆的半径，调用该函数并输出函数的返回值。

2．定义函数 isPlalindrome，其参数名称为 str。在函数中，判断 str 是否是回文（回文是把一个字符串按相反的方向读取，读出来与原字符串相同），若是回文，则函数返回 True，否则返回 False。在程序中输入一个字符串，调用该函数并根据函数的返回值输出判断结果。

3．编写程序，完成以下操作：

（1）建立一个文件名为 myMotto.txt 的文本文件，设置 utf-8 的编码格式，将你的座右铭写入文件。

（2）读取 myMotto.txt 文件，输出文件内容。

第 6 章　图像与文字识别

本章导读

图像识别是让计算机能像人一样读懂图片内容的技术。图像识别技术作为人工智能领域的一项核心技术，其应用已渗透到日常生活的各个领域。借助图像识别技术的发展，未来不仅会产生一种全新的与外界交互的方式，而且会让外界更加智能化。本章将带领读者了解图像识别的工作过程及应用领域、文字识别的概念及应用领域，学会借助 AI 开放平台开发图像识别及文字识别应用程序。

本章要点

- 图像识别的工作过程
- 图像识别的应用领域
- 文字识别的基本概念
- 文字识别的应用领域
- 借助百度 AI 开放平台开发图像识别程序
- 借助百度 AI 开放平台开发文字识别程序

6.1　图像识别技术简介

图像识别技术是信息时代的一门重要技术，其产生目的是让计算机代替人类去处理大量的物理信息。随着计算机技术的发展，人类对图像识别技术的认识越来越深刻，人类的生活将无法离开图像识别技术，研究图像识别技术具有重大意义。

6.1.1　图像识别的引入

图像识别是人工智能的一个重要领域，它的发展经历了三个阶段：文字识别、数字图像处理与识别、物体识别。图像识别，顾名思义，就是对图像作出各种处理、分析，识别我们所要研究的目标。今天所指的图像识别并不仅是用人类的肉眼，而且是借助计算机技术进行识别。虽然人类的识别能力很强大，但是对于高速发展的社会，人类自身的识别能力已经满足不了我们的需求，于是产生了基于计算机的图像识别技术。就像人类研究生物细胞，完全靠肉眼观察细胞是不现实的，自然就产生了显微镜等用于精确观测的仪器。通常一个领域有固有技术无法解决的需求时就会产生相应的新技术，图像识别技术也是如此，它的产生就是为了让计算机代替人类去处理大量的物理信息，解决人类无法识别或者识别率特别低的信息。

6.1.2 图像识别的工作过程简介

图像识别技术背后的原理并不是很难，只是其要处理的信息比较烦琐。计算机的图像识别技术和人类的图像识别在原理上并没有本质的区别。人类的图像识别也不仅是凭借整个图像存储在脑海中的记忆来识别的，我们识别图像都是依靠图像所具有的本身特征而先将这些图像分类，再通过各个类别所具有的特征识别图像，只是很多时候我们没有意识到这一点。当看到一张图片时，我们的大脑会迅速感应到是否见过此图片或与其相似的图片。其实在“看到”与“感应到”的中间经历了一个迅速识别过程，这个识别过程与搜索有些类似。在这个过程中，我们的大脑会根据存储记忆中已经分好的类别进行识别，查看是否有与该图像具有相同或类似特征的存储记忆，从而识别出是否见过该图像。机器的图像识别技术也是如此，通过分类并提取重要特征而排除多余的信息来识别图像。总之，在计算机的视觉识别中，图像的内容通常是用图像特征描述的。

图像识别的工作过程包括信息获取、预处理、特征抽取和选择、分类决策，如图 6-1 所示。

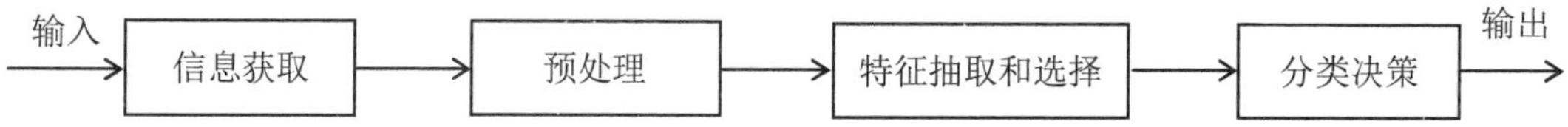

图 6-1 图像识别的工作过程

1. 信息获取

信息获取是指通过传感器将光或声音等信息转换为电信息，也就是获取研究对象的基本信息并通过某种方法将其转换为机器能够认识的信息。

2. 预处理

预处理主要是指图像处理中的去噪、平滑、变换等操作，从而加强图像的重要特征。

3. 特征抽取和选择

我们研究的图像是各种各样的，如果要利用某种方法将它们区分开，就要通过这些图像所具有的本身特征来识别，而获取这些特征的过程就是特征抽取。在特征抽取中得到的特征也许对识别并不都是有用的，此时就要提取有用的特征，这就是特征的选择。特征抽取和选择在图像识别过程中是非常关键的技术之一。

4. 分类决策

分类决策是指在特征空间中对被识别对象进行分类，从而更好地识别所研究的对象具体属于哪类。分类决策中的关键是分类器设计，分类器设计是指通过训练得到一种识别规则，这种识别规则可以得到一种特征分类，使图像识别技术能够得到高识别率。

6.1.3 图像识别的典型应用领域

图像识别技术是立体视觉、运动分析、数据融合等实用技术的基础，在遥感图像识别、军事刑侦、生物医学、机器视觉等领域有广泛的应用。

1. 遥感图像识别

航空遥感图像和卫星遥感图像通常用图像识别技术进行加工，以便提取有用的信息。该技术目前主要用于地形地质探查，森林、水利、海洋、农业等资源调查，灾害预测，环境污染监测，气象卫星云图处理，地面军事目标识别，等等。

2. 军事刑侦

图像识别技术在军事、公安刑侦方面的应用很广泛，例如军事目标的侦察、制导和警戒系统；公安部门的现场照片、指纹、手迹、印章、人像等的处理和辨识；历史文字和图片档案的修复和管理等。

3. 生物医学

图像识别在现代医学中的应用非常广泛，它具有直观、无创伤、安全方便等特点，在临床诊断和病理研究中应用广泛。

4. 机器视觉

作为智能机器人的重要感觉器官，机器视觉主要是理解和识别 3D 图像，该技术也是目前研究的热门课题之一。机器视觉的应用领域十分广泛，例如用于军事侦察、危险环境的自主机器人，用于邮政、医院和家庭服务的智能机器人。此外，机器视觉还可用于工业生产中的工件识别和定位、太空机器人的自动操作等。

6.1.4 百度 AI 开放平台的图像识别接口简介

百度 AI 开放平台为开发者提供了多种图像识别接口，下面简单介绍其典型接口。

1. 通用物体和场景识别

通用物体和场景识别可识别动物、植物、商品、建筑、风景、动漫、食材、公众人物等常见物体及场景，返回大类及细分类的名称，如图 6-2 所示。

图 6-2　通用物体和场景识别

（1）图片内容分析与推荐：对用户浏览的图片或观看的视频内容进行识别，根据识别结果给出相关内容推荐或广告展示，广泛应用于新闻资讯类、视频类 App 等内容平台。

（2）拍照识图：根据用户拍摄的照片识别图片中物体的名称及百科信息，提高用户交互体验，广泛应用于智能手机厂商、拍照识图及科普类 App。

（3）拍照闯关趣味营销：设计线上营销活动，根据用户拍摄的照片自动识别图片中物体信息是否符合活动要求，提升用户交互体验，减少人工审核成本。

2. 图像主体检测

图像主体检测能检测图片中的主体，支持单主体检测、多主体检测，可识别图片中主体的位置和标签，方便裁剪出对应主体的区域，用于后续图像处理、海量图片分类打标签等场景，如图 6-3 所示。

图 6-3　图像主体检测

（1）智能美图：根据用户上传的照片进行主体检测，实现图像裁剪或背景虚化等功能，可应用于美图功能 App。

（2）图像识别辅助：可使用图像主体检测裁剪出图像的主体区域，配合图像识别接口提升识别精度。

（3）图片主体定位、打标签：可检测图片中多个主体的坐标位置，并给出主体的大类标签和标签的置信度得分，对海量图片进行分类、打标签。

3. 动物识别

动物识别可识别几千种动物，返回动物名称，并获取识别结果对应的百科信息，适用于拍照识图、幼教科普、图像内容分析等场景，如图 6-4 所示。

图 6-4　动物识别

拍照识图：根据拍摄照片识别图片中动物的名称，可配合其他识图能力对识别的结果进一步细化，可广泛应用于拍照识图类 App。

4. 植物识别

植物识别可识别超过 2 万种常见植物和近 8000 种花卉，返回植物的名称，并支持获取识别结果对应的百科信息，适用于拍照识图、幼教科普、图像内容分析等场景，如图 6-5 所示。

图 6-5　植物识别

拍照识图：根据拍摄照片识别图片中植物的名称，可配合其他识图能力对识别的结果进一步细化，提高用户体验，可广泛应用于拍照识图类 App。

5. 果蔬识别

果蔬识别可识别近千种水果和蔬菜的名称，适用于识别只含有一种果蔬的图片，如图 6-6 所示。

图 6-6　果蔬识别

果蔬介绍：根据拍摄的照片可识别图片中的果蔬名称，结合识别结果进一步为用户提供营养价值、搭配禁忌、果蔬推荐等相关信息，可广泛应用于美食类 App。

6. 菜品识别

菜品识别可识别超过几千种菜品，可准确识别图片中的菜品名称、位置，并获取百科信息，适用于客户识别菜品的业务场景中，如图 6-7 所示。

（1）餐饮健康：根据拍摄照片，识别图片中菜品的名称，获取菜品的参考卡路里含量和百科信息，可结合识别结果进一步提供饮食推荐、健康管理方案等相关功能，增强用户体验，广泛应用于餐饮娱乐类和健康管理类 App。

图 6-7 菜品识别

（2）智能结算：根据拍摄照片，识别图片中菜品的名称和位置，提高结算效率，减少人工录入成本。

6.2 项目：动物识别

人工智能是一门复杂的交叉学科，为了方便开发者使用人工智能，很多科技公司利用自身的技术搭建了 AI 开放平台。有了这个开放平台，开发者就能通过调用其相关接口使自己的程序获得 AI 功能。目前国内知名的 AI 开放平台有百度 AI 开放平台、阿里 AI 开放平台、华为 AI 开放平台等，这些开放平台可以为不同层次的开发者提供多样化的产品服务。本书第 6 章至第 9 章中的程序均借助百度 AI 开放平台实现 AI 功能。百度 AI 开放平台首页如图 6-8 所示。

图 6-8 百度 AI 开放平台首页

6.2.1 实现目标及解决方案

1. 实现目标

借助百度 AI 开放平台编写动物识别程序，根据提供的动物图片输出置信度最高的三种动物名称及其置信度。

2. 解决方案

动物识别解决方案如图 6-9 所示。

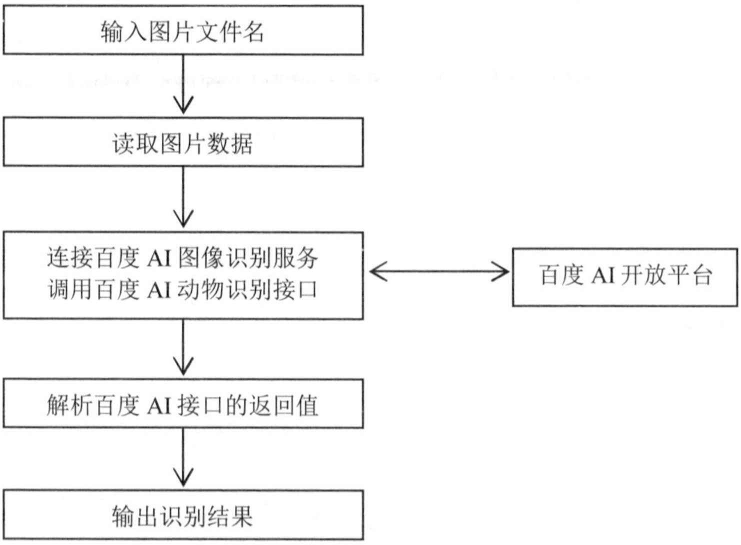

图 6-9　动物识别解决方案

6.2.2 实施前的准备环节

1. 成为百度 AI 开放平台的开发者

（1）打开浏览器，进入百度 AI 开放平台首页（http://ai.baidu.com），单击百度 AI 开放平台导航栏右侧的“控制台”，若为未登录状态，则跳转到登录界面，如图 6-10 所示，可使用百度账号登录，若尚未建立百度账号，可单击下方的“立即注册”链接注册百度账号。

图 6-10　登录界面

创建图像识别应用操作视频

（2）若首次使用百度 AI 开放平台，账号登录后会进入开发者认证界面，填写相关信息完成开发者认证。

2. 在百度智能云创建“图像识别”应用

（1）单击“产品服务”→“人工智能”中的“图像识别”链接，在“产品服务/图像识别-概览”界面中单击“领取免费资源”按钮，如图 6-11 所示。

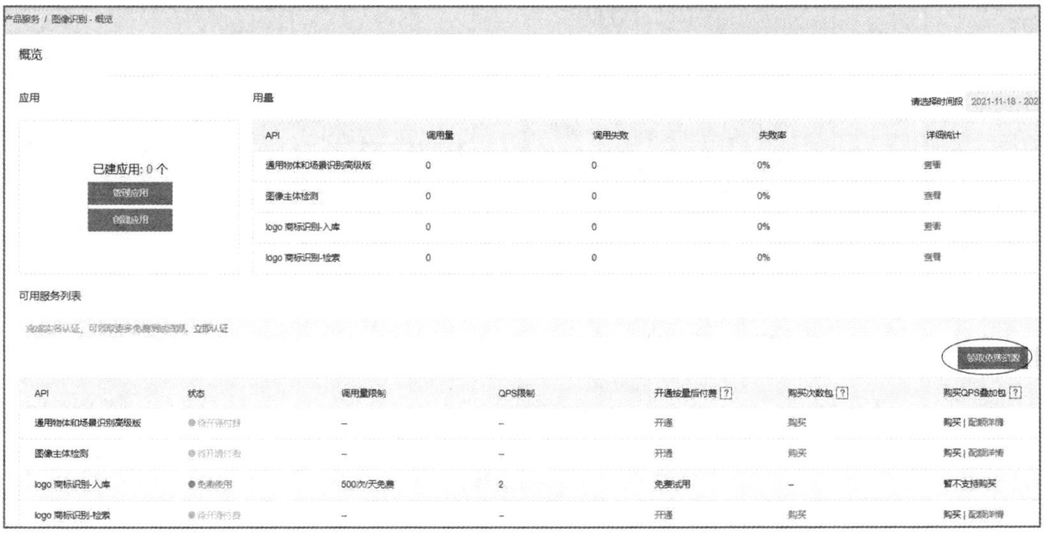

图 6-11　“产品服务/图像识别-概览”界面

（2）选取领取免费资源的接口类型，本项目使用“动物识别”接口，勾选接口名称中的“全部”复选项可获取图像识别中所有免费接口的使用权限，单击“0 元领取”按钮，如图 6-12 所示。

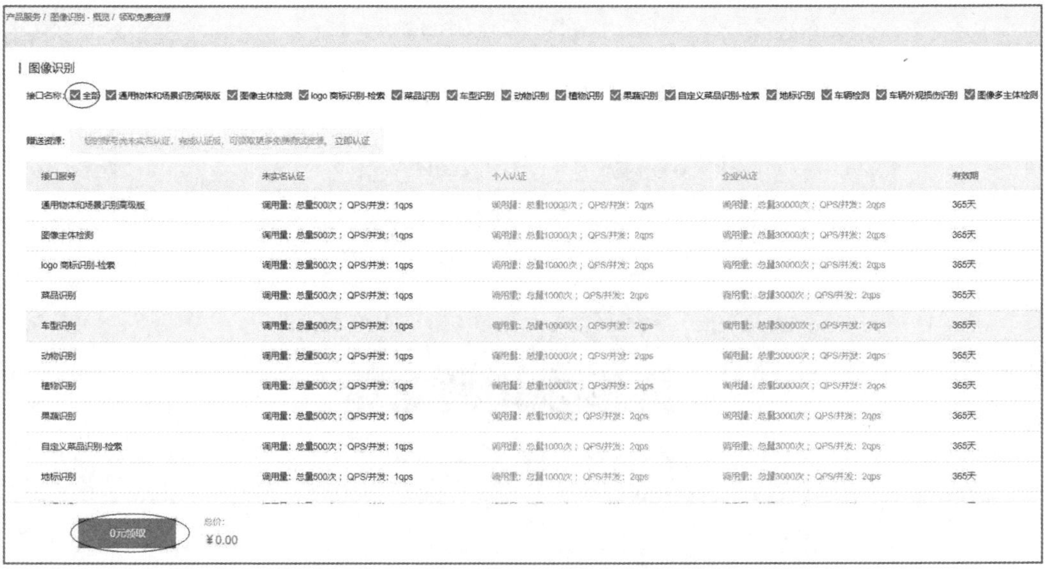

图 6-12　图像识别——领取免费资源

（3）再次进入图 6-11 所示的“产品服务/图像识别-概览”界面，单击“创建应用”按钮，进入“创建新应用”界面，如图 6-13 所示，输入“应用名称”和“应用描述”,“应用名称”用于标识所创建的应用名字，可填写中文、英文、数字、下划线等，一旦创建完毕就不能更改;“应用描述”用来描述应用的场景。例如，在“应用名称”和“应用描述”中分别输入“图像识别”，在“应用归属”中选择“个人”选项，表单填写完成后单击“立即创建”按钮即可创建图像识别应用。

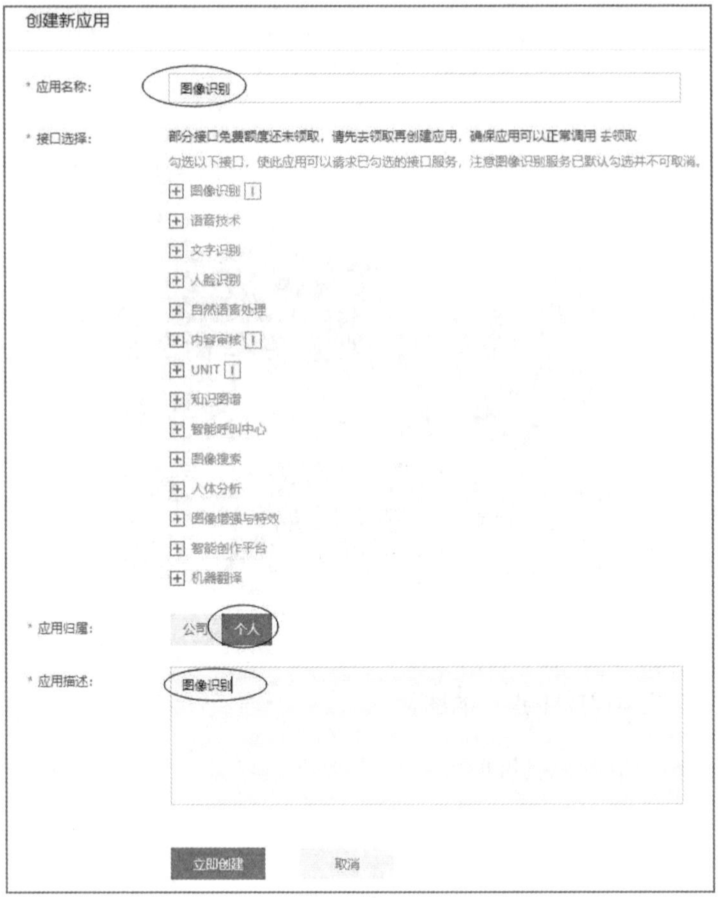

图 6-13 “创建新应用”界面

（4）创建应用后进入“产品服务/图像识别-应用列表”界面，显示图像识别中已创建的应用列表，如图 6-14 所示。

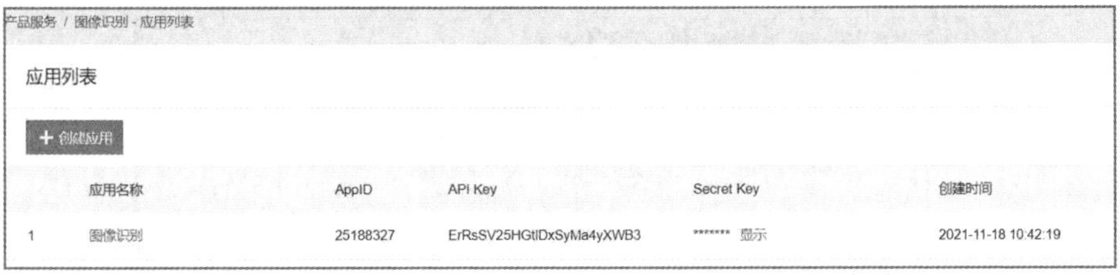

图 6-14 已创建的应用列表

（5）创建应用后，百度 AI 开放平台会为应用设置好 App ID、API Key、Secret Key 三个凭证信息，在程序开发时要使用这些凭证，每个应用的 App ID、API Key、Secret Key 信息各不相同，要妥善保管，如图 6-15 所示。出于安全考虑，Secret Key 不以明文显示，单击“显示”链接可显示 Secret Key 的明文内容。

AppID	API Key	Secret Key
25188327	ErRsSV25HGtlDxSyMa4yXWB3	******* 显示

图 6-15　应用的密钥

3. 准备一张动物图片

从网络上下载一张动物图片并重命名为animal01.jpg，本项目要识别的图片如图6-16所示。

图 6-16　动物图片

6.2.3　任务 1：识别程序中指定的图片

任务 1 操作视频

任务目标：识别程序中指定的动物图片，输出识别结果。

操作步骤如下：

（1）新建工程。

打开 PyCharm 程序，新建工程 animal_detect。

（2）建立存放图片的文件夹并复制动物图片。

1）在 PyCharm 中右击工程文件夹 animal_detect，选择 New→Directory 命令，如图 6-17 所示，新建文件夹 image，在该文件夹中存放动物图片。

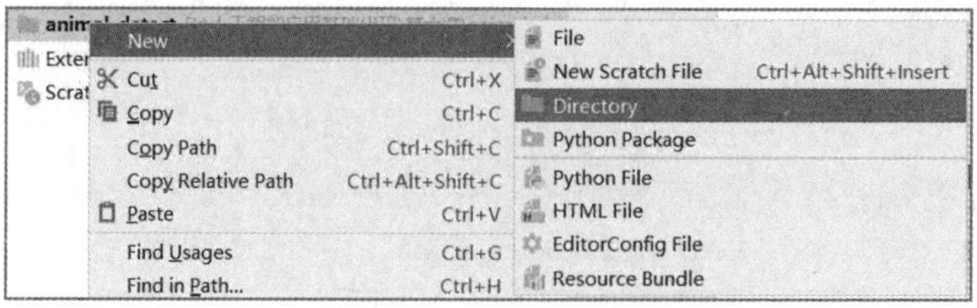

图 6-17　新建文件夹 image

2）复制动物图片后粘贴到 image 文件夹中。

（3）安装百度 AI 的 Python SDK。

为了在 Python 程序中使用百度 AI 提供的产品服务，应先安装百度 AI 的 Python SDK，步骤如下：

1）单击 PyCharm 程序左下角的 Terminal 图标打开终端窗口。

2）在终端窗口中输入命令 pip install baidu-aip==2.2.18.0。

若在执行上述命令时提示要升级 pip 程序，则按提示先升级 pip 程序，再用上述命令重新安装 baidu-aip。升级 pip 的命令为 python -m pip install --upgrade pip。

（4）建立任务 1 程序，编写导入语句。

1）右击工程文件夹 animal_detect，在弹出的快捷菜单中选择 New→Python File 命令，新建程序 task6-1-1.py，如图 6-18 所示。

图 6-18　新建 Python 文件

2）程序要调用百度 AI 的动物识别接口，在程序中导入百度 AI 的图像识别类，代码为 from aip import AipImageClassify。

（5）建立 AipImageClassify 对象。

AipImageClassify 是百度 AI 图像识别的 Python SDK 客户端，能为客户提供多种图像识别服务，代码如下：

```
# 填写你的图像识别应用的 App ID、API Key、Secret Key
APP_ID = 'XXXXXX'
API_Key = 'XXXXXX
Secret_Key = 'XXXXXX'
client = AipImageClassify(APP_ID, API_Key, Secret_Key)
```

在上面的代码中，APP_ID、API_Key 和 Secret_Key 是创建图像识别应用后分配的凭证信息，可从百度 AI 服务控制台的应用列表中复制凭证信息。

（6）读取图片数据。

本任务将对一张图片进行动物识别，该图片存放在当前程序文件所在目录的子目录 image 中，图片文件名为 animal01.jpg。以二进制只读模式打开文件，然后读取图片文件中的数据。代码如下：

```
# 读取图片数据
fileName = './image/animal01.jpg'
with open(fileName, 'rb') as fp:
    img = fp.read()
```

（7）调用动物识别接口。

在调用百度 AI 的接口前应先查阅接口的使用说明，包括接口的功能、接口的调用格式、参数说明、返回的数据详情。百度 AI 的动物识别接口对输入的一张图片返回动物识别结果，接口的调用形式如下：

```
client.animalDetect(image[,options])
```

client 为 AipImageClassify 对象，接口参数包括必填参数和可选参数。必填参数为 image（图像数据），可选参数 options 中的参数项如下：

- top_num：返回预测得分排序靠前的结果数，默认为 6。在本项目中，该参数值设置为 3。
- baike_num：返回百科信息的结果数，默认不返回百科信息。

下面的代码调用百度 AI 的动物识别接口识别图片中的动物，返回预测得分最高的三项。

```
# 调用动物识别接口
result = client.animalDetect(img, {"top_num":3})
```

（8）输出识别结果。

变量 result 保存接口的返回值，通过 print()函数查看返回值的结果如下：

```
{'result': [{'score': '0.683918', 'name': '西伯利亚虎'}, {'score': '0.145059', 'name': '孟加拉虎'}, {'score': '0.0475998', 'name': '华南虎'}], 'log_id': 1402417758884331520}
```

可以看出返回的结果储存在字典中，数据是键值对形式。其中，键 result 对应的值为[{'score': '0.683918', 'name': '西伯利亚虎'}, {'score': '0.145059', 'name': '孟加拉虎'}, {'score': '0.0475998', 'name': '华南虎'}]，它是一个列表数据，由于在调用接口时 top_num 的值设置为 3，因此接口返回置信度最高的三种动物，每个列表元素又是一个字典数据，score 和 name 键值对分别对应置信度和动物名称。本次识别出的动物依次为“西伯利亚虎”“孟加拉虎”和“华南虎”，对应的置信度分别为 0.683918、0.145059 和 0.0475998。

上面的输出结果看上去很复杂，关键信息不突出，因此有必要解析返回值，输出关键信息，代码如下：

```
# 格式化输出接口的返回值
result = result['result']
for item in result:
    print("动物：%s\t 置信度：%s" % (item['name'], item['score']))
```

上面的代码读取键 result 对应的列表，通过 for 循环遍历列表并输出列表元素。

（9）运行程序。

任务 1 程序的运行结果如图 6-19 所示。

图 6-19　任务 1 程序的运行结果

任务 1 的程序代码如图 6-20 所示。

```
from aip import AipImageClassify

# 填写你的图像识别应用的App ID、API Key、Secret Key
APP_ID = '[redacted]'
API_Key = '[redacted]'
Secret_Key = '[redacted]'
client = AipImageClassify(APP_ID, API_Key, Secret_Key)
# 读取图片数据
fileName = './image/animal01.jpg'
with open(fileName, 'rb') as fp:
    img = fp.read()
# 调用动物识别接口
result = client.animalDetect(img, {"top_num":3})
# 格式化输出接口的返回值
result = result['result']
for item in result:
    print("动物：%s\t置信度：%s" % (item['name'], item['score']))
```

图 6-20　任务 1 的程序代码

6.2.4　任务 2：识别用户指定的图片并完善显示效果

任务 2 操作视频

任务 1 虽然实现了动物识别的基本功能，但是以下功能尚需完善：图片文件名在程序中用赋值语句设置，如果要识别其他动物图片，则必须修改源程序，使用不方便；以文本形式输出结果，未采用图文并茂的形式，效果不直观。为此，在任务 2 中，对任务 1 的程序加以完善。

任务目标：用 input()函数实现灵活的数据输入；在动物图片上输出识别的结果，完善显示效果。

任务分析：图像处理库 pillow 可实现在图片上显示文字的功能，可采用如下步骤：①安装图像处理库；②导入模块；③用 Image 模块的 open()函数打开图片；④生成要输出的文本；⑤用 ImageDraw 类的 text()方法在图片上显示文本；⑥显示图片。

实现步骤如下：

（1）右击工程文件夹 animal_detect，在弹出的快捷菜单中选择 New→Python File 命令，新建文件 task6-1-2.py。

（2）安装图像处理库 pillow。

单击 PyCharm 程序左下角的 Terminal 图标，在终端窗口中输入命令 pip install pillow。

（3）复制 task6-1-1.py 的全部代码并粘贴到 task6-1-2.py 中。

（4）修改 task6-1-2.py 代码成如图 6-21 所示，其中画框部分为新增或修改的代码。

```
1  from aip import AipImageClassify
2  from PIL import Image, ImageDraw, ImageFont
3
4  # 填写你的图像识别应用的App ID、API Key、Secret Key
5  APP_ID = '[redacted]'
6  API_Key = '[redacted]'
7  Secret_Key = '[redacted]'
8  client = AipImageClassify(APP_ID, API_Key, Secret_Key)
9  # 读取图片数据
10 fileName = input('输入图片文件名:')
11 fileName = './image/' + fileName
12 with open(fileName, 'rb') as fp:
13     img = fp.read()
14 # 调用动物识别接口
15 result = client.animalDetect(img, {"top_num": 3})
16 result = result['result']
17 img = Image.open(fileName)
18 font = ImageFont.truetype('c:/windows/Fonts/simsun.ttc', 24)
19 draw1 = ImageDraw.Draw(img)
20 prtStr = ''
21 for item in result:
22     prtStr = prtStr + "%s\t%s\n" % (item['name'], item['score'])
23 draw1.text((5, 5), prtStr, fill='red', font=font)
24 img.show()
```

图 6-21 任务 2 的程序代码

代码说明如下：

- 代码行 2：从 PIL 中导入 Image、ImageDraw 和 ImageFont 模块。
- 代码行 10～11：用 input()函数输入要识别的图片文件名，生成的图片文件路径保存在变量 fileName 中。
- 代码行 17：用 Image 模块的 open()函数打开图片文件。
- 代码行 18：用 ImageFont 模块的 truetype()函数生成一个字体对象 font，字体采用“24，宋体”。
- 代码行 19：用 ImageDraw 模块的 Draw()函数创建一个图片画布对象。
- 代码行 20～22：生成由多行构成的输出文字，每行显示一个识别结果，包括动物名称和置信度两项内容。
- 代码行 23：用 ImageDraw 类的 text()方法在图像上的坐标(5,5)处显示识别结果，采用红色、宋体的输出格式。
- 代码行 24：显示图片。

（5）运行程序，在输入图片文件名 animal01.jpg 后任务 2 程序的运行结果如图 6-22 所示。

图 6-22 任务 2 程序的运行结果

6.3 文字识别技术简介

人们在生产和生活中要处理大量的文字、报表和文本，利用计算机自动识别字符可减轻人们的劳动，提高工作效率。文字识别是图像识别的一个重要应用。

6.3.1 OCR 的基本概念

1. OCR 的概念

OCR（Optical Character Recognition，光学字符识别）是指电子设备（如扫描仪或数码相机）检查纸上打印的字符，通过检测暗、亮的模式确定其形状，然后用字符识别方法将形状翻译成计算机文字的过程，即先对文本资料进行扫描，再对图像文件进行分析处理，获取文字及版面信息的过程。如何提高识别正确率是 OCR 最重要的课题。衡量一个 OCR 系统性能的主要指标有拒识率、误识率、识别速度、用户界面的友好性、产品的稳定性、易用性等。

2. OCR 的发展历史

早在 20 世纪 60 年代，世界各国就已开始研究 OCR，而研究的初期多以文字的识别方法研究为主，且识别的文字仅为 0～9 的数字。以日本为例，1960 年左右开始研究 OCR 的基本识别理论，初期以数字为识别对象，直至 1965－1970 年开始有了一些简单的产品，如印刷文字的邮政编码识别系统，用来识别邮件上的邮政编码，帮助邮局完成区域分信的作业。

我国在 OCR 技术方面的研究工作起步较晚，在 20 世纪 70 年代开始研究对数字、英文字母及符号的识别，70 年代末开始研究汉字识别，1986 年汉字识别的研究进入了实质性阶段，很多研究单位相继推出了中文 OCR 产品。随着我国信息化建设的全面开展，我国在 OCR 技术领域取得了一定成就，已经进入行业应用开发的成熟阶段。

3. OCR 工作流程

OCR 识别系统的作用是把影像内的文字一律变成计算机文字，使影像资料的储存量减小、识别出的文字可再使用及分析，也可节省由键盘输入耗费的人力和时间。

从影像输入到结果输出必须经过的过程：影像输入、影像前处理、文字特征抽取、比对识别和输出结果。

文字识别服务需要海量的训练数据，通过深度学习算法在训练集中加以实践，并在测试集中加以检验，不断优化模型。文字识别的深度学习框架通常是使用神经网络来实现。

6.3.2 OCR 的典型应用领域

1. 教育行业应用

在教育场景下，使用 OCR 进行题目识别、题日搜索等操作，一些教育网站提供了拍照解题功能，借助 OCR 技术，学生可以拍照上传试题来获取答案。

2. 广告行业应用

OCR 每天处理海量的图像文字反作弊请求，文字识别可以帮助用户进行图像文字反作弊，也就是识别图片上面的违规文字。OCR 反作弊已经在快手、国美等企业应用，也在百度内部的图片搜索、广告、贴吧等广泛使用。

3. 金融行业应用

在金融行业，OCR 技术可以帮助企业进行身份证、银行卡、营业执照等的证照识别操作，还可以进行财务报表、各种合同等的文档识别操作。

4. 交通行业应用

使用 OCR 可以识别出各种类型的地面标识元素，此外还能识别机动车驾驶证、机动车行驶证、汽车牌照等，提高用户输入效率，典型应用包括百度地图、地图车生活等。

5. 票据应用

保险、财务、医疗、电商等需要大量票据录入工作，OCR 可以帮助用户进行各种票据的快速录入。

6. 翻译字典应用

首先基于 OCR 文字识别技术进行中外文识别，然后通过自然语言处理技术实现文字翻译，典型应用包括百度翻译、百度词典等。

6.3.3 百度 AI 开放平台的文字识别接口简介

百度 AI 开放平台为开发者提供了多种文字识别接口，下面介绍其典型接口。

1. 通用场景文字识别

通用文字识别接口可提供多场景、多语种、高精度的整张图片的文字检测和识别服务，如图 6-23 所示。其应用场景如下：

（1）拍照截图识别：使用通用文字识别技术，实现拍照文字识别、相册图片文字识别和截图文字识别，可应用于搜索、书摘、笔记、翻译等移动应用中，方便用户进行文本的提取或录入，有效提升产品易用性。

（2）内容审核与监管：自动提取图像中的文字内容，结合文本审核技术识别违规内容，提示相应风险，协助进行违规处理，可应用于电商广告审核、舆情监管等场景，帮助企业有效规避业务风险。

（3）视频内容分析：检测识别视频中的字幕、标题、弹幕等文字内容，并根据文字位置判断文字类型，可应用于视频分类和标签提取、视频内容审核等场景，有效提升内容分类和检索的效率。

（4）纸质文档电子化：识别提取各类医疗单据、金融财税票据、法律卷宗等纸质文档中的文字信息，并可基于位置信息进行比对，提高信息录入、存档和检索的效率。

图 6-23 通用场景文字识别

2. 卡证文字识别

卡证文字识别可结构化识别身份证、银行卡、营业执照、护照、户口本等常用卡片及证照的文字内容，广泛适用于身份认证、金融开户、征信评估、商户入驻等业务场景，如图 6-24 所示。其应用场景如下：

（1）远程身份认证：实现对用户身份证件信息的自动识别和录入，同时通过人脸识别解决方案进行人脸识别，完成用户身份验证，应用于金融保险、社保、电商等行业，有效降低用户输入成本，控制业务风险。

（2）金融服务：实现对银行卡、个人信息及企业信息的自动识别和录入，应用于金融场景中的支付绑卡、银行开户、贷款、征信评估等服务，有效降低用户输入成本。

（3）出境旅游、留学：实现对护照、港澳通行证、台湾通行证等境外常用卡证信息的自动识别和录入，应用于境外旅游产品预定、个人信息登记等场景，有效提升信息录入效率，降低用户输入成本。

图 6-24 卡证文字识别

3. 营业执照识别

营业执照识别可结构化识别各类版式的营业执照，返回证件编号、社会信用代码、单位名称、地址、法人、类型、成立日期、有效日期、经营范围等关键字段信息。其应用场景如下：

（1）商家资质审查：结构化识别录入企业信息，应用于电商、零售等行业的商户入驻审查场景，实现商户信息的自动化审查和录入，大幅提升服务标准和运营效率。

（2）企业金融服务：自动识别录入企业信息，应用于企业银行开户、抵押贷款等金融服务场景，大幅提升信息录入效率，并有效控制业务风险。

6.4 项目：文字识别

6.4.1 实现目标及解决方案

1. 实现目标

借助百度 AI 开放平台编写文字识别程序，对指定文件夹中的全部图片进行文字识别，用记事本程序显示识别结果。

2. 解决方案

文字识别解决方案如图 6-25 所示。

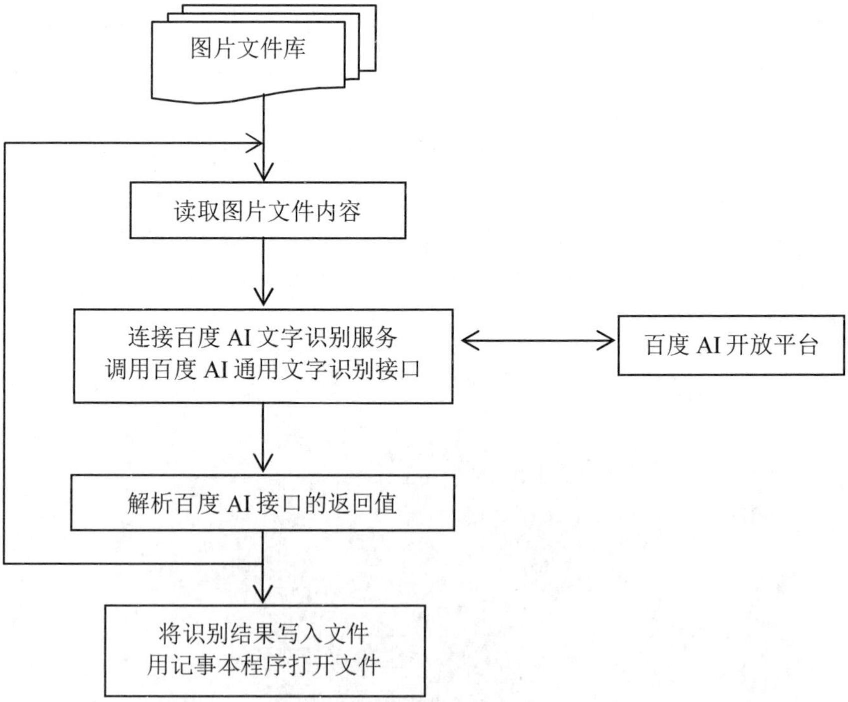

图 6-25 文字识别解决方案

6.4.2 实施前的准备环节

创建文字识别
应用操作视频

1. 在百度智能云创建“文字识别”应用

（1）从百度 AI 开放平台的控制台登录，单击“产品服务”→“人工智能”中的“文字识别”链接，在“产品服务/文字识别-概览”界面中单击“领取免费资源”按钮，如图 6-26 所示。

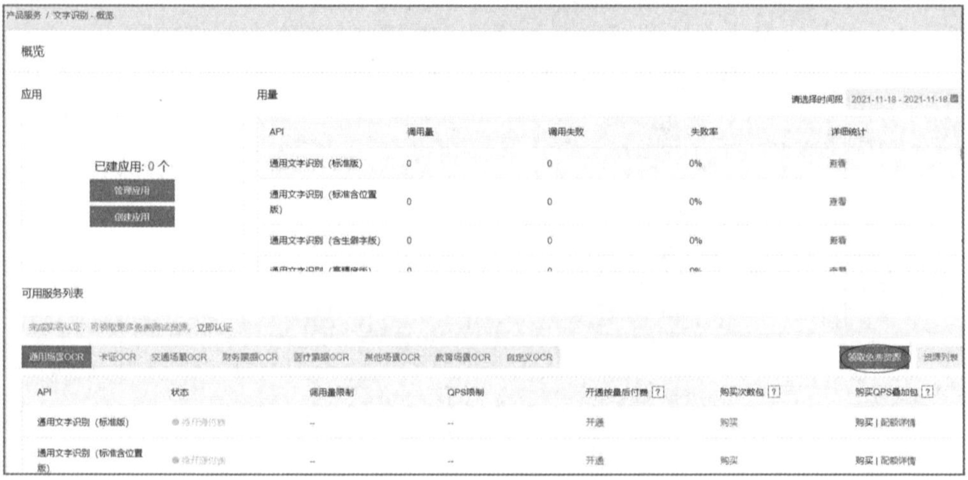

图 6-26　“领取免费资源”按钮

（2）选取领取免费资源的接口类型，本项目使用“通用文字识别（标准含位置版）”接口，勾选接口名称中的“全部”复选项以获取文字识别中所有免费接口的使用权限，然后单击“0 元领取”按钮，如图 6-27 所示。

图 6-27　“0 元领取”按钮

（3）再次进入图 6-26 所示的“产品服务/文字识别-概览”界面，单击“创建应用”按钮进入“创建新应用”界面，在“应用名称”和“应用描述”文本框中输入信息，例如“文字识别”，在“应用归属”中选择“个人”选项，如图 6-28 所示，单击“立即创建”按钮完成文字识别应用的创建。

图 6-28　创建应用

（4）创建应用后进入“产品服务/文字识别-应用列表”界面，显示文字识别中已创建的应用列表，如图 6-29 所示。

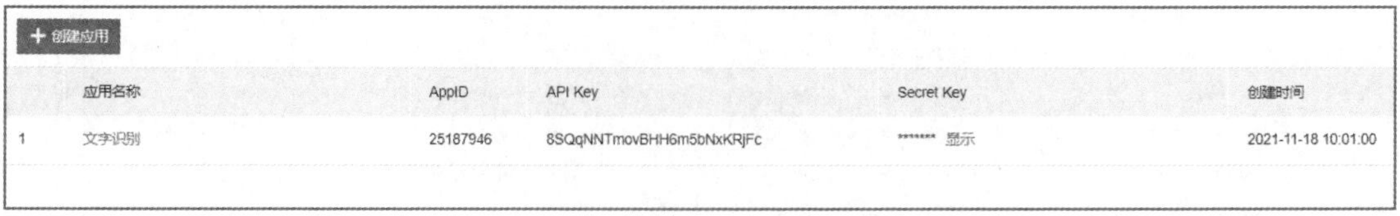

图 6-29　创建应用列表

（5）创建应用后，百度 AI 开放平台会为应用设置好 AppID、API Key、Secret Key 三个凭证信息，在程序开发时使用这些凭证，如图 6-30 所示。出于安全考虑，Secret Key 不以明文显示，单击“显示”链接可显示 Secret Key 的明文内容。

AppID	API Key	Secret Key
25187946	8SQqNNTmovBHH6m5bNxKRjFc	******* 显示

图 6-30　应用的密钥

2. 准备几张进行文字识别的图片

本项目准备了三张幻灯片的截图，分别命名为 ocr-1.jpg、ocr-2.jpg 和 ocr-3.jpg，如图 6-31 所示。

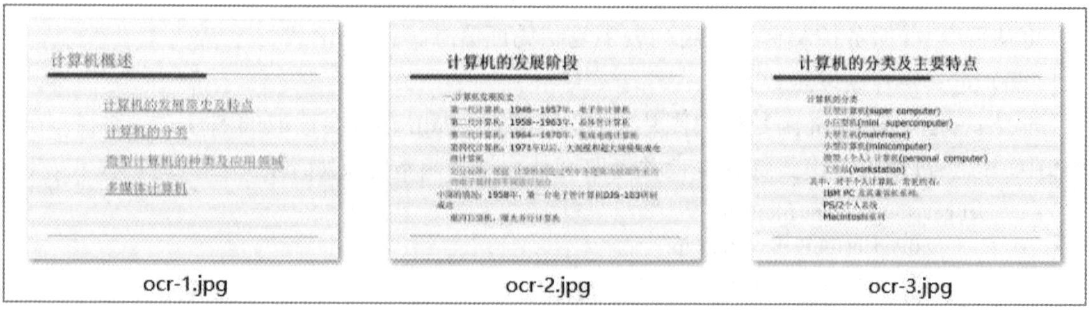

图 6-31　文字识别图片

6.4.3　任务 1：单张图片的文字识别

任务 1 操作视频

任务目标：对程序中的指定图片进行文字识别，在终端输出识别结果。

操作步骤如下：

（1）新建项目。

打开 PyCharm 程序，新建工程 ocr。

（2）建立图片文件夹并复制文字识别图片。

1）在 PyCharm 程序中右击工程文件夹 ocr，选择 New→Directory 命令，新建文件夹 image，存放文字识别图片。

2）复制全部图片文件并粘贴到 image 文件夹中。

（3）安装百度 AI 的 Python SDK。

为了在 Python 程序中使用百度 AI 提供的产品服务，首先安装百度 AI 的 Python SDK，步骤如下：

1）单击 PyCharm 程序左下角的 Terminal 图标，打开终端窗口。

2）在终端窗口中输入命令 pip install baidu-aip==2.2.18.0。

若在执行上述命令时提示要升级 pip 程序，则按提示先升级 pip 程序，再用上述命令重新安装 baidu-aip，升级 pip 的命令为 python -m pip install --upgrade pip。

（4）建立任务 1 程序，编写导入语句。

1）右击工程文件夹 ocr，选择 New→Python File 命令，新建文件 task6-2-1.py。

2）程序要调用百度 AI 的通用文字识别接口，因此要导入百度 AI 的文字识别类，代码为 from aip import AipOcr。

（5）建立 AipOcr 对象。

AipOcr 是百度 AI 文字识别的 Python SDK 客户端，能为客户提供多种文字识别服务，代码如下：

```
# 填写你的文字识别应用的 App ID、API Key、Secret Key
APP_ID = 'XXXXXX'
API_Key = 'XXXXXX
Secret_Key = 'XXXXXX'
client = AipOcr(APP_ID, API_Key, Secret_Key)
```

在上面的代码中，APP_ID、API_Key 和 Secret_Key 是创建文字识别应用后分配的凭证信息，可从百度 AI 服务控制台的应用列表中复制凭证信息。

（6）定义图片读取函数。

定义 get_file_content 函数读取图片文件，参数 filePath 存放要读取的图片文件路径。在函数体中，以二进制只读模式打开文件并读取文件数据，函数定义如下：

```
def get_file_content(filePath):
    with open(filePath, 'rb') as fp:
        return fp.read()
```

（7）调用文字识别接口。

百度 AI 的通用文字识别接口用来识别图片中的文字，接口的调用形式如下：

```
client.basicGeneral(image[,options])
```

client 为 AipOcr 对象，接口参数包括必填参数和可选参数。必填参数为 image（图像数据），本项目中该参数值设置为 get_file_content()函数的返回值；可选参数 options 中的参数项如下：

- language_type：字符串类型，识别语言类型，可选值包括 CHN_ENG（中英文混合）、ENG（英文）、JAP（日语）、KOR（韩语）等，默认为 CHN_ENG。
- detect_direction：字符串类型，是否检测图像朝向，可选值包括 true、false，默认为 false，即不检测图像朝向。
- detect_language：字符串类型，是否检测语言，可选值包括 true、false，默认为 false，即不检测语言。
- paragraph：字符串类型，是否输出段落信息，可选值包括 true、false，默认为 false，即不输出段落信息。
- probability：字符串类型，是否返回识别结果中每行的置信度，可选值包括 true、false，默认为 false，即不返回识别结果中每行的置信度。

下面的代码调用百度 AI 的通用文字识别接口识别图片中的文字。

```
filePath = './image/ocr-1.jpg'
result = client.basicGeneral(get_file_content(filePath))
```

（8）输出返回结果。

变量 result 保存接口的返回值，通过 print()函数查看返回值的结果如下：

{'words_result': [{'words': '计算机概述'}, {'words': '计算机的发展简史及特点'}, {'words': '计算机的分类'}, {'words': '微型计算机的种类及应用领域'}, {'words': '多媒体计算机'}], 'log_id': 1404973100872761344, 'words_result_num': 5}

可以看出，返回的结果储存在字典中，由以下三部分组成：

- words_result：识别文字结果，其值是一个列表，每个列表元素是字典数据，键 words 对应的值是图片中的一行文字。
- log_id：唯一的 log id，用于问题定位。
- words_result_num：识别结果数。

为了使输出结果更利于阅读，可以有选择地输出字典的关键数据，这里只输出识别文字，代码如下：

```
# 格式化输出接口的返回值
for strLine in result["words_result"]:
    print(strLine["words"])
```

上述代码用 for 循环遍历键 words_result 对应的列表并输出识别文字。

（9）运行程序。

任务 1 程序的运行结果如图 6-32 所示，文字识别的图片如图 6-33 所示。

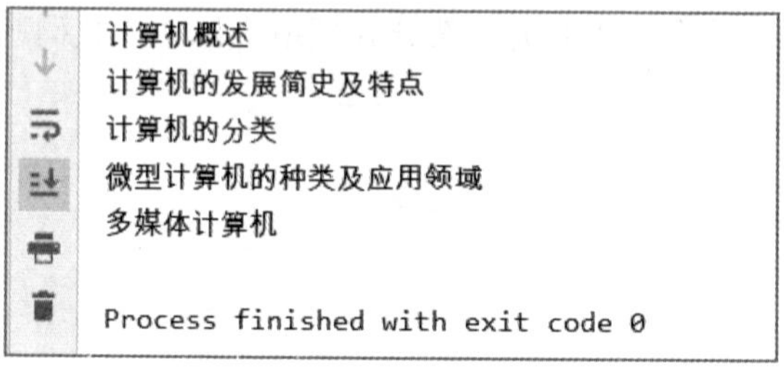

```
计算机概述
计算机的发展简史及特点
计算机的分类
微型计算机的种类及应用领域
多媒体计算机

Process finished with exit code 0
```

图 6-32　任务 1 程序的运行结果

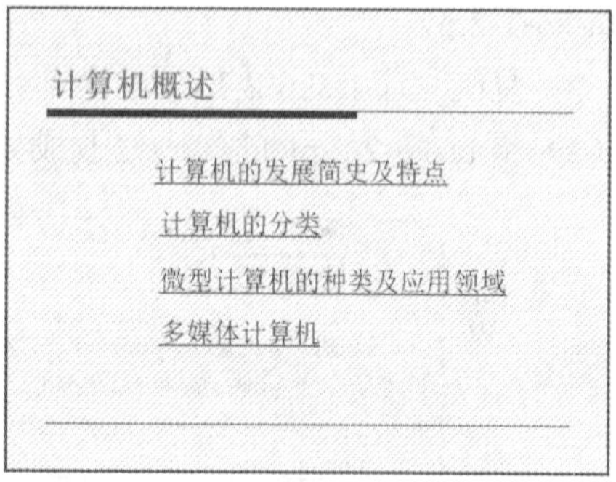

图 6-33　文字识别的图片

任务 1 的程序代码如图 6-34 所示。

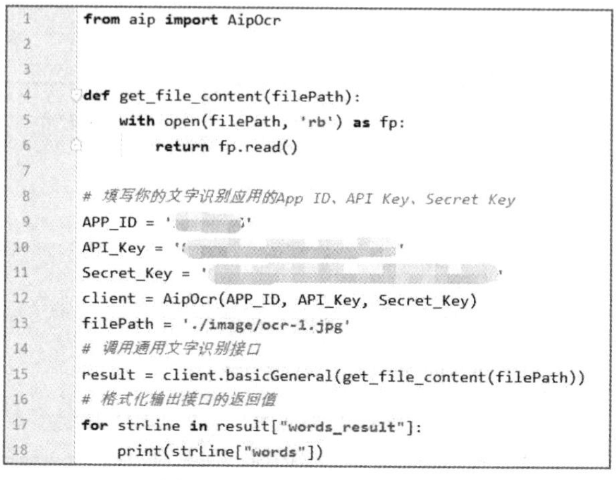

```
from aip import AipOcr


def get_file_content(filePath):
    with open(filePath, 'rb') as fp:
        return fp.read()

# 填写你的文字识别应用的App ID、API Key、Secret Key
APP_ID = '[redacted]'
API_Key = '[redacted]'
Secret_Key = '[redacted]'
client = AipOcr(APP_ID, API_Key, Secret_Key)
filePath = './image/ocr-1.jpg'
# 调用通用文字识别接口
result = client.basicGeneral(get_file_content(filePath))
# 格式化输出接口的返回值
for strLine in result["words_result"]:
    print(strLine["words"])
```

图 6-34　任务 1 的程序代码

6.4.4 任务 2：多张图片的文字识别

任务 2 操作视频

任务 1 虽然完成了最基本的文字识别功能，但其功能有待增强：任务 1 只能对单张图片进行文字识别，而有时需要一次对多张图片进行文字识别；此外，任务 1 在终端显示识别文字，在图形界面的文本编辑器中显示识别文字的效果更好。任务 2 将针对以上问题对任务 1 的程序加以完善。

任务目标：对图片目录中的所有图片进行文字识别，并用记事本程序显示从各张图片中识别出的文字。

任务分析：①通过 os 模块的 listdir('图片文件夹路径')函数可获取图片文件夹中的全部文件名列表；②遍历文件名列表，调用通用文字识别接口可获取从每张图片识别出的文字；③用字符串连接的方法将从每张图片识别出的文字合并到一个字符串变量中，并将字符串变量的值写入文件；④os 模块的 system('command')函数可执行 Windows 下的 cmd 命令，参数 command 是 cmd 命令，例如 os.sytem('notepad')语句执行后会打开记事本程序。

实现步骤如下：

（1）右击工程文件夹 ocr，在弹出的快捷菜单中选择 New→Python File 命令，新建 Python 程序 task6-2-2.py。

（2）复制程序 task6-2-1.py 的全部代码并粘贴到 task6-2-2.py 中。

（3）将 task6-2-2.py 的代码修改成如图 6-35 所示，其中画框部分为新增或修改的代码。

```
from aip import AipOcr
import os

def get_file_content(filePath):
    with open(filePath, 'rb') as fp:
        return fp.read()

def put_file_content(filePath, content):
    with open(filePath, 'w', encoding='utf-8') as fp:
        fp.write(content)

APP_ID = '[redacted]'
API_Key = '[redacted]'
Secret_Key = '[redacted]'
client = AipOcr(APP_ID, API_Key, Secret_Key)  # 创建AipOcr对象
folderPath = './image/'  # 设置图片存放文件夹路径
img_list = os.listdir(folderPath)  # 返回图片文件中的图片文件名列表
strAll = ''  # 存放各文件识别的合并结果
pageNum = 0  # 对应图片的页码
for img in img_list:
    pageNum += 1
    strFile = str(pageNum) + '#' * 60 + '\n'
    filePath = folderPath + img
    result = client.basicGeneral(get_file_content(filePath))
    for strLine in result["words_result"]:  # 遍历文字识别结果
        strFile = strFile + strLine["words"] + '\n'
    strAll += strFile + '\n'  # 将识别文字添加到合并结果strAll中
put_file_content('result.txt', strAll)  # 将合并结果输出到文本文件
os.system('notepad result.txt')  # 打开记事本显示合并结果
```

图 6-35 任务 2 的程序代码

代码说明如下：

- 代码行 2：导入 os 标准模块。
- 代码行 8～10：定义函数名为 put_file_content 的写文件函数，参数 filePath 为新建文件的路径，content 为要写入文件的文本，open()函数以只写模式打开文件，采用 utf-8 的编码格式。
- 代码行 16：定义变量 folderPath，保存图片文件路径。
- 代码行 17：os.listdir()函数用于返回指定文件夹中包含的文件名列表。
- 代码行 20～27：使用双重循环结构，外循环遍历图片文件夹中的文件名列表，内循环遍历从图片识别出的文字行列表；变量 strFile 存放从每张图片识别出的文字；变量 strAll 存放从全部图片识别出的文字，它用字符串连接方式将变量 strFile 的值连接；变量 PageNum 用于保存要识别的图片的页码，在输出文字的前面显示带相应页码的标题行。
- 代码行 28：调用 put_file_content()函数，将识别结果写入文件 result.txt。
- 代码行 29：调用 os.system()函数运行记事本程序，并在记事本程序中打开文件 result.txt。

（4）运行程序，任务 2 程序的运行结果如图 6-36 所示。

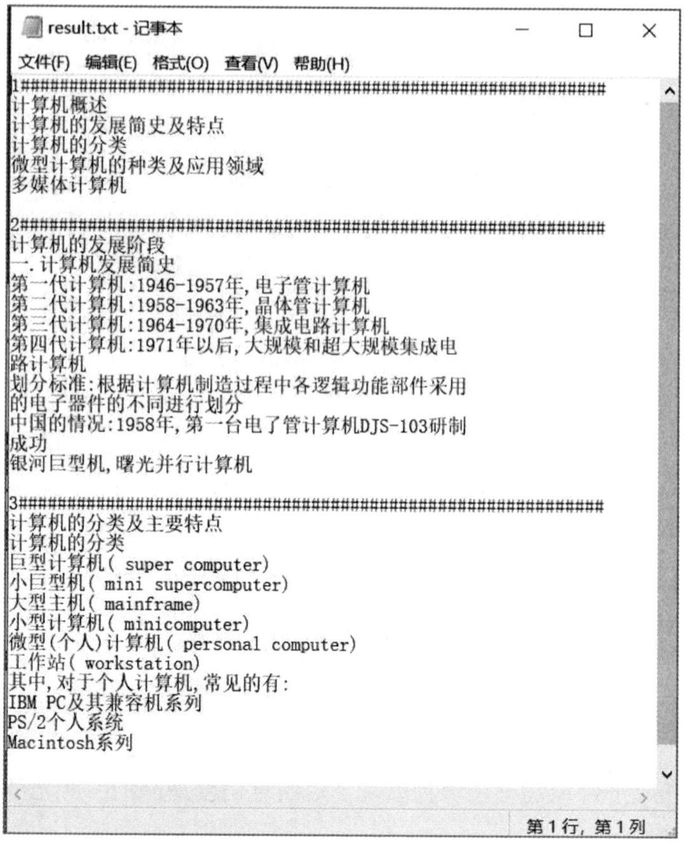

图 6-36　任务 2 程序的运行结果

6.5 本章小结

本章详细介绍了人工智能中的热门应用领域——图像识别与文字识别技术，包括图像识别与文字识别的概念、应用领域和工作过程，介绍了百度 AI 开放平台的使用方法，并且配备了实践项目，让读者在学习到图像识别和文字识别技术的理论知识的同时通过上机实践掌握图像识别和文字识别技术的实际应用方法。

课后习题

一、简答题

1．简述图像识别的工作过程。

2．图像识别有哪些典型应用领域？

3．什么是 OCR?

4．文字识别有哪些典型应用领域？

5．写出百度 AI 开放平台的动物识别接口的调用形式。

6．写出百度 AI 开放平台的通用文字识别接口的调用形式。

二、百度 AI 接口返回值解析

1．下面是一个百度 AI 的动物识别接口的返回结果，请解析结果并回答问题。

{'result': [{'name': '捻角山羊', 'score': '0.989207'}, {'name': '青山羊', 'score': '0.00363825'}, {'name': '麻羊', 'score': '0.00148491'}], 'log_id': 1486367681400466449}

动物数：_________。

置信度最高的动物名：________，置信度：__________。

2．下面是一个百度 AI 的文字识别接口的返回结果，请解析结果并回答问题。

{'words_result': [{'words': '植物识别'}, {'words': '识别超过 2 万种常见植物和近 8000 种花卉，接口'}, {'words': '返回植物名称及百科信息'}, {'words': '了解详情'}], 'words_result_num': 4, 'log_id': 1486372201324874959}

文字行数：_________。

第一行文字：______________________。

最后一行文字：______________________。

三、实践操作题

借助百度 AI 开放平台识别一张植物图片，返回置信度最高的三种植物，并将植物名称及置信度输出到植物图片上。

第 7 章　人脸识别

本章导读

人脸识别不断进入大众视野，“刷脸”成为网络热词，刷脸安检、刷脸入住酒店、刷脸取款、刷脸玩游戏……人脸识别几乎随处可见。本章将带领读者理解人脸识别的概念、特点、基本步骤和关键技术，了解人脸识别的应用场景和应用模式，掌握百度 AI 人脸识别接口的使用方法，通过项目实践让读者掌握借助百度 AI 开放平台开发人脸识别应用程序的方法，为今后解决相关问题打下基础。

本章要点

- 人脸识别的概念及特点
- 人脸识别的基本步骤
- 人脸识别的关键技术
- 人脸识别的应用场景
- 人脸识别的应用模式
- 借助百度 AI 开放平台开发人脸识别程序

7.1　人脸识别技术简介

“刷脸”技术以燎原之势蔓延至人们生活的多个场景，频频占领各大新闻头条。人脸识别技术正在加速改变我们的生活，人脸门禁、人脸考勤、人脸支付、人脸登机……人脸识别技术应用越来越超乎我们的想象。

7.1.1　人脸识别技术的概念及特点

1. 人脸识别技术的概念

人脸识别技术是基于人的脸部特征信息进行身份识别的一种生物识别技术，用摄像机或摄像头采集含有人脸的图像或视频流，并自动在图像中检测和跟踪人脸，进而对检测到的人脸进行脸部识别的一系列相关技术，通常也叫作人像识别、面部识别。

人脸识别系统的研究始于 20 世纪 60 年代，80 年代后随着计算机技术和光学成像技术的发展得到提高，而真正进入初级应用阶段则是在 90 年代后期。人脸识别系统成功的关键在于拥有尖端的核心算法，并使识别结果具有实用化的识别率和识别速度。人脸识别系统集成了人工智能、机器识别、机器学习、模型理论、专家系统、视频图像处理等专业技术，是生物特征识别的最新应用，其核心技术的实现展现了由弱人工智能向强人工智能的转化。

2. 人脸识别技术的特点

与指纹等其他生物特征相同，人脸与生俱来，它的唯一性和不易被复制的良好特性为身份鉴别提供了必要的前提，与其他类型的生物识别相比具有如下特点：

（1）非接触：人脸图像的采集不同于指纹需要接触指纹专用采集设备，指纹的采集除了对设备有一定的磨损外，还不卫生，容易引起被采集者的反感，而人脸图像采集的设备是摄像头，无须接触。

（2）非侵扰：人脸照片的采集可使用摄像头自动拍照，无须工作人员干预，也无须采集者配合，只需以正常状态经过摄像头即可。

（3）友好：人脸是一个人出生之后暴露在外的生物特征，因此它的隐私性并不像指纹那样强，因此人脸的采集并不像指纹采集那样难以让人接受。

（4）直观：我们判断一个人是谁，看这个人的脸就是最直观的方式，不像指纹需要相关领域专家才可以判别。

（5）快速：从摄像头监控区域进行人脸采集是非常快速的，因为它的非干预性和非接触性让人脸采集的时间大大缩短。

（6）简便：人脸采集前端设备——摄像头随处可见，它不是专用设备，因此简单易操作。

（7）可扩展性好：它的采集端可以采用现有视频监控系统的摄像设备，后端应用的扩展性决定了人脸识别可以应用在出入控制、黑名单监控、人脸照片搜索等领域。

7.1.2 人脸识别的基本步骤

人脸识别的过程十分复杂，概括起来有图像采集和检测、图像预处理、特征提取、降维和特征匹配五个步骤。

1. 图像采集和检测

不同的人脸图像（如静态图像、动态图像）都能通过摄像镜头采集。当用户在采集设备的拍摄范围内时，采集设备会自动搜索并拍摄用户的人脸图像。

人脸检测主要用于人脸识别的预处理，即在图像中准确标定出人脸的位置和尺寸。人脸图像中包含的模式特征十分丰富，人脸检测就是把其中有用的信息挑出来，并利用这些特征实现人脸检测。

2. 图像预处理

人脸的图像预处理是基于人脸检测结果对图像进行处理并为特征提取服务的过程。系统获取的原始图像受到各种条件的限制和干扰，往往不能直接使用，必须在图像处理的早期阶段对它进行灰度校正、噪声过滤等图像预处理。人脸图像预处理过程主要包括人脸图像的光线补偿、灰度变换、直方图均衡化、归一化、几何校正、滤波和锐化等。

3. 特征提取

人脸识别系统可使用的特征通常分为视觉特征、像素统计特征、人脸图像变换系数特征、人脸图像代数特征等，人脸特征提取就是针对人脸的某些特征进行的。人脸特征提取，也称人脸表征，是对人脸进行特征建模的过程。

4. 降维

降维是人脸识别中重要的步骤。不同的特征表达方法与维数会直接影响人脸识别的识别率，通常在相同特征表达方式下，维数越高识别率越高。但是特征提取的维数直接影响人脸识别系统的实时性，维数越高识别时间越长，实时性越低。

5. 特征匹配

特征匹配是将提取的人脸图像的特征数据与数据库中存储的特征模板进行搜索匹配，设定一个阈值，当相似度超过该阈值时，输出匹配结果。人脸识别就是将待识别的人脸特征与已得到的人脸特征模板进行比较，根据相似程度对人脸的身份信息进行判断。这个过程又分为两类：一类是确认，是一对一进行图像比较的过程；另一类是辨认，是一对多进行图像匹配对比的过程。

7.1.3 人脸识别中的关键技术

人脸识别中的关键技术主要包括人脸检测、人脸配准、人脸属性识别、人脸提特征、人脸比对和人脸验证。

1. 人脸检测

人脸检测的作用是检测出图像中人脸的所在位置。人脸检测算法的输入是一张图像，输出是人脸框坐标序列，具体结果是 0 个人脸框、1 个人脸框或多个人脸框。输出的人脸坐标框可以为矩形。

人脸检测算法的原理简单来说是一个“扫描”加“判定”的过程，即先在整个图像范围内扫描，再逐个判定候选区域是否是人脸的过程。因此人脸检测算法的计算速度与图像尺寸及图像内容相关。

2. 人脸配准

人脸配准的目的是定位出人脸上五官关键点坐标。人脸配准算法的输入是“一张人脸图像”和“人脸坐标框”，输出是五官关键点的坐标序列。五官关键点的数量是预先设定好的一个固定数值，常见的有 5 点、68 点、90 点等。

当前效果较好的一些人脸配准技术都是通过深度学习框架实现的。这些方法都是基于人脸检测的坐标框，按某种事先设定的规则将人脸区域抠取出来，缩放到固定尺寸，再计算关键点位置。

3. 人脸属性识别

人脸属性识别是识别出人脸的性别、年龄、姿态、表情等属性值的一项技术。在有些相机 App 中可以自动识别并标注摄像头视野中人物的性别、年龄等特征。

一般人脸属性识别算法的输入是“一张人脸图”和“人脸五官关键点坐标”，输出是人脸相应的属性值。人脸属性识别算法一般会根据人脸五官关键点坐标将人脸对齐，包括旋转、缩放、抠取等操作，将人脸调整到预定的尺寸和形态，以便之后进行属性分析。

4. 人脸提特征

人脸提特征是将一张人脸图像转换为可以表征人脸特点的特征，具体表现形式为一串固定长度的数值。

人脸提特征算法的输入是“一张人脸图”和“人脸五官关键点坐标”，输出是人脸相应的一个数值串。人脸提特征算法实现的过程如下：首先将五官关键点坐标进行旋转、缩放等操作来实现人脸对齐，然后提取特征并计算出数值串。

5. 人脸比对

人脸比对的目的是衡量两个人脸的相似度。人脸比对算法的输入是两个人脸特征，人脸特征由前面的人脸提特征算法获得，输出是两个特征的相似度。

6. 人脸验证

人脸验证的目的是判定两张人脸图像是否为同一人。人脸验证算法的输入是两个人脸特征，通过人脸比对获得两个人脸特征的相似度，与预设的阈值进行比较验证，看是否属于同一人。

7.2 人脸识别技术的应用

人脸识别技术作为目前较先进的研究结果广泛应用于各行各业，它的功能非常强大，应用场景几乎随处可见，例如人脸门禁、人脸考勤、人脸支付、人脸登机等。

7.2.1 人脸识别技术的应用场景

人脸识别技术以其安全、智能的操作方式受到了广泛的关注，也给我们的日常生活带来了诸多好处。人脸识别技术的主要应用场景如下：

（1）身份核验与人证比对。

在铁路安防系统、公安机关、移动警务和某些特定的场合，通过证件识别、活体检测、人脸比对等多项核身技术，快速识别用户是否为“真人”且“本人”，不仅提高了业务效率，而且减少了人工审核成本。

（2）人脸识别自助终端。

将人脸识别系统嵌入自助设备或便携式移动终端，利用人脸识别技术将现场采集的照片和身份证照片进行比对并提供人脸相似值，工作人员即可根据相似值的高低判断是否直接通过或进行人工审核。目前，它广泛应用于银行、证券等金融行业，如用户在自助终端上实现自助开卡、业务变更、密码重置等服务。

（3）人脸识别考勤。

人脸识别考勤主要用于学校和企事业单位中，人脸识别智能终端能够利用人脸远距离检测的方式自动捕捉人脸信息，并快速识别出人脸信息，结合单位的考勤管理系统，可以快速生成考勤记录，不仅提高了考勤的工作效率，而且保证了人员守时上班上课。此外，人脸识别智能终端还可以与道闸联动，实现内外人员分流管理，更加安全、智能、方便，做到通行、考勤两不误。

（4）人脸识别门禁。

人脸识别门禁是把人脸识别技术与门禁系统结合，通过人脸识别作为门禁开启的钥匙，以脸代卡实现闸门开启的权限。与传统门禁相比较，它不仅免去了忘带钥匙或卡的烦恼，而且因为人脸识别门禁系统无需任何介质开门而节省了很多成本，如人员变动不需要更换门锁、钥匙、IC 卡等，只需重新注册人脸即可。它对强化区域安全管理起着非常重要的作用，如社区管理、办公大楼、政府办公、教育医疗、通信基站等。

7.2.2 人脸识别技术的应用模式

尽管当今人脸识别技术的应用众多，但按应用模式归纳起来有三种：1:1 人脸识别模式、1:N 人脸识别模式、M:N 人脸识别模式。

1. 1:1 人脸识别模式

1:1 人脸识别模式的典型应用是人脸身份验证，它是计算机对当前人脸与人像数据库进行快速比对并得出匹配结果的过程，可以简单理解为“证明你就是你”。比如，“刷脸”登机、“刷脸”验票、“刷脸”支付都属于 1:1 人脸识别模式。

1:1 人脸识别模式作为一种静态比对，在金融、信息安全领域中具有巨大的商用价值。例如在机场安检中持卡人样貌与身份证信息匹配的过程就是典型的 1:1 场景。因为人眼辨别率只有 95%左右，且会受到外部环境影响，所以机场安检人员通过换班来保证识别的准确率。人脸识别技术的出现解决了人工识别的弊端，并能充分应用于考试考生身份的审核、酒店入住办理时人证合一、火车站人票合一、移动端支付等需要实名制的场景。

2. 1:N 人脸识别模式

1:N 人脸识别模式是在海量的人像数据库中找出当前用户的人脸数据并进行匹配。打拐、曝光闯红灯者属于 1:N 人脸识别，即从 N 个人脸中找出 1 个目标。

1:N 人脸识别模式具有动态比对与非配合的特点，动态比对是指通过对动态视频流的截取来获得人脸数据并进一步比对的过程，非配合是指识别对象无须到特定位置便能完成识别工作。这两个特点使 1:N 人脸识别模式迅速应用于公共安全管理、VIP 客户人脸识别等场景。

3. M:N 人脸识别模式

M:N 人脸识别模式是通过计算机对场景内的所有人进行人脸识别并与人像数据库进行比对的过程。M:N 人脸识别模式作为一种动态人脸比对，使用率非常高，能充分应用于多种场景，例如公共安防、迎宾、机器人应用等。但是 M:N 人脸识别模式仍存在很大弊端，因为其只有依靠海量的人脸数据库才能运行，并且识别基数过大、设备分辨率不足，所以会产生很高的错误率，从而影响识别结果。

7.3 项目：两张照片的人脸比对

7.3.1 实现目标及解决方案

1. 实现目标

本项目以一张单人照为参考原图，借助百度 AI 人脸比对接口实现单人照和合照两种情景的人脸比对：在进行单人照比对时，判定两张照片是否是同一人；在进行合照比对时，判定合照是否包含参考原图本人。

2. 解决方案

本项目利用百度 AI 开放平台的人脸比对接口和人脸检测接口完成项目核心功能：人脸比对接口对两张人脸图片进行相似度对比，返回相似度分值；人脸检测接口检测图片中的人脸并标记出位置信息。两种情景的人脸比对流程分别如图 7-1 和图 7-2 所示。

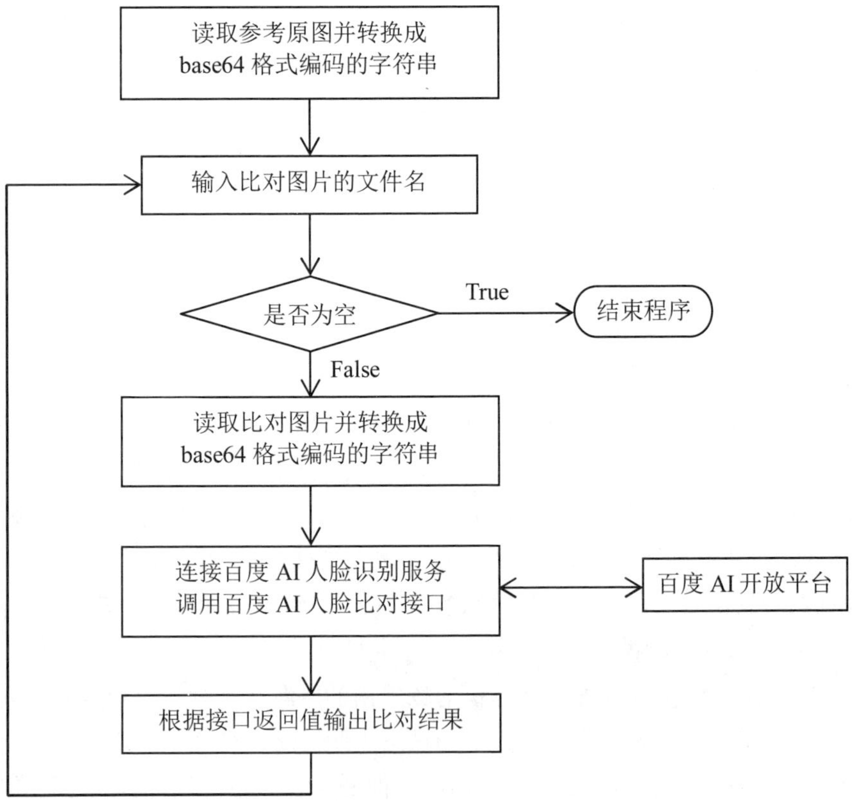

图 7-1 单人照的人脸比对流程

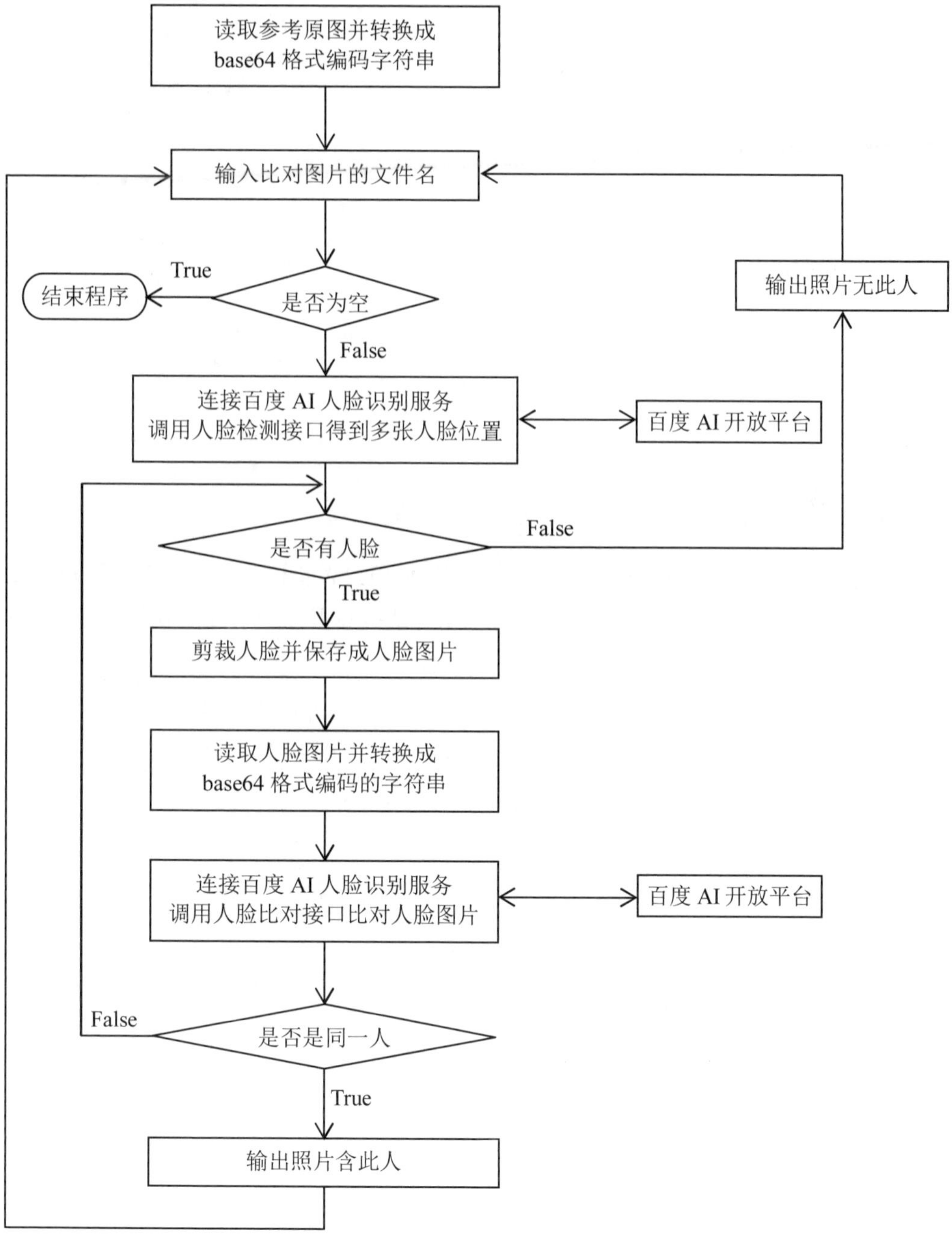

图 7-2　合照的人脸比对流程

创建人脸识别
应用操作视频

7.3.2　实施前的准备环节

1. 在百度智能云中创建“人脸识别”应用

（1）从百度智能云的控制台登录，单击“产品服务”→“人工智能”中的“人脸识别”链接，在“产品服务/人脸识别-概览”界面中单击“领取免费资源”按钮，如图 7-3 所示。

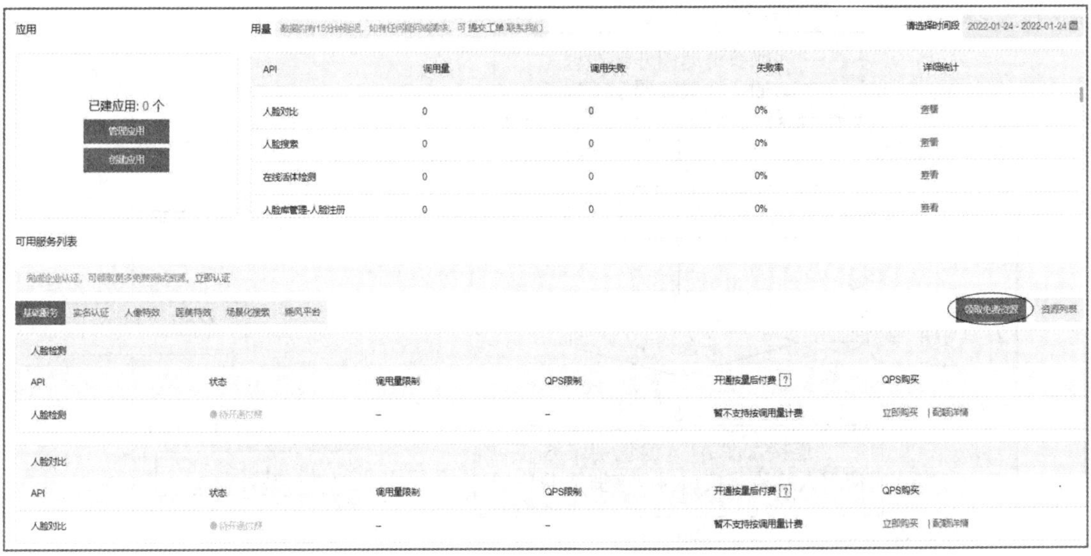

图 7-3　人脸识别-概览

（2）选取领取免费资源的接口类型，本项目使用“人脸检测”和“人脸比对”接口，勾选接口名称中的“全部”复选项以获取人脸识别中所有免费接口的使用权限，然后单击“0 元领取”按钮，如图 7-4 所示。

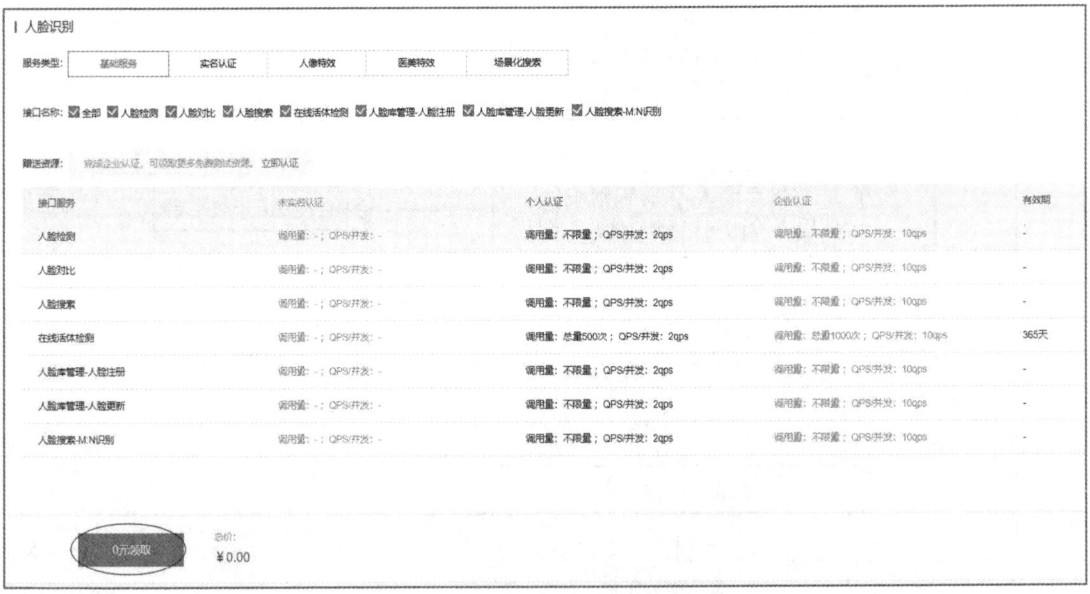

图 7-4　人脸识别-领取免费资源

（3）再次进入图 7-3 所示的“产品服务/人脸识别-概览”界面，单击“创建应用”按钮进入“创建新应用”界面，在“应用名称”和“应用描述”中输入信息，例如“人脸识别”，在“应用归属”中选择“个人”选项，如图 7-5 所示，单击“立即创建”按钮即可完成人脸识别应用的创建。

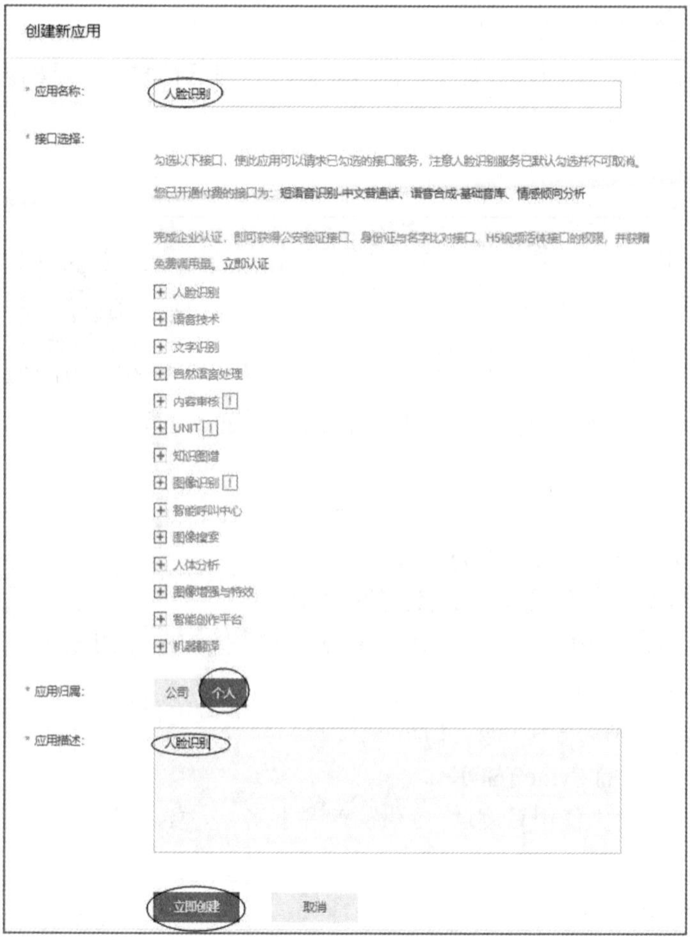

图 7-5　创建应用

（4）创建应用后进入“产品服务/人脸识别-应用列表”界面，显示人脸识别中已创建的应用列表，如图 7-6 所示。

图 7-6　创建应用列表

（5）创建应用后，百度 AI 开放平台会为应用设置好 AppID、API Key、Secret Key 三个凭证信息，在程序开发时要使用这些凭证，如图 7-7 所示，出于安全考虑，Secret Key 不以明文显示，单击“显示”链接可显示 Secret Key 的明文内容。

图 7-7　应用的密钥

2. 为人脸比对准备若干张照片

为了检验识别效果，本项目准备了下面五张照片以进行两种情景下的人脸比对。

- org-1.jpg：参考原图本人。
- single-1.jpg：本人的照片。
- single-2.jpg：非本人的照片。
- group-1.jpg：含本人的合照。
- group-2.jpg：不含本人的合照。

7.3.3 任务 1：单人照的人脸比对

任务 1 操作视频

任务目标：根据参考原图进行单人照比对，判定两张照片是否为同一人，输出比对结果。

操作步骤如下：

（1）新建项目。

打开 PyCharm 程序，新建工程 faceAI。

（2）建立图片文件夹并复制预先准备的照片。

1）在 PyCharm 程序中右击工程文件夹 faceAI，选择 New→Directory 命令，新建文件夹 imgs，存放人脸识别的照片。

2）复制全部照片并粘贴到 imgs 文件夹中。

（3）安装百度 AI 的 Python SDK。

为了在 Python 程序中使用百度 AI 提供的产品服务，先要安装百度 AI 的 Python SDK，步骤如下：

1）单击 PyCharm 程序左下角的 Terminal 图标，打开终端窗口。

2）在终端窗口中输入命令 pip install baidu-aip==2.2.18.0。

若在执行上述命令时提示要升级 pip，则按提示先升级 pip，再用上述命令重新安装 baidu-aip，升级 pip 的命令为 python -m pip install --upgrade pip。

（4）建立任务 1 程序，编写导入语句。

1）在 PyCharm 程序中右击工程文件夹 faceAI，选择 New→Python File 命令，新建程序 task7-1.py，如图 7-8 所示。

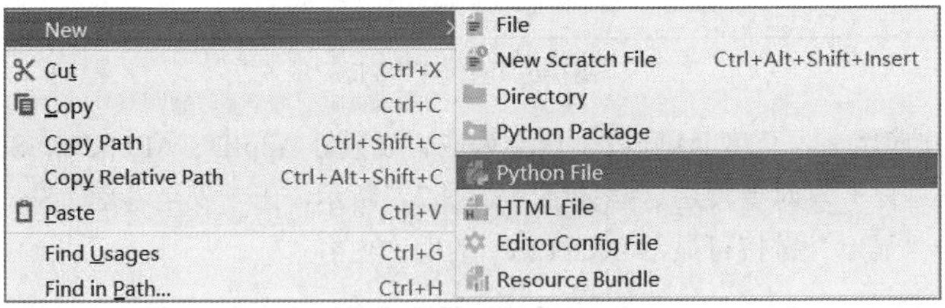

图 7-8 新建 Python 文件

2）程序要调用百度 AI 的人脸比对接口，在程序中导入百度 AI 的人脸识别类；此外，人脸比对接口要求照片数据使用 base64 格式编码，在程序中导入 base64 模块。base64 是一种将不可见字符转换为可见字符的编码方式，在 Python 中 base64 是标准模块。导入语句如下：

```
from aip import AipFace
import base64
```

（5）定义人脸比对函数。

face_match()函数完成参照原图与单人照的比对，若识别是同一人，则返回 True，否则返回 False。函数参数说明：①client：百度 AI 人脸识别接口的客户端；②img_src_path：参考原图的文件路径；③img_det_path：比对单人照的文件路径。

face_match()函数的定义如下：

```
def face_match(client, img_src_path, img_det_path):
    # 将两张照片的数据分别转换为 base64 格式编码的字符串
    img_scr64 = str(base64.b64encode(open(img_src_path, 'rb').read()), 'utf-8')
    img_det64 = str(base64.b64encode(open(img_det_path, 'rb').read()), 'utf-8')
    # 调用百度 AI 人脸比对接口
    result = client.match(
        [{'image': img_scr64, 'image_type': 'BASE64'},
         {'image': img_det64, 'image_type': 'BASE64'}])
    result = result['result']  # 从接口返回值中取出 result 项
    if result is None:  # 若 result 值为空，说明人脸比对失败，返回 False
        return False
    elif result['score'] >= 80:  # 若 result 中的 score 值大于 80，返回 True，否则返回 False
        return True
    else:
        return False
```

函数分别读取两张照片的二进制数据，通过 base64 模块的 b64encode()函数对图片数据用 base64 格式编码，并用 str()函数转换成 utf-8 编码格式的字符串，百度 AI 的人脸比对接口对两张图片中的人脸进行相似度对比并返回相似度分值，match()接口支持生活照、证件照、身份证芯片照、带网纹照四种类型的图片，支持 PNG、JPG、JPEG、BMP 图片格式。

人脸比对接口对两张图片比对的调用示例如下：

```
result = client.match([
    {
        'image': 'sfasq35sadvsvqwr5q... ',      # 第一张图片数据的 base64 编码
        'image_type': 'BASE64'                  # base64 图片类型
    },
    {
        'image': 'sfasq35sadvsvqwr5q... ',      # 第二张图片数据的 base64 编码
        'image_type': 'BASE64'                  # base64 图片类型
    }
])
```

在上面的代码中，client 是人脸识别客户端对象，接口的参数是一个包含两个元素的列表，每个元素是字典数据，字典包含两个元素：image:图片数据的 base64 编码和 image_type:'BASE64'（指定 base64 图片类型）。

人脸比对接口的返回值是字典数据，下面是接口调用成功时接口的返回值示例。

{'error_code': 0, 'error_msg': 'SUCCESS', 'log_id': 9975101350525, 'timestamp': 1632381422, 'cached': 0, 'result': {'score': 95.28205109, 'face_list': [{'face_token': 'cb768c18ada1606b974e708fba47e0c0'}, {'face_token': 'cce6a314f1021d6cb186745102a8835e'}]}}

接口返回值的格式说明如下：

- error_code：错误码，若接口调用成功，则对应的值为 0；若调用失败，则为错误代码值。
- error_msg：错误描述信息，若接口调用成功，则对应的值为 SUCCESS；若调用失败，则为错误描述信息。
- result：人脸比对结果，是字典数据，若接口调用成功，查看其 score 键对应的值可获取两张人脸的相似度得分，为识别是否为同一人提供了依据，百度 AI 推荐的阈值为 80 分；若接口调用失败，result 对应的值为空。

下面是由参数格式错误导致接口调用失败的返回值示例。

{'error_code': 222013, 'error_msg': 'param[image] format error', 'log_id': 8420179657520, 'timestamp': 1632382509, 'cached': 0, 'result': None}

在程序中，判定是否为同一人的阈值是我们自己设置的，若阈值设置过高，会导致拒识率上升，过低又导致误识率上升。因此，阈值的设置要二者兼顾，本项目采用百度 AI 推荐的阈值——80 分。

任务 1 程序判定是否为同一人的算法：①若键 result 对应的值为空，说明接口调用失败，函数返回 False；②否则，判断其键 score 对应的值是否大于或等于阈值 80，若判断成立，函数返回 True，否则返回 False。

（6）建立 AipFace 对象。

AipFace 是百度 AI 人脸识别的 Python SDK 客户端，能为客户提供人脸识别服务，代码如下：

```
# 填写你的人脸识别应用的 AppID、API Key、Secret Key
APP_ID = 'XXXXXX'
API_Key = 'XXXXXX
Secret_Key = 'XXXXXX'
client = AipFace (APP_ID, API_Key, Secret_Key)
```

在上面的代码中，APP_ID、API_Key 和 Secret_Key 是创建人脸识别应用后分配的凭证信息，可从百度 AI 服务控制台的应用列表中复制凭证信息。

（7）人脸识别。

对两张单人照片进行人脸识别的代码如下：

```
img_src_path = './imgs/org-1.jpg'  # 参考原图的文件路径
# 人脸识别，若直接按 Enter 键，退出循环
while True:
    det_fName = input('识别的单人照文件名（若直接按 Enter 键，程序结束）：')
    if det_fName == '':
        break
    img_det_path = './imgs/' + det_fName  # 要比对的人脸图像文件路径
    # 调用人脸比对函数，输出识别结果
    if face_match(client, img_src_path, img_det_path):
        print('识别结果：是同一人！')
    else:
        print('识别结果：不是同一人！')
```

在上面的代码中，变量 img_src_path 存放参考原图的文件路径，变量 img_det_path 存放比对单人照片的文件路径。执行 while 循环时，会连续比对多张照片，若直接按 Enter 键则退出循环。

（8）运行程序。

任务 1 程序的运行结果如图 7-9 所示。

```
识别的单人照文件名（若直接按Enter键，程序结束）：single-1.jpg
识别结果：是同一人!
识别的单人照文件名（若直接按Enter键，程序结束）：single-2.jpg
识别结果：不是同一人!
识别的单人照文件名（若直接按Enter键，程序结束）：

Process finished with exit code 0
```

图 7-9　任务 1 程序的运行结果

任务 1 的程序代码如图 7-10 和图 7-11 所示。

```python
from aip import AipFace
import base64


# 人脸比对函数(client:人脸识别客户，img_src_path:参考的原图路径，img_det_path：比对人脸路径）
def face_match(client, img_src_path, img_det_path):
    # 将两张照片的数据分别转换为base64格式编码的字符串
    img_scr64 = str(base64.b64encode(open(img_src_path, 'rb').read()), 'utf-8')
    img_det64 = str(base64.b64encode(open(img_det_path, 'rb').read()), 'utf-8')
    # 调用百度AI人脸比对函数
    result = client.match(
        [{'image': img_scr64, 'image_type': 'BASE64'},
         {'image': img_det64, 'image_type': 'BASE64'}])
    result = result['result']  # 从接口返回值中取出result项
    if result is None:  # 若result值为空，说明人脸比对失败，返回False
        return False
    elif result['score'] >= 80:  # 若result中的score值大于80，返回True，否则返回False
        return True
    else:
        return False
```

图 7-10　任务 1 的程序代码（1）

```python
APP_ID = '[redacted]'
API_Key = '[redacted]'
Secret_Key = '[redacted]'
client = AipFace(APP_ID, API_Key, Secret_Key)  # 创建百度AI人脸识别客户端
img_src_path = './imgs/org-1.jpg'  # 参考的原图文件路径
# 人脸识别，若直接按回车键，退出循环
while True:
    det_fName = input('识别的单人照文件名（若直接按回车，程序结束）：')
    if det_fName == '':
        break
    img_det_path = './imgs/' + det_fName  # 要比对的人脸图像文件路径
    # 调用人脸比对函数，输出识别结果
    if face_match(client, img_src_path, img_det_path):
        print('识别结果：是同一人！')
    else:
        print('识别结果：不是同一人！')
```

图 7-11　任务 1 的程序代码（2）

7.3.4 任务 2：人脸位置检测

任务2操作视频

任务目标是定义人脸位置检测函数，功能是借助百度 AI 人脸检测接口对参数指定的一张照片检测人脸并返回照片中每张人脸的位置。

实现步骤如下：

（1）建立任务 2 程序，编写导入语句。

1）在 PyCharm 程序中右击工程文件夹 faceAI，选择 New→Python File 命令，新建 Python 程序 task7-2.py。

2）任务 2 程序需要调用百度 AI 人脸识别模块中的接口和 base64 模块中的函数，导入语句如下：

```
from aip import AipFace
import base64
```

（2）编写人脸位置检测函数。

函数 face_detect()根据图片路径调用百度 AI 人脸检测接口，返回照片中各张人脸的位置列表。函数参数说明：①client：百度 AI 人脸识别接口的客户端对象；②img_det_path：待检测图片路径。

人脸位置检测函数的定义如下：

```
def face_detect(client, img_det_path):
    # 功能：对一张照片进行检测，返回各人脸位置
    # 参数 client 为百度 AI 人脸识别客户端，img_det_path 为待检测图片路径
    # 返回值：人脸区域的位置列表，人脸区域的位置包括左端、顶端、右端、底端
    img_det64 = str(base64.b64encode(open(img_det_path, 'rb').read()), 'utf-8')
    # 调用人脸检测接口
    result = client.detect(img_det64, 'BASE64', {"max_face_num": 10})
    result = result['result']
    face_list = []
    if result is not None:
        for face in result['face_list']:
            left = face['location']['left']
            top = face['location']['top']
            right = left + face['location']['width']
            bottom = top + face['location']['height']
            face_list.append([left, top, right, bottom])
    return face_list
```

百度 AI 的人脸检测接口可完成人脸检测定位，支持 PNG、JPG、JPEG、BMP 格式，接口的调用形式如下：

```
client.detect(image,imageType[,options])
```

client 为 AipFace 对象，接口参数包括必填参数和可选参数。可选参数较多，这里只介绍本项目涉及的可选参数，读者可到百度 AI 开放平台的官网查看完整的可选参数说明；必填参数如下：

- image：字符串类型，图片信息，图片上传方式根据 image_type 判断。在本项目中，该参数值设置为图片数据的 base64 编码。
- image_type：字符串类型，图片类型，可选值包括①BASE64，图片的 base64 值，base64 编码后的图片数据，编码后的图片不能超过 2MB；②URL，图片的 URL 地址；③FACE_TOKEN，人脸图片的唯一标识，调用人脸检测接口时会为每张人脸图片赋予一个唯一的 FACE_TOKEN，同一张图片多次检测得到的 FACE_TOKEN 是同一个。在本项目中，该参数值设置为'BASE64'。

可选参数 options 中的参数项如下：

- max_face_num：无符号整型，最多处理人脸的数目，默认为 1，最大值为 120。在本项目中，该参数值设置为 10。
- face_type：字符串类型，人脸的类型，可选值包括①LIVE，表示生活照，通常为手机/相机拍摄的人像图片或从网络上获取的人像图片等；②IDCARD，表示身份证芯片照，二代身份证内置芯片中的人像照片；③WATERMARK，表示带水印证件照，一般为带水印的小图，如公安网小图；④CERT，表示证件照片，如拍摄的身份证、工卡、护照、学生证等证件图片。参数的默认值为 LIVE。

人脸检测接口的返回值是字典数据，下面是一个接口调用成功的返回值示例。

{'error_code': 0, 'error_msg': 'SUCCESS', 'log_id': 14505355535, 'timestamp': 1632466224, 'cached': 0, 'result': {'face_num': 2, 'face_list': [{'face_token': 'be470e5fd8834f78fd3deebf9668e5de', 'location': {'left': 72.81, 'top': 113.62, 'width': 209, 'height': 214, 'rotation': 13}, 'face_probability': 1, 'angle': {'yaw': -17.26, 'pitch': -4.49, 'roll': 8.17}}, {'face_token': '032bd5e5ce0ef4ca81859ff62b644835', 'location': {'left': 304.99, 'top': 204.66, 'width': 190, 'height': 201, 'rotation': -9}, 'face_probability': 1, 'angle': {'yaw': 8.61, 'pitch': -2.18, 'roll': -10.93}}]}}

返回值的格式说明如下：

- error_code：错误码，若接口调用成功，则对应的值为 0；若调用失败，则为错误代码值。
- error_msg：错误描述信息，若接口调用成功，则对应的值为 SUCCESS；若调用失败，则为错误描述信息。
- result：人脸检测的结果，若接口调用成功，则查看对应的值可获取人脸数量和各张人脸的位置信息；若接口调用失败，则 result 对应的值为空。

下面是一个由参数格式错误导致接口调用失败的返回值示例。

{'error_code': 222013, 'error_msg': 'param[image] format error', 'log_id': 3594201001058, 'timestamp': 1632467454, 'cached': 0, 'result': None}

人脸检测接口的返回结果说明如图 7-12 所示。

我们看到在接口的返回结果中，face_list 列表中的 location 字段存放了人脸在照片中的位置信息：人脸区域距左边界的距离、人脸区域距上边界的距离、人脸区域的宽度、人脸区域的高度，face_detect()函数通过遍历接口返回结果中的 face_list 列表读取每张人脸的位置信息，然后将人脸区域的位置添加到 face_list 列表中，人脸区域位置包括左端、顶端、右端和底端，遍历结束后 face_detect()函数返回人脸位置列表。

字段	必选	类型	说明
face_num	是	int	检测到的图片中的人脸数量
face_list	是	array	人脸信息列表，具体包含的参数参考下面的列表。
+face_token	是	string	人脸图片的唯一标识 （人脸检测face_token有效期为60min）
+location	是	array	人脸在图片中的位置
++left	是	double	人脸区域离左边界的距离
++top	是	double	人脸区域离上边界的距离
++width	是	double	人脸区域的宽度
++height	是	double	人脸区域的高度
++rotation	是	int64	人脸框相对于竖直方向的顺时针旋转角，[-180,180]
+face_probability	是	double	人脸置信度，范围【0~1】，代表这是一张人脸的概率，0最小、1最大。其中返回0或1时，数据类型为Integer
+angle	是	array	人脸旋转角度参数
++yaw	是	double	三维旋转之左右旋转角[-90(左), 90(右)]
++pitch	是	double	三维旋转之俯仰角度[-90(上), 90(下)]
++roll	是	double	平面内旋转角[-180(逆时针), 180(顺时针)]

图 7-12　人脸检测接口的返回结果说明

（3）编写测试函数的代码。

在测试代码中定义了两个变量，作为 face_detect()函数调用的实参：①client，百度 AI 人脸识别的客户端；②img_det_path，待检测的图片路径。测试代码如下：

```
# 填写你的人脸识别应用的 AppID、API Key、Secret Key
APP_ID = 'XXXXXX'
API_Key = 'XXXXXX'
Secret_Key =  'XXXXXX'
client = AipFace(APP_ID, API_Key, Secret_Key)  # 创建百度 AI 人脸识别客户端
img_det_path = './imgs/group-1.jpg'  # 设置人脸位置检测图片的路径
print(face_detect(client, img_det_path))  # 调用人脸位置检测函数，输出返回值
```

（4）运行程序。

任务 2 程序的运行结果如图 7-13 所示。

```
[[619.49, 510.39, 689.49, 578.39], [352.99, 556.88, 418.99, 623.88]]

Process finished with exit code 0
```

图 7-13　任务 2 程序的运行结果

任务 2 的程序代码如图 7-14 所示。

```python
from aip import AipFace
import base64
# 定义人脸位置检测函数
def face_detect(client, img_det_path):
    # 功能：对一张照片进行检测，返回各张人脸位置
    # 参数client：百度AI人脸识别客户端，img_det_path：待检测图片路径
    # 返回值：人脸区域的位置列表，人脸区域的位置包括左端、顶端、右端、底端
    img_det64 = str(base64.b64encode(open(img_det_path, 'rb').read()), 'utf-8')
    # 调用人脸检测接口
    result = client.detect(img_det64, 'BASE64', {"max_face_num": 10})
    result = result['result']
    face_list = []
    if result is not None:
        for face in result['face_list']:
            left = face['location']['left']
            top = face['location']['top']
            right = left + face['location']['width']
            bottom = top + face['location']['height']
            face_list.append([left, top, right, bottom])
    return face_list
# 填写你自己从百度AI生成的APP_ID、API_Key和Secret_Key
APP_ID = '[redacted]'
API_Key = '[redacted]'
Secret_Key = '[redacted]'
client = AipFace(APP_ID, API_Key, Secret_Key)  # 创建百度AI人脸识别客户端
img_det_path = './imgs/group-1.jpg'  # 设置人脸位置检测的图片路径
print(face_detect(client, img_det_path))  # 调用人脸位置检测函数，输出返回值
```

图 7-14　任务 2 的程序代码

7.3.5　任务 3：合照的人脸比对

任务 3 操作视频

任务目标：利用任务 1 中定义的 face_match()人脸比对函数和任务 2 中定义的 face_detect()人脸位置检测函数对合照进行人脸识别，用参考原图与合照的各张人脸进行比对，判断合照是否有此人。

任务分析：①调用 face_detect()人脸位置检测函数获取合照的各张人脸位置列表；②遍历列表获取每张人脸位置，利用图像处理模块的函数剪裁人脸并保存成图片；③利用 face_detect()人脸比对函数对裁剪的人脸图片与参考原图进行比对，如果函数返回 True，则输出“合照有此人”并退出循环，不再比对其他人脸；若遍历结束，则输出“合照无此人”。

实现步骤如下：

（1）安装图像处理库。

单击 PyCharm 程序左下角的 Terminal 图标，打开终端窗口，输入命令 pip install pillow。

（2）建立任务 3 程序，编写导入语句。

1）在 PyCharm 程序中右击工程文件夹 faceAI，选择 New→Python File 命令，新建 Python 程序 task7-3.py。

2）在程序中导入百度 AI 的人脸识别类、base64 模块和图像处理库的 Image 模块，代码如下：

```python
from aip import AipFace
import base64
from PIL import Image
```

（3）将任务 1 程序中的 face_match()人脸比对函数定义和任务 2 程序中的 face_detect()人脸位置检测函数定义复制到本程序中。

（4）建立 AipFace 对象。

AipFace 是百度 AI 人脸识别的 Python SDK 客户端，能为客户提供人脸识别服务，示例代码如下：

```
# 填写你的人脸识别应用的 AppID、API Key、Secret Key
APP_ID = 'XXXXXX'
API_Key = 'XXXXXX
Secret_Key = 'XXXXXX'
client = AipFace (APP_ID, API_Key, Secret_Key)
```

在上面的代码中，APP_ID、API_Key 和 Secret_Key 是创建人脸识别应用后分配的凭证信息，可从百度 AI 服务控制台的应用列表中复制凭证信息。

（5）人脸识别。

程序实现合照人脸识别的代码如下：

```
img_src_path = './imgs/org-1.jpg'   # 参考原图的文件路径
while True:
    det_fName = input('识别的合照文件名（若直接按 Enter 键，程序结束）：')
    if det_fName == '':
        break
    img_det_path = './imgs/' + det_fName    # 合照的文件路径
    face_list = face_detect(client, img_det_path)   # 人脸位置检测
    img_det = Image.open(img_det_path)
    for face in face_list:
        # 根据 face 的人脸区域位置剪裁人脸并保存成图片
        img_crop = img_det.crop(face)
        img_crop.save('img_crop.jpg')
        # 将剪裁的人脸图片与参考原图比对
        is_same = face_match(client, img_src_path, 'img_crop.jpg')
        if is_same:   # 若比对是同一人，输出“合照有此人”并退出循环
            print('合照有此人')
            break
    else:   # 合照的所有人和参考原图比对都不是同一人，输出“合照无此人”
        print('合照无此人')
```

在上面的代码中，变量 img_src_path 存放参考原图的文件路径，变量 img_det_path 存放合照的文件路径。执行 while 循环时，会比对多张合照，当输入的合照文件名为空串时退出循环，while 循环体调用 face_detect()函数返回人脸位置列表，用 for 循环遍历该列表，在 for 循环中执行以下操作：①根据人脸位置使用 Image 类的 crop()方法剪裁人脸区域；②将剪裁的人脸区域保存成图片，图片的文件名为 img_crop.jpg；③调用 face_match()函数对参考原图和剪裁人脸图片进行人脸比对，若 face_match()函数返回 True，则输出“合照有此人”并退出循环；④若 for 循环结束之后执行 else 语句，则输出“合照无本人”。

（6）运行程序。

任务 3 程序的运行结果如图 7-15 所示。

```
识别的合照文件名（若直接按回车，程序结束）：group-1.jpg
合照有此人
识别的合照文件名（若直接按回车，程序结束）：group-2.jpg
合照无此人
识别的合照文件名（若直接按回车，程序结束）：

Process finished with exit code 0
```

图 7-15　任务 3 程序的运行结果

任务 3 的程序代码如图 7-16 至图 7-18 所示。

```python
from aip import AipFace
import base64
from PIL import Image


# 人脸比对函数(client:人脸识别客户，img_src_path:参考的原图路径，img_det_path：比对人脸路径）
def face_match(client, img_src_path, img_det_path):
    # 将两张照片的数据分别转换为base64格式编码的字符串
    img_scr64 = str(base64.b64encode(open(img_src_path, 'rb').read()), 'utf-8')
    img_det64 = str(base64.b64encode(open(img_det_path, 'rb').read()), 'utf-8')
    # 调用百度AI人脸比对函数
    result = client.match(
        [{'image': img_scr64, 'image_type': 'BASE64'},
         {'image': img_det64, 'image_type': 'BASE64'}])
    result = result['result']  # 从接口返回值中取出result项
    if result is None:  # 若result值为空，说明人脸比对失败，返回False
        return False
    elif result['score'] >= 80:  # 若result中的score值大于80，返回True,否则返回False
        return True
    else:
        return False


```

图 7-16　任务 3 的程序代码（1）

```python
# 定义人脸位置检测函数
def face_detect(client, img_det_path):
    # 功能：对一张照片进行检测，返回各张人脸位置
    # 参数client:百度AI人脸识别客户端，img_det_path：待检测图片路径
    # 返回值：人脸区域的位置列表，人脸区域的位置包括左端、顶端、右端、底端
    img_det64 = str(base64.b64encode(open(img_det_path, 'rb').read()), 'utf-8')
    # 调用人脸检测接口
    result = client.detect(img_det64, 'BASE64', {"max_face_num": 10})
    result = result['result']
    face_list = []
    if result is not None:
        for face in result['face_list']:
            left = face['location']['left']
            top = face['location']['top']
            right = left + face['location']['width']
            bottom = top + face['location']['height']
            face_list.append([left, top, right, bottom])
    return face_list


```

图 7-17　任务 3 的程序代码（2）

```python
# 创建百度AI人脸识别客户端
APP_ID = '[redacted]'
API_Key = '[redacted]'
Secret_Key = '[redacted]'
client = AipFace(APP_ID, API_Key, Secret_Key)
img_src_path = './imgs/org-1.jpg'  # 参考原图的文件路径
while True:
    det_fName = input('识别的合照文件名（若直接按回车，程序结束）：')
    if det_fName == '':
        break
    img_det_path = './imgs/' + det_fName  # 多人合照的文件路径
    face_list = face_detect(client, img_det_path)  # 人脸位置检测
    img_det = Image.open(img_det_path)
    for face in face_list:
        # 根据face的人脸区域位置剪裁人脸，并保存成图片
        img_crop = img_det.crop(face)
        img_crop.save('img_crop.jpg')
        # 将剪裁的人脸图片与参考原图比对
        is_same = face_match(client, img_src_path, 'img_crop.jpg')
        if is_same:  # 若比对是同一人，输出合照有此人并退出循环
            print('合照有此人')
            break
    else:  # 合照的所有人和参考原图比对都不是同一人，输出合照无此人
        print('合照无此人')
```

图 7-18 任务 3 的程序代码（3）

7.4 本章小结

本章介绍了人脸识别技术的概念和特点，阐述了人脸识别的基本步骤，描述了人脸识别的应用场景，讨论了人脸识别的三种应用模式，在项目实践中讲解了百度 AI 开放平台的人脸比对接口和人脸检测接口的使用方法，使读者能借助百度 AI 开放平台开发人脸识别应用程序，为今后解决相关问题打下基础。

课后习题

一、简答题

1．人脸识别技术有哪些特点？
2．人脸识别的基本步骤有哪些？
3．人脸识别技术有哪些应用场景？
4．人脸识别技术有几种应用模式？分别适用于哪些场景？
5．base64 编码的作用是什么？
6．人脸比对的相似度阈值设置过低和过高分别对人脸识别结果有何影响？
7．写出百度 AI 人脸检测接口的调用形式。

二、百度 AI 接口返回值解析

1．下面是一个百度 AI 人脸检测接口的返回结果，请解析结果并回答问题。

{'error_code': 0, 'error_msg': 'SUCCESS', 'log_id': 7599998400125, 'timestamp': 1633836652, 'cached': 0, 'result': {'face_num': 2, 'face_list': [{'face_token': '5f1f66f5a2c15f28dd0fb0a9e1db7487', 'location': {'left': 619.49, 'top': 510.39, 'width': 70, 'height': 68, 'rotation': 3}, 'face_probability': 1, 'angle': {'yaw': 1.22, 'pitch': -12.13, 'roll': 2.29}}, {'face_token': 'c919e0425439b06b10cf3334061bb163', 'location': {'left': 352.99, 'top': 556.88, 'width': 66, 'height': 67, 'rotation': -3}, 'face_probability': 1, 'angle': {'yaw': 6.46, 'pitch': -5.77, 'roll': -5.28}}]}}

人脸数：__________。

各人脸区域的左上角和右下角的坐标位置：__________。

2．下面是一个百度 AI 人脸比对接口的返回结果，请解析结果并回答问题。

{'error_code': 0, 'error_msg': 'SUCCESS', 'log_id': 3454068643, 'timestamp': 1643443054, 'cached': 0, 'result': {'score': 96.68885803, 'face_list': [{'face_token': 'a467d49383f9f5135bed0d6ddbd3b522'}, {'face_token': 'b700d3c8b456476855158a821beba905'}]}}

人脸比对的相似度得分：__________。

两张照片：__________（是或不是）同一人。

三、实践操作题

编写一个照片整理程序，根据一张参考原图，从某个文件夹下的所有照片中将参考原图本人或含参考原图本人的照片复制出来并存放到指定文件夹下。

第 8 章　语音技术

本章导读

语音技术是最早实际应用的人工智能技术，也是市场上众多人工智能产品中应用最为广泛的，它包括语音识别技术和语音合成技术。语音识别技术是计算机自动将人的语音转换成文字的技术，语音合成技术是计算机将机器内部的文字信息转换为可听懂且流利的语言输出的技术。本章将带领读者了解语音识别和语音合成的概念及应用场景，掌握借助百度 AI 开放平台开发语音识别和语音合成应用程序。

本章要点

- 语音识别的基本概念
- 语音识别的应用场景
- 语音合成的基本概念
- 语音合成的应用场景
- 借助百度 AI 开放平台开发语音识别应用程序
- 借助百度 AI 开放平台开发语音合成应用程序

8.1　语音识别技术简介

随着 AI 的快速发展，语音识别成为众多设备的标配，开始被越来越多人所关注，国外的微软、苹果、谷歌，国内的科大讯飞、百度等厂商都在研发语音识别新策略、新算法，语音识别技术得到了质的飞跃，已广泛应用于智能手机、语音智能交互等领域。

8.1.1　语音识别的基本概念

语音识别，也称自动语音识别（Automatic Speech Recognition，ASR），是让机器通过识别和理解过程把语音信号转换为相应的文本或命令的技术，也就是让机器听懂人类的语音，其目标是将人类的语音中的词汇内容转换为计算机可读的输入，例如按键、二进制编码或者字符序列。

从开始研究语音识别技术至今，语音识别技术的发展已经有半个多世纪的历史。语音识别技术研究的开端是 Davis 等人研究的 Audry 系统，它是当时第一个获取多个英文字母的系统。

到了 20 世纪 60 年代，伴随计算机技术的发展，语音识别技术也得以进步，动态规划和线性预测分析技术解决了语音识别中最重要的问题——语音信号产生的模型问题；70 年代，语音识别技术有了重大突破，动态时间规整技术基本成熟，可以使语音变得等长；80 年代对语音识别的研究更为彻底，各种语音识别算法被提出，其中的突出成就包括隐含马尔可夫模型（Hidden Markov Model，HMM）人工神经网络；进入 90 年代后，语音识别技术开始应用于全球市场，许多著名科技互联网公司都为语音识别技术的开发和研究投入巨资；到了 21 世纪，语音识别技术研究重点转变为即兴口语、自然对话以及多种语种的同声翻译。

我国关于语音识别技术的研究与探索从 20 世纪 80 年代开始，取得了许多成果且发展迅速。例如，清华大学研发的语音识别技术以 1183 个单音节作为识别基元，并对其音节进行分解，再进行识别，使三字词和四字词的识别准确率高达 98%；中国科学院采用连续密度的 HMM，整个系统的识别率达到 89.5%，声调和词语的识别准确率分别达到 99.5%和 95%。目前，我国的语音识别技术已经与国际上的超级大国实力相当，其综合错误率可以控制在 10%以内。

清华大学电子工程系语音技术与专用芯片设计课题组，研发的非特定人汉语数码串连续语音识别系统的识别精度达到 94.8%（不定长数字串）和 96.8%（定长数字串），在有 5%的拒识率情况下，系统识别率可以达到 96.9%（不定长数字串）和 98.7%（定长数字串），这是目前全球最好的识别结果之一，其性能已经接近实用水平；研发的 5000 词邮包校核非特定人连续语音识别系统的识别率达到 98.73%，前三选识别率达 99.96%，并且可以识别普通话和四川话两种语音，达到实用要求。

语音识别系统主要包含特征提取、声学模型、语言模型、字典与解码四个部分，为了更有效地提取特征，往往还需要对所采集到的声音信号进行滤波、分帧等预处理工作，首先把要分析的信号从原始信号中提取出来；然后特征提取工作将声音信号从时域转换到频域，为声学模型提供合适的特征向量；接着声学模型根据声学特性计算每个特征向量在声学特征上的得分；而语言模型根据语言学相关的理论计算该声音信号对应可能词组序列的概率；最后根据已有的字典对词组序列进行解码，得到最后可能的文本。

8.1.2 语音识别的应用场景

随着科技的发展，语音识别技术有着非常广泛的应用领域和市场前景，典型的应用场景有如下几个：

（1）语音输入。使用语音即时输入可摆脱生僻字和拼音障碍的困扰，略带口音的普通话、粤语、四川话、英文均可有效识别，并可根据句意自动纠错、自动断句添加标点，让输入更快捷，沟通交流更顺畅。

（2）语音搜索。搜索内容直接以语音的方式输入，应用于网页搜索、车载搜索、手机搜索等各种搜索场景，解放双手，让搜索更加高效，适用于视频网站、智能硬件、手机厂商等多个领域。

（3）语音指令。无须手动操作，可以通过语音直接对设备或者软件发布指令，控制操作，适用于智能硬件、车载系统、机器人、手机 App、游戏等多个领域。

（4）社交聊天。社交聊天时直接将语音输入转换成文字，让输入更加便捷；或者在收到语音消息不适合播放时转换为文字进行查看，满足更多的聊天场景。

（5）游戏娱乐。游戏中聊天必不可少，双手无法打字，语音输入可以将语音聊天转换为文字，让用户在操作的同时可直观看到聊天内容，多样化满足用户聊天需求。

8.2 项目：语音识别

8.2.1 实现目标及解决方案

1. 实现目标

编写程序，将录制的语音识别成文字并在终端输出。

2. 解决方案

语音识别解决方案如图 8-1 所示。

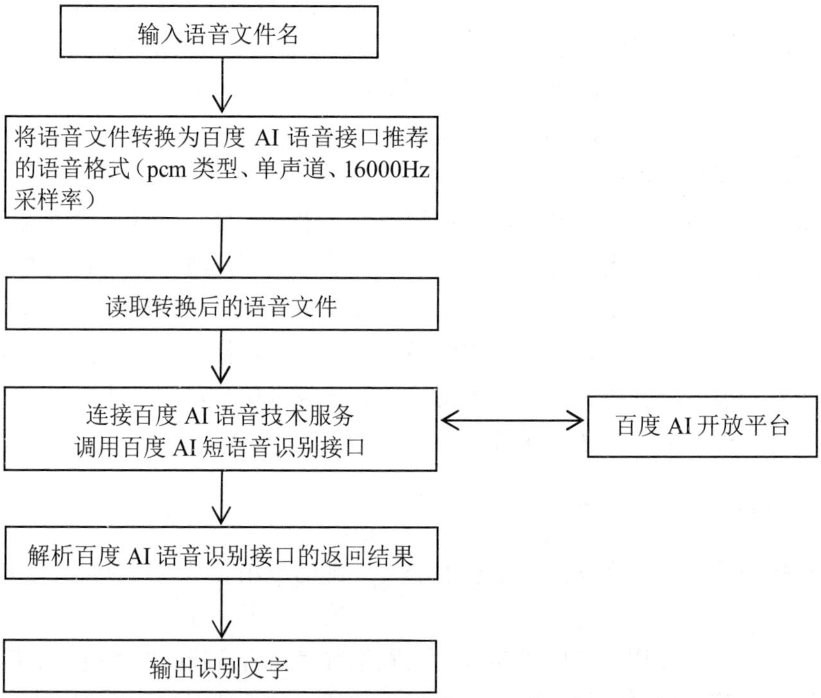

图 8-1　语音识别解决方案

8.2.2 实施前的准备环节

创建语音识别应用操作视频

1. 在百度智能云中创建“语音识别”应用

（1）从百度智能云的控制台登录，单击“产品服务”→“人工智能”中的“语音技术”链接，在“产品服务/语音技术-概览”界面中单击“领取免费资源”按钮，如图 8-2 所示。

图 8-2　语音技术-概览

（2）选取领取免费资源的接口类型，本项目使用“语音识别”服务中的“短语音识别-中文普通话”接口，勾选“接口名称”中的“全部”复选项以获取“语音识别”服务中所有免费接口的使用权限，单击“0 元领取”按钮，如图 8-3 所示。

图 8-3　语音技术-领取免费资源

（3）再次进入图 8-2 所示的“产品服务/语音技术-概览”界面，单击“创建应用”按钮进入“创建新应用”界面，在“应用名称”和“应用描述”文本框中输入信息，例如“语音识别”，在“应用归属”中选择“个人”选项，如图 8-4 所示，单击“立即创建”按钮即可完成语音识别应用的创建。

（4）创建应用后进入“产品服务/语音技术-应用列表”界面，显示语音技术中已创建的应用列表，如图 8-5 所示。

图 8-4　创建新应用

	应用名称	AppID	API Key	Secret Key	创建时间
1	语音识别	25551661	UBGMnRVOtKZ7EP0Tx3H3kc7G	******* 显示	2022-01-24 12:50:22

图 8-5　创建应用列表

（5）创建应用完毕后，百度 AI 开放平台为应用设置好 AppID、API Key、Secret Key 三个凭证信息，如图 8-6 所示，在程序开发时要使用这些凭证，出于安全考虑，Secret Key 没有以明文显示，单击“显示”链接可显示 Secret Key 的明文内容。

AppID	API Key	Secret Key
25551661	UBGMnRVOtKZ7EP0Tx3H3kc7G	******* 显示

图 8-6　应用的密钥

2. 为了测试语音识别，录制一段单声道、8000Hz 采样率、16 位深的 wav 格式的语音，时长小于 60 秒

录制语音文件的过程如下：

（1）下载并安装一个录音软件，如灵者录音机，它具有体积小、时间不限、设置便捷、快速录制的特点，程序界面如图 8-7 所示。

（2）设置“线路数”为单声道，采样率为 8000Hz，“采样位”为 16 位。

（3）单击“录制”按钮开始录音，时长不超过 1 分钟，如图 8-8 所示，单击“停止”按钮结束录音。

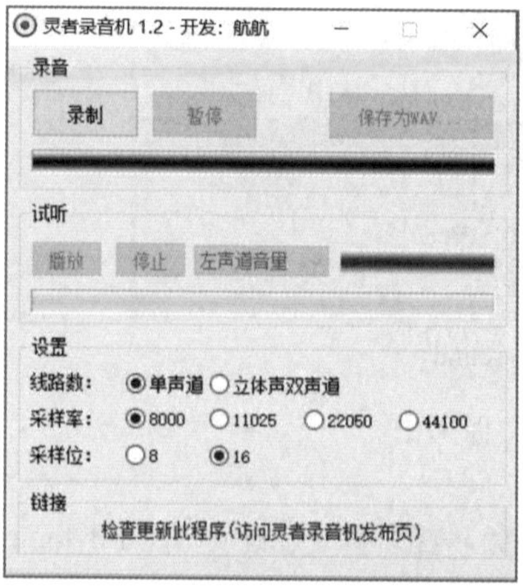

图 8-7　灵者录音机

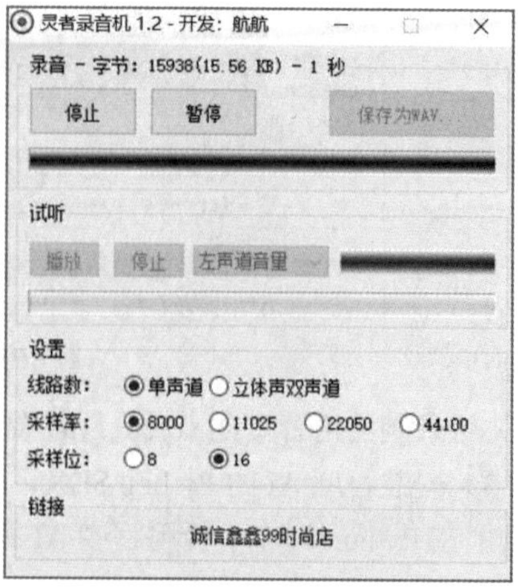

图 8-8　录音

（4）单击“保存为 WAV”按钮，弹出“另存为”对话框，如图 8-9 所示，在“文件名”文本框中输入语音文件名（如 voice1.wav），单击“保存”按钮完成语音录制。

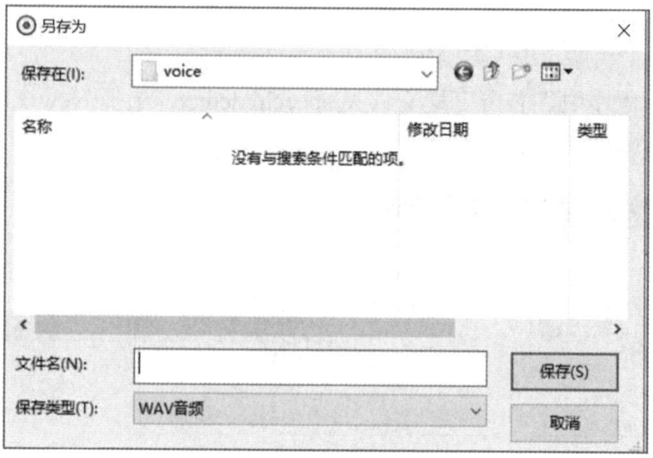

图 8-9　“另存为”对话框

8.2.3　任务 1：最简单的语音识别

任务 1 操作视频

任务目标：识别单声道、8000Hz 采样率、16 位深 wav 格式的语音，输出识别结果。

任务实施过程如下：

（1）新建工程。

打开 PyCharm 程序，新建工程 speech_detect。

（2）新建存放语音的文件夹并复制语音文件。

1）在 PyCharm 程序中，右击工程文件夹 speech_detect，选择 New→Directory 命令，新建文件夹 sound，如图 8-10 所示。

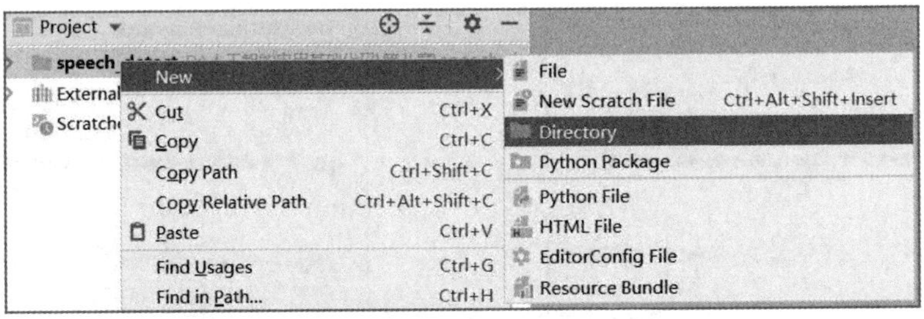

图 8-10 新建文件夹 sound

2）将录制的语音文件 voice1.wav 复制到 sound 文件夹中。

（3）安装百度 AI 的 Python SDK。

为了在 Python 程序中使用百度 AI 提供的产品服务，首先要安装百度 AI 的 Python SDK，步骤如下：

1）单击 PyCharm 程序左下角的 Terminal 图标，打开终端窗口。

2）在终端窗口中输入命令 pip install baidu-aip==2.2.18.0。若在执行该命令时提示要升级 pip，则按提示先升级 pip，再用该命令重新安装 baidu-aip，升级 pip 的命令为 python -m pip install --upgrade pip。

（4）建立任务 1 程序，编写导入语句。

1）在 PyCharm 程序中，右击工程文件夹 speech_detect，选择 New→Python File 命令，新建程序 task8-1-1.py，如图 8-11 所示。

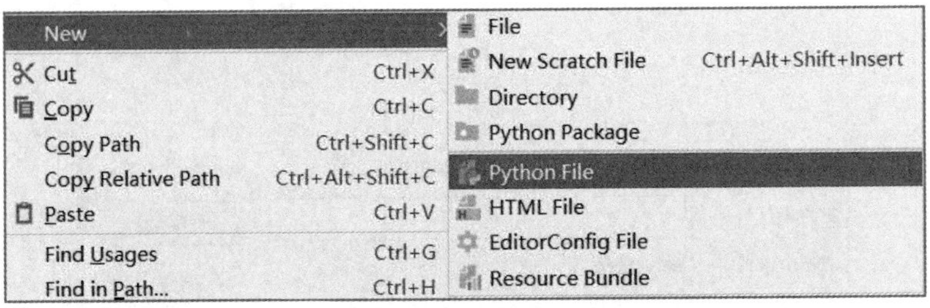

图 8-11 新建 Python 文件

2）程序要调用百度 AI 的语音识别接口，在程序中导入百度 AI 语音技术类，导入语句为 from aip import AipSpeech。

（5）定义读取语音函数。

get_file_content()函数用二进制只读模式打开语音文件并读取文件数据，参数 filePath 存放语音文件的路径，函数定义如下：

```
def get_file_content(filePath):
    with open(filePath, 'rb') as fp:
        return fp.read()
```

（6）建立 AipSpeech 对象。

AipSpeech 是百度 AI 语音技术的 Python SDK 客户端，能为客户提供语音技术服务，示例代码如下：

```
# 填写你的语音识别应用的 AppID、API Key、Secret Key
APP_ID = 'XXXXXX'
API_Key = 'XXXXXX
Secret_Key = 'XXXXXX'
client = AipSpeech(APP_ID, API_Key, Secret_Key)
```

在上面的代码中，APP_ID、API_Key 和 Secret_Key 是创建语音识别应用后分配的凭证信息，可从百度 AI 服务控制台的应用列表中复制。

（7）调用百度 AI 的语音识别接口。

调用百度 AI 语音识别接口的代码如下：

```
# 调用百度 AI 的语音识别接口
fileName = input('输入语音文件名：')
filePath = './sound/' + fileName
result = client.asr(get_file_content(filePath), 'wav', 8000)
```

变量 fileName 存放用户输入的语音文件名，变量 filePath 存放语音文件路径，百度 AI 的短语音识别标准版接口可将 60 秒以内的语音精准识别为文字，可支持 pcm、wav、amr 格式的语音文件，适用于手机语音输入、智能语音交互、语音指令、语音搜索等短语音交互场景，接口的调用形式如下：

```
client.asr(speech,format,rate)
```

client 为 AipSpeech 对象，接口的参数说明如下：

- speech：音频文件流。在本项目中，该参数值设置为 get_file_content()函数返回的语音数据。
- format：字符串类型，语音文件的格式，可选项有 pcm、wav、amr，其中百度 AI 对 pcm 格式的语音支持效果最好。在本项目中，该参数值设置为 wav。
- rate：整型，采样率，可选项为 16000Hz 或 8000Hz。在本项目中，该参数值设置为 8000Hz。

（8）输出识别结果。

变量 result 保存语音识别接口的返回值，可通过 print()函数查看返回值。

```
{'corpus_no': '6982854162731474063', 'err_msg': 'success.', 'err_no': 0, 'result': ['人工智能自诞生以来，理论和技术日益成熟，应用领域也不断扩大，可以想象，未来人工智能带来的科技产品将会是人类智慧的容器。'], 'sn': '663562172751625822429'}
```

可以看出，百度 AI 语音识别接口返回的是字典数据，常用的数据项是 err_no、err_msg 和 result，具体说明如下：

- err_no：错误码，若接口调用成功则对应的值为 0，反之为错误代码值。
- err_msg：错误描述信息，若接口调用成功则对应的值为 SUCCESS，反之为错误描述信息。
- result：语音识别的结果，若接口调用成功，则查看对应的值可获取识别的文字。

下面是在接口调用失败时接口的返回值示例。

```
{'err_msg': 'param format invalid.', 'err_no': 3312, 'sn': '714936453931625944293'}
```

本项目输出识别结果的方法：检查返回值中键 err_no 对应的值是否为零，若判断成立，则说明接口调用成功，输出返回值中键 result 对应的值；若不成立，则说明接口调用失败，输出返回值中键 err_msg 对应的值，说明错误原因。具体代码如下：

```
# 如果接口调用成功，输出文字；否则，输出错误原因
if result['err_no'] == 0:
    print(result['result'][0])
else:
    print('语音识别错误，原因：', result['err_msg'])
```

（9）运行程序。

任务 1 程序的运行结果如图 8-12 所示。

```
输入语音文件名：voice1.wav
人工智能自诞生以来，理论和技术日益成熟，应用领域也不断扩大，可以想象，未来人工智能带来的科技产品将会是人类智慧的容器。

Process finished with exit code 0
```

图 8-12　任务 1 程序的运行结果

任务 1 程序的代码如图 8-13 所示。

```
from aip import AipSpeech


# 读取语音文件数据
def get_file_content(filePath):
    with open(filePath, 'rb') as fp:
        return fp.read()


# 填写你的语音识别应用的App ID、API Key、Secret Key
APP_ID = '[illegible]'
API_Key = '[illegible]'
Secret_Key = '[illegible]'
# 建立AipSpeech对象
client = AipSpeech(APP_ID, API_Key, Secret_Key)
# 调用百度AI的语音识别接口
fileName = input('输入语音文件名：')
filePath = './sound/' + fileName
result = client.asr(get_file_content(filePath), 'wav', 8000)
# 如果接口调用成功，输出文字，否则，输出错误原因
if result['err_no'] == 0:
    print(result['result'][0])
else:
    print('语音识别错误,原因:', result['err_msg'])
```

图 8-13　任务 1 程序的代码

8.2.4　任务 2：格式转换的语音识别

任务 2 操作视频

任务 1 程序虽然实现了语音识别功能，但对语音格式有严格的要求：单声道、8000Hz 采样率、16 位深的 wav 类型。我们知道语音文件有多种类型，如 mp3、pcm、m4a 等，每种语

音文件又有不同的采样率、位深和声道数，让不同类型和格式的语音文件都能被程序识别是本任务要解决的问题。

任务目标：改进任务 1 程序，识别不同格式的语音文件，提高程序的通用性和适应性。

任务分析：百度 AI 推荐我们使用 pcm 类型语音，格式为单声道、采样率 8000Hz 或 16000Hz、16 位深，百度 AI 对这种格式的语音具有更高的识别准确率，我们可借助音频格式转换工具软件（如 FFmpeg）先将不同格式的语音文件统一转换为 pcm 语音格式，再将转换后的语音文件上传至百度 AI 进行识别。

在任务 2 实施前，先在计算机中安装音频格式转换软件 FFmpeg。

1. 下载并安装 FFmpeg

（1）打开浏览器，在地址栏中输入 http://FFmpeg.org/打开 FFmpeg 官网，如图 8-14 所示，单击 Download 按钮。

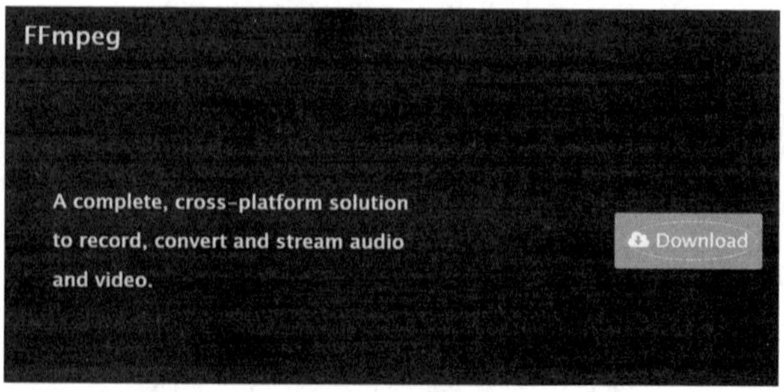

图 8-14　FFmpeg 官网

（2）选择 Windows→Windows EXE Files→Windows builds from gyan.dev，下载软件包，如图 8-15 所示。

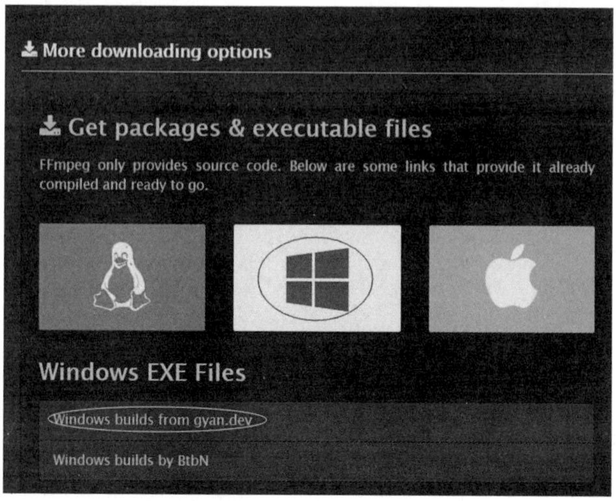

图 8-15　下载软件包

（3）单击 https://www.gyan.dev/ffmpeg/builds/ffmpeg-release-essentials.zip（74MB）链接，下载压缩包，如图 8-16 所示。

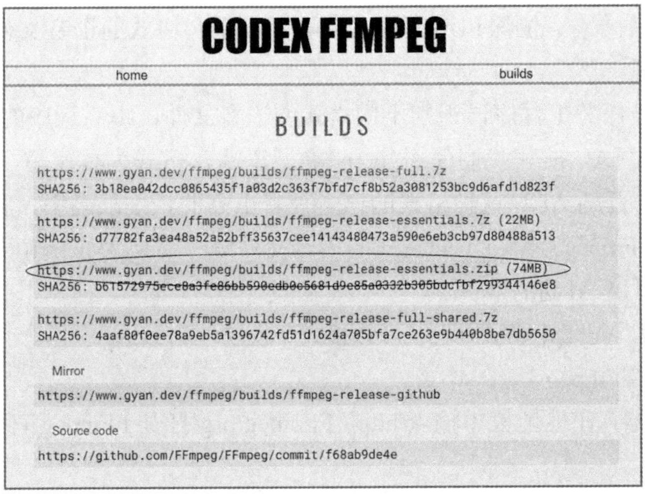

图 8-16　下载压缩包

（4）释放压缩包，将释放后的文件夹复制到 D:\ffmpeg 下，其子文件夹 bin 中的文件如图 8-17 所示，其中 ffmpeg.exe 是本任务使用的音频格式转换程序。

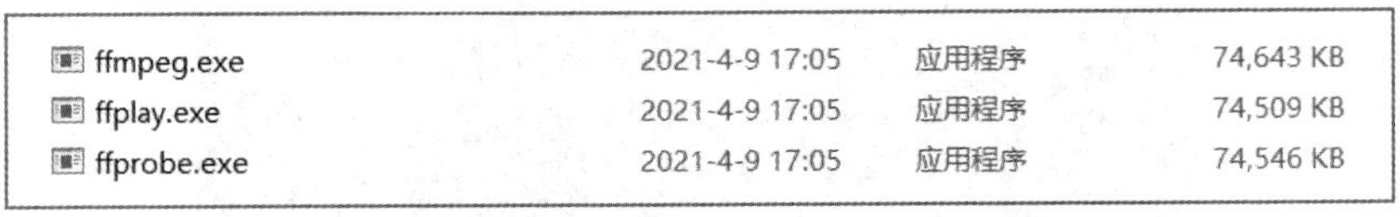

图 8-17　子文件夹 bin 下的文件列表

2. 配置环境变量

（1）在 Windows 中打开“系统属性”对话框，单击“环境变量”按钮，如图 8-18 所示。

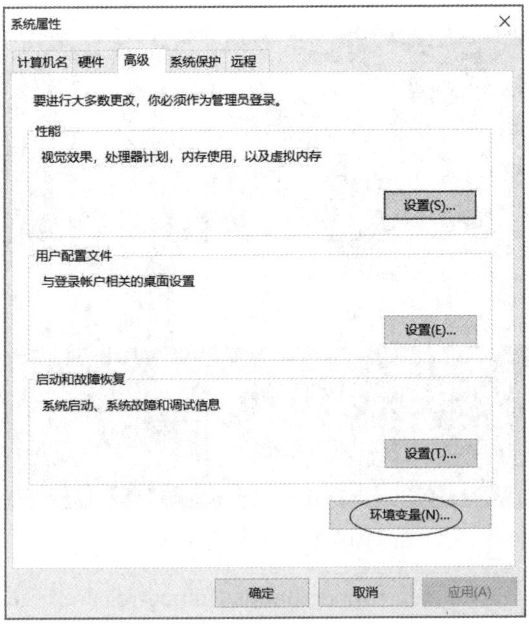

图 8-18　单击“环境变量”按钮

（2）选择“系统变量”中的 Path 变量，单击“编辑”按钮，如图 8-19 所示。

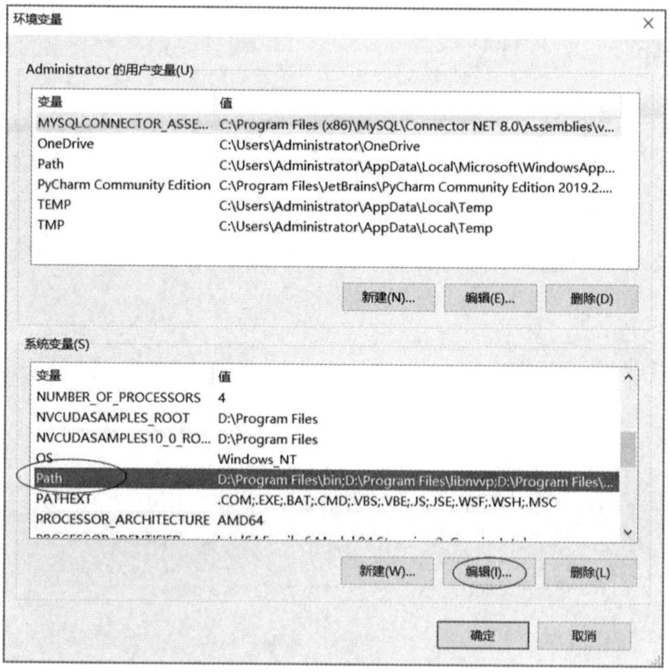

图 8-19　单击“编辑”按钮

（3）在“编辑环境变量”对话框中单击“新建”按钮，在环境变量列表中新建一个项目，输入音频格式转换程序的路径 d:\ffmpeg\bin，单击“确定”按钮完成环境变量的设置，如图 8-20 所示。

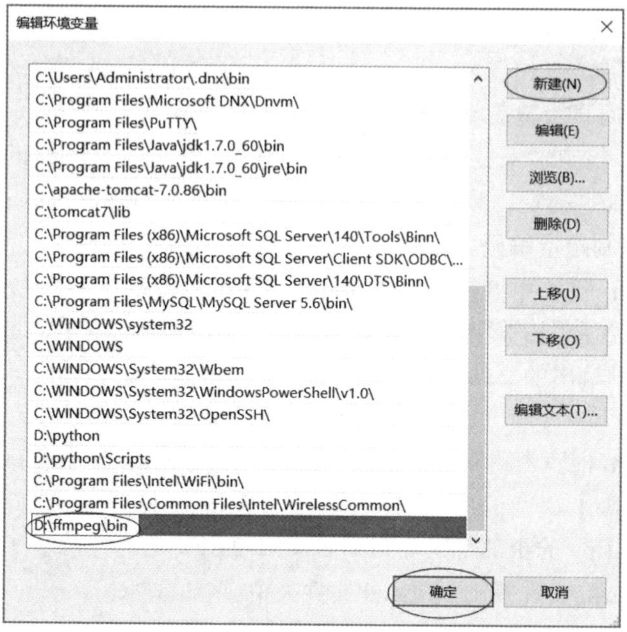

图 8-20　“编辑环境变量”对话框

3. 录制一段语音并测试格式转换

（1）用 Windows 自带的录音机程序录制一段语音，其文件类型是 m4a，将录制的语音保存为 voice2.m4a 文件，如图 8-21 所示。

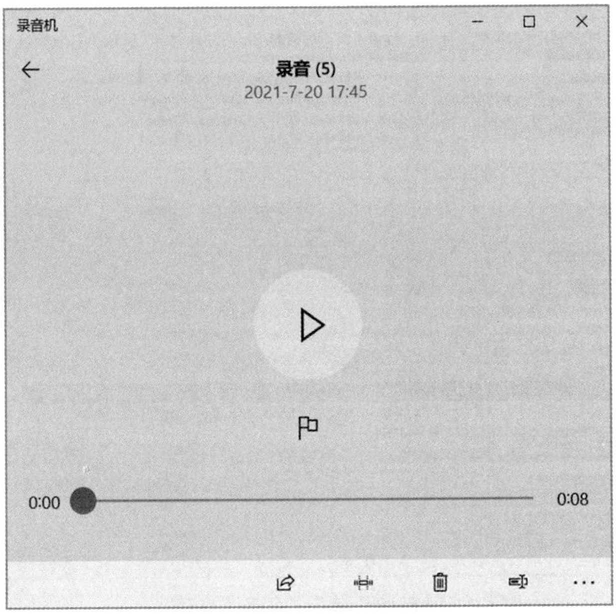

图 8-21　Windows 的录音机

（2）测试语音格式转换。在命令提示符窗口中，切换到 voice2.m4a 文件所在的文件夹，执行如下命令将录制的语音文件转换成为单声道、16000Hz 采样率、pcm 类型，转换后的文件名是 output.pcm：

```
ffmpeg -y -i voice2.m4a -acodec pcm_s16le -f s16le -ac 1 -ar 16000 output.pcm
```

命令说明如下：

- -y：无须询问直接覆盖输出文件。
- -i filename：指定输入文件名，本命令的输入文件名是 voice2.m4a。
- -acodec codec：指定音频编码，本命令指定的音频编码是 pcm_s16le。
- -f s16le：强制指定编码。
- -ac channels：设置声道数，本命令指定的声道数是 1（单声道）。
- -ar rate：设置音频采样率（单位是 Hz），本命令设置的采样率是 16000Hz。
- output.pcm：输出的文件名及类型。

任务实施过程如下：

（1）在 PyCharm 程序中，右击工程文件夹 speech_detect，选择 New→Python File 命令，新建程序 task8-1-2.py。

（2）将 task8-1-1.py 的全部代码复制到 task8-1-2.py 中。

（3）将 voice2.m4a 文件复制到 sound 文件夹中。

（4）修改 task8-1-2.py 代码成如图 8-22 所示，其中画框部分为新增或修改的代码。

```python
1  from aip import AipSpeech
2  import os
3  # 读取语言文件
4  def get_file_content(filePath):
5      with open(filePath, 'rb') as fp:
6          return fp.read()
7  # 填写你自己的语音处理应用APP_ID API_Key和Secret_Key
8  APP_ID = '[redacted]'
9  API_Key = '[redacted]'
10 Secret_Key = '[redacted]'
11 # 创建AipSpeech客户端
12 client = AipSpeech(APP_ID, API_Key, Secret_Key)
13 fileName = input('输入语音文件名：')
14 filePath = './sound/' + fileName
15 # 将输入文件和格式转换后的输出文件相对路径转成绝对路径
16 inputAbsPath = os.path.abspath(filePath)
17 outputAbsPath = os.path.abspath('./sound/output.pcm')
18 # 执行fmpeg命令转换语音文件
19 cmd = 'ffmpeg -y -i %s -acodec pcm_s16le -f s16le -ac 1 -ar 16000 %s' % \
20       (inputAbsPath, outputAbsPath)
21 os.system(cmd)
22 # 调用百度AI语音识别接口
23 result = client.asr(get_file_content('./sound/output.pcm'), 'pcm', rate=16000)
24 # 如果接口调用成功，输出文字，否则，输出错误原因
25 if result['err_no'] == 0:
26     print(result['result'][0])
27 else:
28     print('语音识别错误,原因:', result['err_msg'])
```

图 8-22　任务 2 完整的程序代码

代码说明如下：

- 代码行 2：导入 os 标准模块。
- 代码行 16～17：调用 os.path.abspath()函数，获取输入语音文件及输出语音文件的绝对路径。
- 代码行 19～20：构造语音格式转换的命令字符串，语音转换为单通道、16000Hz、pcm 格式，命令字符串的格式为“ffmpeg -y -i 输入语音文件的绝对路径-acodec pcm_s16le -f s16le -ac 1 -ar 16000 输出语音文件的绝对路径”。
- 代码行 21：调用 os.system()函数执行 CMD 命令行转换语音格式，CMD 命令行为字符串变量 cmd 的值。
- 代码行 23：调用百度 AI 的语音识别接口，接口的返回值保存在变量 result 中。

（5）运行程序，输入语音文件名 voice2.m4a，在语音格式转换完成后输出识别结果，任务 2 程序的运行结果如图 8-23 所示。

```
  Stream #0:0(und): Audio: pcm_s16le, 16000 Hz, mono, s16, 256 kb/s (default)
    Metadata:
      creation_time   : 2021-07-09T03:35:08.000000Z
      handler_name    : SoundHandler
      vendor_id       : [0][0][0][0]
      encoder         : Lavc58.134.100 pcm_s16le
size=    1228kB time=00:00:39.29 bitrate= 256.0kbits/s speed= 589x
video:0kB audio:1228kB subtitle:0kB other streams:0kB global headers:0kB muxing overhead: 0.000000%
人工智能是研究开发用于模拟，延伸和扩展人的智能的理论，方法，技术及应用系统的一门新的技术科学，人工智能是计算机科学的一个分支

Process finished with exit code 0
```

图 8-23　任务 2 程序的运行结果

8.3 语音合成技术简介

8.3.1 语音合成的基本概念

语音合成，又称文语转换（Text to Speech）技术，是通过机械的、电子的方法产生人造语音的技术，能将任意文字信息实时转换为标准流畅的语音朗读出来，相当于给机器装上了人工嘴巴。它涉及声学、语言学、数字信号处理、计算机科学等多个学科，是文字信息处理领域的一项前沿技术。

我们所说的“让机器像人一样开口说话”与传统的声音回放设备（系统）有本质的区别。传统的声音回放设备（系统）（如磁带录音机）是通过预先录制声音再回放来实现“让机器说话”的。这种方式无论是在内容、存储、传输还是在方便性、及时性等方面都存在很大的限制，而通过计算机语音合成可以在任何时候将任意文本转换成具有高自然度的语音，从而真正实现让机器“像人一样开口说话”。

20 世纪 80 年代末期，语音合成技术取得了重大突破，特别是基音同步叠加方法的提出使基于时域波形拼接方法合成语音的音色和自然度大大提高。90 年代初，基于基音同步叠加技术的法语、德语、英语等语种的文语转换系统都已经研制成功。这些系统的自然度提高了很多，并且基于基音同步叠加方法的合成器结构简单且易于实时实现，有很大的商用前景。

国内的汉语语音合成研究起步较晚，但从 80 年代初就基本上与其他国家的研究同步发展。在国家高技术研究发展（863 计划）、国家自然科学基金委员会、国家科技攻关计划、中国科学院有关项目等的支持下，研发了联想佳音（1995）、清华大学的 TH_SPEECH（1993）、中国科技大学的 KDTALK（1995）等系统，这些系统基本上都采用基于基音同步叠加方法的时域波形拼接技术，其合成汉语普通话的可懂度、清晰度达到了很高的水平。

语音合成过程共有三个步骤，分别是语言处理、韵律处理、声学处理。

（1）语言处理：在文语转换系统中起着重要的作用，主要模拟人对自然语言的理解过程——文本规整、词的切分、语法分析和语义分析，使计算机能完全理解输入的文本，并给出后两部分所需要的各种发音提示。

（2）韵律处理：为合成语音规划出音段特征，如音高、音长和音强等，使合成语音能正确表达语意，听起来更加自然。

（3）声学处理：根据前两部分处理结果的要求输出语音，即合成语音。

8.3.2 语音合成的应用场景

随着语音合成技术的发展，语音合成的应用十分广泛，其典型应用场景如下：

（1）阅读听书：使用语音合成技术的阅读类 App 能够为用户提供多种音库的朗读功能，释放用户的双手和双眼，用户能获得更极致的阅读体验。

（2）资讯播报：提供专为新闻资讯播报场景打造的特色音库，让手机、音箱等设备化身“专业主播”，随时随地为用户播报新闻资讯。

（3）订单播报：可应用于打车软件、餐饮叫号、排队软件等场景，通过语音合成播报订单，让客户便捷地获取通知信息。

（4）智能硬件：可集成到儿童故事机、智能机器人、平板设备等智能硬件设备中，使用户与设备的交互更自然、更亲切。

8.4 项目：语音合成

8.4.1 实现目标及解决方案

1. 实现目标

编写程序，根据用户设置的语音合成选项（如语速、音调、音量和发音人）将输入的文字合成语音并播放。

2. 解决方案

语音合成解决方案如图 8-24 所示。

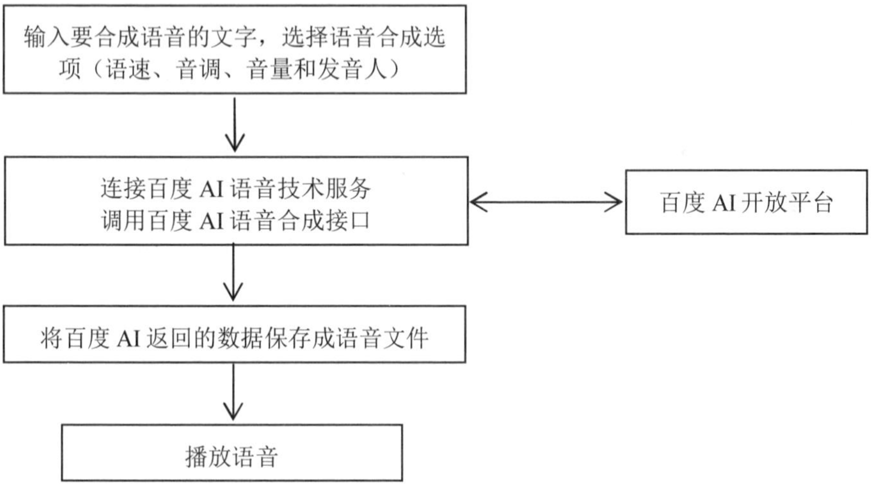

图 8-24 语音合成解决方案

创建语音合成应用操作视频

8.4.2 实施前的准备环节

在百度智能云中创建“语音合成”应用的过程如下：

（1）从百度智能云的控制台登录，单击“产品服务”→“人工智能”中的“语音技术”链接，在“产品服务/语音技术-概览”界面中单击“领取免费资源”按钮，如图 8-25 所示。

（2）选取领取免费资源的接口类型，勾选接口名称中的“全部”复选项以获取语音合成服务中所有免费接口的使用权限，单击“0 元领取”按钮，如图 8-26 所示。

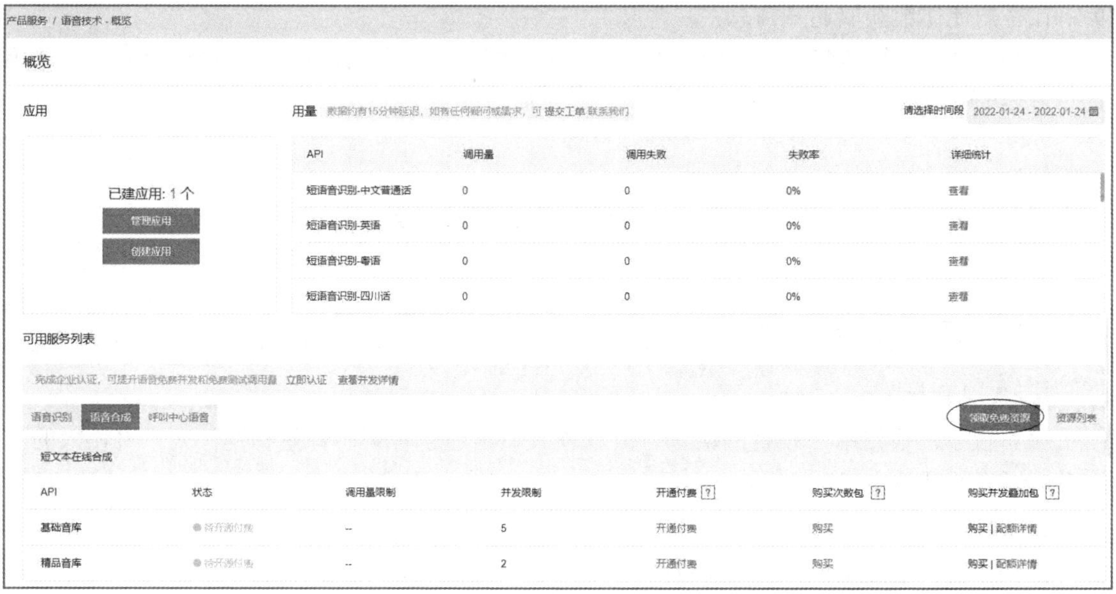

图 8-25 语音技术-概览

图 8-26 语音技术-领取免费资源

（3）再次进入图 8-25 所示的“产品服务/语音技术-概览”界面，单击“创建应用”按钮进入“创建新应用”界面，在“应用名称”和“应用描述”中输入信息，例如“语音合成”，在“应用归属”中选择“个人”选项，如图 8-27 所示，单击“立即创建”按钮即可完成语音合成应用的创建。

图 8-27　创建应用

（4）创建应用后进入“产品服务/语音技术-应用列表”界面，显示语音技术中已创建的应用列表，如图 8-28 所示。

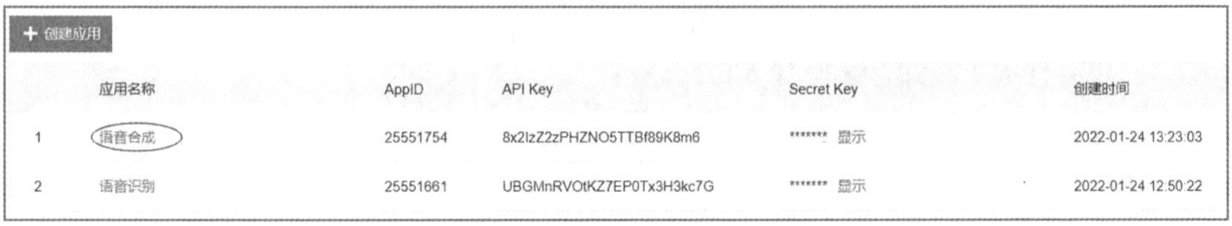

	应用名称	AppID	API Key	Secret Key	创建时间
1	语音合成	25551754	8x2lzZ2zPHZNO5TTBf89K8m6	******* 显示	2022-01-24 13:23:03
2	语音识别	25551661	UBGMnRVOtKZ7EP0Tx3H3kc7G	******* 显示	2022-01-24 12:50:22

图 8-28　创建应用列表

（5）创建应用完毕后，百度 AI 开放平台为应用设置好 AppID、API Key、Secret Key 三个凭证信息，如图 8-29 所示，将在程序开发时用到，出于安全考虑，Secret Key 没有以明文显示，单击“显示”链接可显示 Secret Key 的明文内容。

AppID	API Key	Secret Key
25551754	8x2lzZ2zPHZNO5TTBf89K8m6	******* 显示

图 8-29　应用的密钥

8.4.3 任务 1：最简单的语音合成

任务 1 操作视频

任务目标：将程序中指定的文字合成语音，并保存成语音文件。

任务实施过程如下：

（1）新建工程。

打开 PyCharm 程序，新建工程 speech_synthesis。

（2）建立存放语音文件的文件夹。

在 PyCharm 程序，右击工程文件夹 speech_synthesis，单击 New→Directory 命令，新建文件夹 sound，如图 8-30 所示，该文件夹存放合成语音文件。

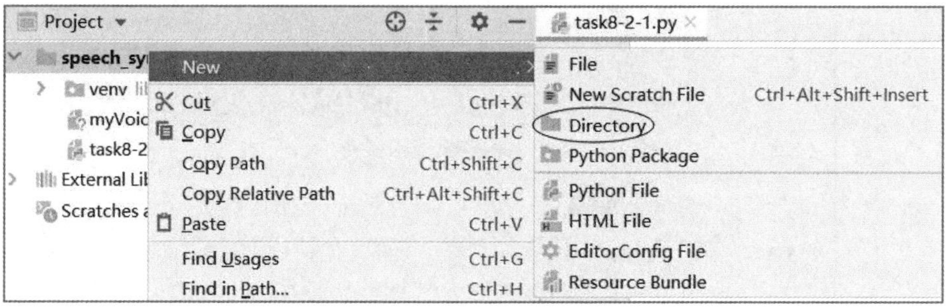

图 8-30　新建文件夹 sound

（3）安装百度 AI 的 Python SDK。

为了在 Python 程序中使用百度 AI 提供的产品服务，首先要安装百度 AI 的 Python SDK，步骤如下：

1）单击 PyCharm 程序左下角的 Terminal 图标，打开终端窗口。

2）在终端窗口中输入命令 pip install baidu-aip==2.2.18.0，即可安装百度 AI 的 Python SDK，若在执行该命令时提示要升级 pip，则按提示先升级 pip，再用该命令重新安装 baidu-aip，升级 pip 的命令为 python -m pip install --upgrade pip。

（4）建立任务 1 程序，编写导入语句。

1）右击工程文件夹 speech_synthesis，单击 New→Python File 命令，新建任务 1 程序 task8-2-1.py，如图 8-31 所示。

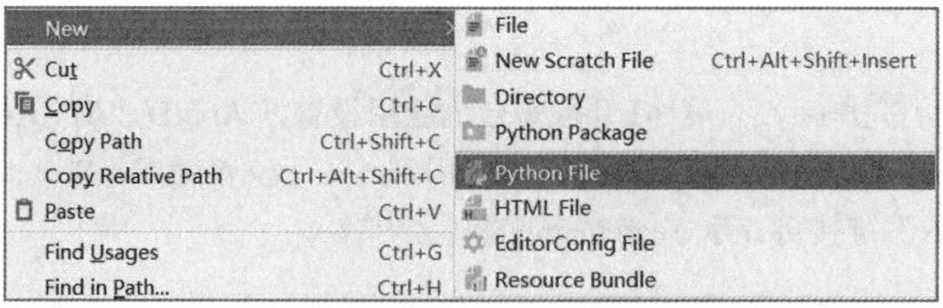

图 8-31　新建 Python 文件

2）程序要调用百度 AI 的语音合成接口，在程序中导入百度 AI 的语音技术类，导入语句为 from aip import AipSpeech。

（5）建立 AipSpeech 对象。

AipSpeech 是百度 AI 语音技术的 Python SDK 客户端，能为客户提供语音技术服务，代码如下：

```
# 填写你的语音合成应用的 AppID、API Key、Secret Key
APP_ID = 'XXXXXX'
API_Key = 'XXXXXX
Secret_Key = 'XXXXXX'
client = AipSpeech(APP_ID, API_Key, Secret_Key)
```

在上面代码中，APP_ID、API_Key 和 Secret_Key 是创建语音合成应用后分配的凭证信息，可从百度 AI 服务控制台的应用列表复制。

（6）调用语音合成接口。

调用百度 AI 的语音合成接口代码如下：

```
text='人工智能在计算机领域内，得到了愈加广泛的重视。'
result = client.synthesis(text, 'zh', 1)
```

语音合成接口对程序中指定的文字合成语音，接口的调用形式如下：

```
client.synthesis(text,lang,cpd)
```

client 为 AipSpeech 对象，接口的参数说明如下：

- text：字符串类型，合成语音的文本，文本长度必须小于 1024 个字节。在本项目中，该参数值设置为变量 text 的值。
- lang：字符串类型，合成的语言选择。在本项目中，该参数值设置为'zh'，表示合成中文。
- cpd：字符串类型，客户端类型选择。在本项目中，该参数值设置为 1，表示 Web 客户端。

（7）生成语音文件。

若语音合成接口调用成功，则返回一个二进制文件流的语音数据；若调用失败，则返回一个字典数据。下面是一个调用失败时接口的返回值示例，其中“err_no”数据项值是错误码，“err_msg”数据项值是错误的描述信息。

```
{ "err_no":500,"err_msg":"notsupport.","sn":"abcdefgh","idx":1}
```

本项目生成语音文件的方法：判断接口返回值的数据类型是否为字典，若判断成立，则说明语音合成成功，以二进制格式将语音数据保存成文件；否则，输出错误原因，程序代码如下：

```
# 若接口调用成功保存语音成文件，否则输出错误原因
if not isinstance(result, dict):
    with open('./sound/myVoice.mp3', 'wb') as f:
        f.write(result)
else:
    print('语音合成错误，原因：',result['err_msg'])
```

（8）运行程序。

程序运行结束后，在 sound 文件夹下会建立 myVoice.mp3 文件，打开计算机的“文件资源管理器”，用媒体播放器播放语音，如图 8-32 所示，可听到一位女生婉转动听的声音。

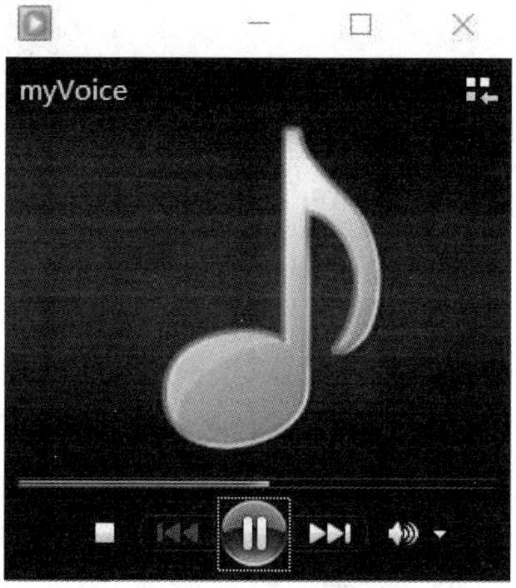

图 8-32　播放语音

任务 1 程序的完整代码如图 8-33 所示。

```python
from aip import AipSpeech

# 填写你的语音合成应用的App ID、API Key、Secret Key
APP_ID = '[illegible]'
API_Key = '[illegible]'
Secret_Key = '[illegible]'
# 建立AipSpeech对象
client = AipSpeech(APP_ID, API_Key, Secret_Key)
# 调用语音合成接口
text = '人工智能在计算机领域内，得到了愈加广泛的重视。'
result = client.synthesis(text, 'zh', 1)
# 若接口调用成功保存语音成文件，否则输出错误原因
if not isinstance(result, dict):
    with open('./sound/myVoice.mp3', 'wb') as f:
        f.write(result)
else:
    print('语音合成错误，原因：', result['err_msg'])
```

图 8-33　任务 1 程序的完整代码

8.4.4　任务 2：个性化的语音合成

任务 2 操作视频

任务 1 程序虽实现了语音合成功能，但功能有待完善，例如合成语音的文字是在程序中设定的，应实现更灵活的数据输入；发音人是女生，能否换成其他发音人？另外，能否设置语速、音调和音量？能否在合成后自动播放语音？针对以上问题，任务 2 对任务 1 的程序加以完善。

任务目标：完善任务 1 程序功能，在运行时用户输入要合成语音的文本，选择语音合成参数如发音人、语速、音调和音量，语音合成后自动打开媒体播放器程序播放语音。

任务分析：用 input()函数输入合成的文本；语音合成接口提供了一个 options 参数，发音人、语速、音调和音量可通过该参数设置；借助 os 模块的 system()函数打开媒体播放器播放语音。

任务实施过程如下：

（1）在 PyCharm 程序中，右击工程文件夹 speech_synthesis，选择 New→Python File 命令，新建程序 task8-2-2.py。

（2）将程序 task8-2-1.py 的全部代码复制到 task8-2-2.py 中。

（3）将 task8-2-2.py 的代码修改成图 8-34 所示，其中画框部分为新增或修改的代码。

```
1   from aip import AipSpeech
2   import os
3
4   # 填写你的语音合成应用的App ID、API Key、Secret Key
5   APP_ID = '[redacted]'
6   API_Key = '[redacted]'
7   Secret_Key = '[redacted]'
8   # 建立AipSpeech对象
9   client = AipSpeech(APP_ID, API_Key, Secret_Key)
10  # 输入合成文字及语音合成选项
11  text = input('输入合成文字：')
12  print('--------设置语音合成选项-----------')
13  spd = input('语速（0~9，5是中语速）：')
14  pid = input('语调（0~9，5是中语调）：')
15  vol = input('音量（0~15，5是中音量）：')
16  per = input('发音人选择（0-女生，1-男生，3-情感合成-度逍遥，4-情感合成-度丫丫）：')
17  # 设置语音合成参数
18  options = {'spd': spd, 'pid': pid, 'vol': vol, 'per': per}
19  result = client.synthesis(text, 'zh', 1, options)
20  # 若接口调用成功保存语音成文件，否则输出错误原因
21  if not isinstance(result, dict):
22      with open('./sound/myVoice.mp3', 'wb') as f:
23          f.write(result)
24      os.system(os.path.abspath('./sound/myVoice.mp3'))
25  else:
26      print('语音合成错误，原因：', result['err_msg'])
```

图 8-34　任务 2 程序代码

代码说明如下：

- 代码行 2：导入 os 标准模块。
- 代码行 11：用 input()函数从键盘输入文本并保存在变量 text 中。
- 代码行 13～15：用 input()函数输入语速、语调、音量选项，分别保存在变量 spd、pid 和 vol 中。
- 代码行 16：用 input()函数输入发音人选项，并保存在变量 per 中。
- 代码行 18：生成语音合成接口的 options 参数值，它是字典数据，参数说明如下，spd 为字符串类型，语速，取值范围是 0～9，默认值是 5（中语速）；pit 为字符串类型，音调，取值范围是 0～9，默认值是 5（中语调）；vol 为字符串类型，音量，取值范围是 0～15，默认值为 5（中音量）；per 为字符串类型，发音人选择，取值范围是 0～4，

其中，0 为女声，1 为男声，3 为情感合成-度逍遥，4 为情感合成-度丫丫，默认值为 0（女声）。例如，参数值{ 'spd':5, 'vol': 10, 'pit':5, 'per':1} 表示语速中等、音量较大、语调中等、男声发音的语音合成参数。

- 代码行 19：调用语音合成接口，其四个参数按顺序依次为合成的文字，本项目设置为变量 text 的值；合成的语言，本项目设置为'zh '，代表中文；客户端类型，本项目设置为 1，代表 web 客户端；语音合成选项，本项目设置为变量 options 的值。
- 代码行 24：调用 os.system()函数打开媒体播放器程序播放语音，os.path.abspath()函数将语音文件的相对路径转换为绝对路径。

（4）运行程序，输入文字，设置语音合成参数后，自动打开媒体播放器程序播放语音。任务 2 程序的运行结果如图 8-35 所示。

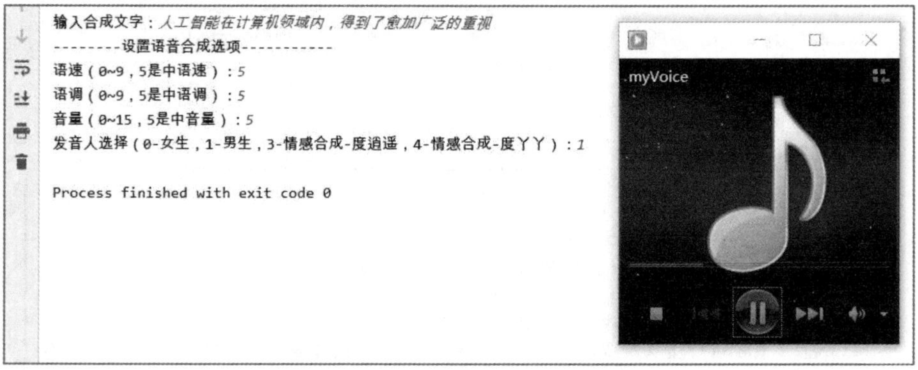

图 8-35　任务 2 程序的运行结果

8.5　本章小结

本章讲解了人工智能中的热门应用领域——语音识别技术与语音合成技术，介绍了语音识别与语音合成的概念和应用领域，通过实践项目讲解了借助百度 AI 开放平台开发语音识别及语音合成应用程序的方法。通过本章内容的学习，读者应理解语音识别和语音合成的基本概念，掌握这两种语音技术的应用方法，为今后解决语音技术问题打下基础。

课后习题

一、简答题

1．什么是语音识别？
2．语音识别有哪些应用场景？
3．什么是语音合成？
4．语音合成有哪些应用场景？

5．写出百度 AI 的语音识别接口的调用形式。

6．调用百度 AI 的语音识别接口后，如何判断接口成功返回识别文本？

7．写出百度 AI 的语音合成接口的调用形式。

8．调用百度 AI 的语音合成接口后，如何判断接口成功返回语音数据？

二、实践操作题

1．录制一段 MP3 格式的语音，用项目 1 中的任务 2 程序进行语音识别。

2．建立一个扩展名为.txt 的文本文件，文件内容为要语音合成的文字，编写程序，将文件内容合成语音并自动播放。

第 9 章　自然语言处理

本章导读

语言是思维的载体，是人际交流的工具，人类历史上以语言文字形式记载和流传的知识占知识总量的 80%以上。自然语言处理是互联网和大数据时代的产物，旨在设计算法使计算机像人一样理解和处理自然语言。随着通信和计算机技术的发展，自然语言处理的应用需求也越来越大，本章介绍自然语言处理的研究方向及发展历史，讲解借助百度 AI 开放平台开发自然语言处理程序的方法。

本章要点

- 自然语言处理的研究方向
- 自然语言处理的发展历史
- 百度 AI 开放平台的自然语言处理接口简介
- 借助百度 AI 开放平台开发情感倾向分析程序
- 借助百度 AI 开放平台开发观点抽取程序

9.1　自然语言处理简介

自然语言处理（Natural Language Processing，NLP）是使用自然语言与计算机进行通信的技术，自然语言处理是一门融语言学、计算机科学、数学于一体的科学，是计算机科学领域与人工智能领域中的一个重要方向，它研究能实现人与计算机之间用自然语言进行有效通信的各种理论和方法。

9.1.1　自然语言处理的研究方向

自然语言处理是用计算机处理自然语言的形、音、义等信息，即操作和加工字、词、句、篇章的输入、输出、识别、分析、理解、生成等。实现人机间的信息交流是人工智能界、计算机科学和语言学界所共同关注的重要问题。自然语言处理就是要计算机理解自然语言，它涉及两个流程，包括自然语言理解和自然语言生成。自然语言处理主要有以下研究方向：

（1）信息抽取。

信息抽取是指从给定文本中抽取重要的信息，比如时间、地点、人物、事件、原因、结果、数字、日期、专有名词等。通俗说来，就是要了解谁在什么时候、什么原因、对谁、做了什么事、有什么结果。

（2）文本生成。

文本生成是指机器像人一样使用自然语言进行表达和写作。依据输入的不同，文本生成技术主要包括数据到文本生成和文本到文本生成。数据到文本生成是指将包含键值对的数据转换为自然语言文本；文本到文本生成对输入文本进行转换和处理，从而产生新的文本。

（3）问答系统。

一个自然语言表达的问题，由问答系统给出一个精准的答案。需要对自然语言查询语句进行语义分析，包括实体链接和关系识别，形成逻辑表达式，然后到知识库中查找可能的候选答案，并通过一个排序机制找出最佳答案。

（4）对话系统。

对话系统通过一系列的对话，与用户进行聊天、问答，涉及用户意图理解、通用聊天引擎、问答引擎、对话管理等技术。此外，为了体现与上下文相关，要具备多轮对话能力。

（5）文本挖掘。

文本挖掘包括文本聚类、分类、情感分析以及对挖掘的信息和知识的可视化、交互式的表达界面。目前主流技术都是基于统计机器学习的。

（6）信息过滤。

信息过滤是指通过计算机系统自动识别和过滤符合特定条件的文档信息，通常对网络有害信息进行自动识别和过滤，主要用于信息安全和防护、网络内容管理等。

（7）舆情分析。

舆情分析是指收集和处理海量信息，自动分析网络舆情，以实现及时应对网络舆情的目的。

（8）信息检索。

信息检索是指对大规模的文档进行索引。可简单地以不同的权重建立文档中的词汇索引，也可建立更加深层的索引。在查询时，首先对输入的查询表达式（比如一个检索词或者一个句子）进行分析，然后在索引里面查找匹配的候选文档，接着根据一个排序机制把候选文档排序，最后输出排序得分最高的文档。

（9）机器翻译。

机器翻译是指把输入的源语言文本自动翻译成另外一种语言的文本。机器翻译从最早的基于规则的方法到 20 多年前的基于统计的方法，再到今天的基于神经网络的方法，逐渐形成了一套比较严谨的方法体系。

9.1.2 自然语言处理的发展历史

自然语言处理的发展经历了三个阶段：基于规则的阶段、基于统计的阶段和基于深度学习的阶段。

1. 基于规则的阶段

最早的自然语言理解方面的研究工作是机器翻译。1949 年，美国人威弗首先提出了机器翻译设计方案。1952 年，第一次机器翻译会议在美国麻省理工学院召开。1954 年，第一次机器翻译试验取得了成功，第一次向人们展示了机器翻译的可行性，并激发了政府资助机器翻译的兴趣。

20 世纪 50－70 年代，自然语言处理的研究主要采用基于规则的方法，研究人员认为自然语言处理的过程就是人类认知一门语言的过程。基于规则的方法可以利用人类的知识，不依赖数据，可以快速起步，但其具有不可避免的缺点：①规则不可能覆盖所有语句；②对研究人员的要求较高，既要熟悉计算机，又要熟悉语言学，因此该阶段虽然解决了一些简单的问题，但无法从根本上实际应用。

2. 基于统计的阶段

自 20 世纪 70 年代以来，随着互联网的快速发展及硬件的不断完善，基于统计的方法代替了基于规则的方法。70 年代，基于隐马尔可夫模型的统计方法在语音识别领域获得成功。80 年代初，话语分析取得了重大进展。90 年代以后，随着计算机性能的不断提升，语音和语言处理的商品化开发成为可能。网络技术的发展和 Internet 的商业化使信息检索和信息抽取的需求变得更加迫切。基于统计、实例及规则的语料库技术在该时期蓬勃发展，各种处理技术开始融合，自然语言处理的研究又开始兴旺起来。在该阶段，自然语言处理基于数学模型和统计的方法取得了实质性突破，从实验室走向实际应用。

3. 基于深度学习的阶段

从 2008 年到现在，深度学习开始在语音识别和图像识别领域发挥威力，自然语言处理研究者开始用深度学习的方法进行研究，在机器翻译、阅读理解、问答系统等领域取得了一定成功。

深度学习是一个多层的神经网络，从输入层开始经过逐层非线性的变化得到输出。从输入层到输出层做端到端的训练，准备好输入层到输出层的数据，设计并训练一个神经网络，即可执行预想的任务。目前，循环神经网络是自然语言处理最常用的方法之一。在深度学习时代，神经网络能够自动从数据中挖掘特征，人们得以从复杂的特征中脱离出来，专注于模型算法本身的创新及理论的突破，深度学习已经从一开始的机器翻译领域逐渐扩展到其他领域。

9.2 百度 AI 开放平台的自然语言处理接口简介

百度 AI 开放平台为开发者提供了多种自然语言处理的接口，下面对其常用接口的功能及应用场景进行简单介绍。

1. 文本纠错

文本纠错是指识别文本中有错误的片段，进行错误提示并给出正确的建议文本内容，如图 9-1 所示，其应用场景如下：

（1）写作辅助：在内容写作平台上内嵌纠错模块，可在作者写作时自动检查并提示错别字情况，从而降低由疏忽导致的错误表述，有效提升作者的文章写作质量。

（2）搜索纠错：用户经常在搜索时输入错误，通过分析搜索内容的形式和特征，自动纠正搜索内容并提示用户，进而给出更符合用户需求的搜索结果，有效屏蔽错别字对用户真实需求的影响。

图 9-1　文本纠错

2. 情感倾向分析

情感倾向分析是指对包含主观信息的文本进行情感倾向性判断，自动判断该文本的情感极性类别并给出相应的置信度，如图 9-2 所示。情感极性分为积极、消极、中性，为口碑分析、话题监控、舆情分析等应用提供帮助，其应用场景如下：

（1）评论分析与决策：通过对产品多维度评论观点进行倾向性分析，为用户提供该产品全方位的评价，方便用户进行决策。

（2）电商评论分类：通过对电商评论进行情感倾向性分析，将不同用户对同一个商品的评论内容按情感极性予以分类展示。

（3）舆情监控：通过对需要舆情监控的实时文字数据流进行情感倾向性分析，把握用户对热点信息的情感倾向性变化。

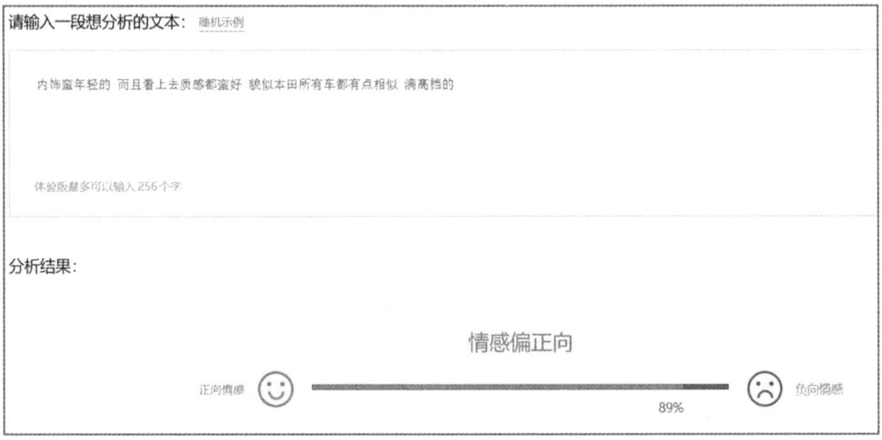

图 9-2　情感倾向分析

3. 评论观点抽取

评论观点抽取是指自动分析评论关注点和评论观点，并输出评论观点标签及评论观点极性，可实现舆情分析、用户理解，支持产品优化和营销决策，如图 9-3 所示，其应用场景如下：

（1）商品口碑分析：对商品点评内容进行观点提取和分析，为每个商品定义点评标签，让购买者和售卖者直观了解商品在用户中的口碑。

（2）辅助消费决策：通过对比同一类型产品不同商品或商家的评论观点信息，辅助用户进行消费决策。

（3）互联网舆情分析：商家对自己产品的评论观点进行分析监控，可以及时发现用户对产品的评价及舆情信息。

图 9-3　评论观点抽取

4. 对话情绪识别

对话情绪识别是指自动检测用户日常对话文本中蕴含的情绪特征，帮助企业更全面的把握产品体验、监控客户服务质量，如图 9-4 所示，其应用场景如下：

（1）客服质检与监控：识别用户在客服咨询中的情绪，如检测出用户有负面不满情绪，则触发人工客服介入。在人工客服场景下，也可用于监控客服人员的服务态度。

（2）闲聊机器人：识别用户在聊天中的情绪，帮助机器人产品选择出更匹配用户情绪的文本进行回复。

（3）任务型对话：识别用户的情绪，根据不同的对话情绪，选择不同的回答策略进行答复（例如回复语速、文本简洁程度差异等）。

5. 文章标签

文章标签是指深度分析文章的标题和内容，输出能够反映文章关键信息的主题、话题、实体等多维度标签以及对应的标签置信度，为新闻个性化推荐、相似文章聚合、文本内容分析等提供技术支持，如图 9-5 所示，其应用场景如下：

（1）个性化推荐：通过对文章的标签计算，结合用户画像，精准地对用户进行个性化推荐。

（2）话题聚合：根据文章计算的标签，聚合相同标签的文章，便于用户对同一个话题的文章进行全方位的信息阅读。

图 9-4　对话情绪识别

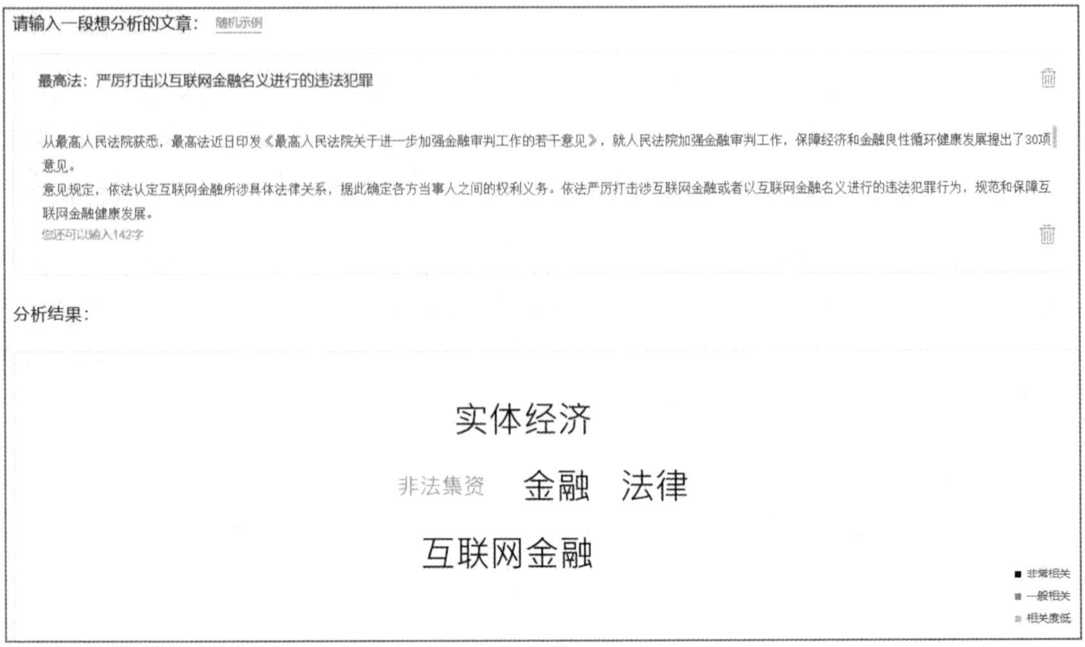

图 9-5　文章标签

6．文章分类

文章分类是指对文章按照内容类型进行自动分类，支持娱乐、体育、科技等 26 个主流内容类型，为文章聚类、文本内容分析等应用提供基础技术支持，如图 9-6 所示，其应用场景如下：

（1）主题划分：对新闻资源进行主题划分，支持按类资源建设，满足各类应用需求。

（2）个性化推荐：分类计算文章的主题，结合用户画像，精准地对用户进行个性化推荐。

图 9-6 文章分类

7. 新闻摘要

新闻摘要是指充分考虑段落分布和篇章结构，对新闻内容进行全面的语义理解与分析，自动抽取新闻文本中的关键信息，并生成指定长度的新闻摘要，如图 9-7 所示，其应用场景如下：

（1）语音播报：语音播报往往有严格的字数要求，新闻摘要能够自动生成符合字数规范、表达通顺的信息，提升了播报效率。

（2）智能写作：对大量的新闻文本进行语义分析和快速摘要，可以快速形成热点汇总类、新闻聚合类、事件盘点类的新闻稿件，进行自动写作和辅助写作，提升新闻生产效率。

（3）新闻展示和推送：分析新闻文本的内容，快速抽取核心内容摘要并展示或推送给用户，吸引用户点击并提升用户阅读效率。

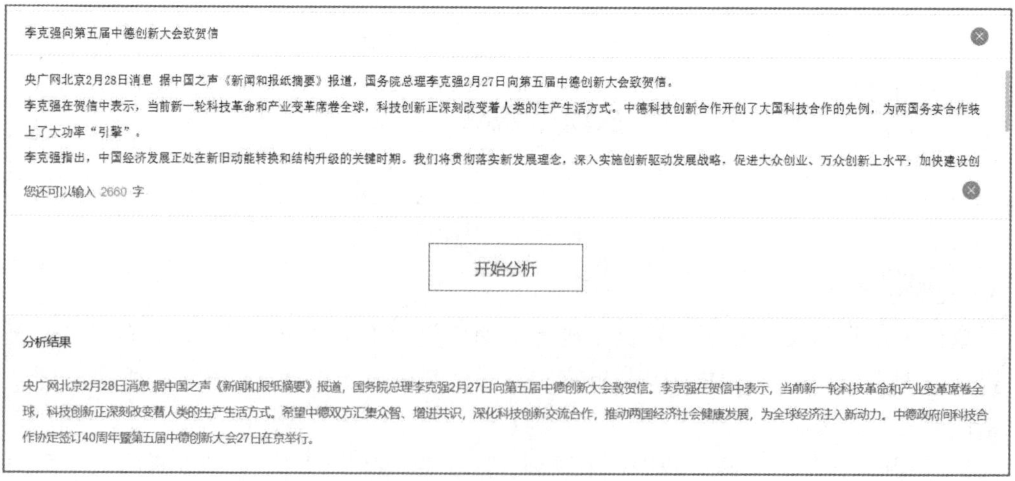

图 9-7 新闻摘要

9.3 项目：商品评价分析

9.3.1 实现目标及解决方案

1. 实现目标

自然语言处理技术可帮助客户自动化处理海量文本，提升文字处理效率和数据挖掘深度，降低人工成本。本项目以京东网某款笔记本电脑评价分析为例，介绍人工智能的数据挖掘方法，帮助用户在网上购买商品时辅助决策。

2. 解决方案

首先，用数据采集软件从京东网采集某款笔记本电脑的评价数据，并导出成 Excel 文件；然后，利用百度 AI 的自然语言处理接口对评价数据进行情感倾向分析和观点抽取，并做统计分析。

商品评价分析的解决方案如图 9-8 所示。

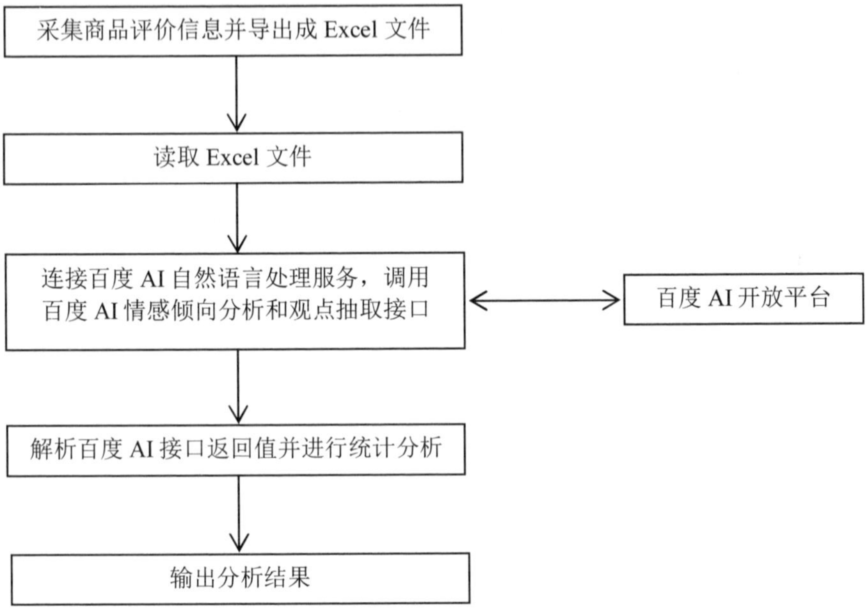

图 9-8　商品评价分析的解决方案

9.3.2 实施前的准备环节

创建自然语言处理应用操作视频

由于本项目要调用百度 AI 的自然语言处理接口，因此要在百度 AI 开放平台中创建“自然语言处理”应用，具体步骤如下：

（1）从百度智能云的控制台登录，单击“产品服务”→“人工智能”中的“自然语言处理”链接，在“产品服务/自然语言处理-概览”界面中单击“创建应用”按钮，如图 9-9 所示，进入“创建新应用”界面。

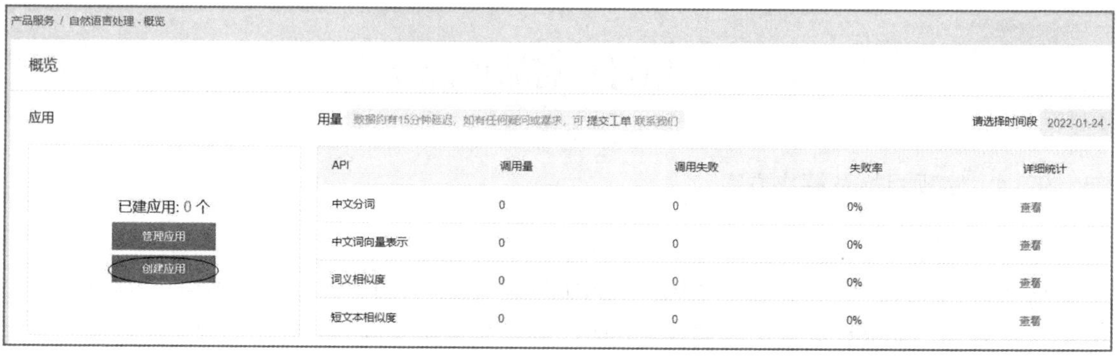

图 9-9　自然语言处理-概览

（2）在“应用名称”和“应用描述”文本框中输入信息，例如“自然语言处理”，在“应用归属”中选择“个人”选项，如图 9-10 所示，单击“立即创建”按钮即可完成自然语言处理应用的创建。

图 9-10　创建应用

（3）创建应用后进入“产品服务/自然语言处理-应用列表”界面，显示自然语言处理中已创建的应用列表，如图 9-11 所示。

+ 创建应用

	应用名称	AppID	API Key	Secret Key
1	自然语言处理	25551956	XBQ0phsWs2cCYulFxYigewK6	******* 显示

图 9-11　创建应用列表

（4）创建应用完毕后，百度 AI 开放平台为应用设置好 AppID、API Key、Secret Key 三个凭证信息，如图 9-12 所示，在程序开发时要使用这些凭证。出于安全考虑，Secret Key 没有以明文显示，单击“显示”链接可显示 Secret Key 的明文内容。

AppID	API Key	Secret Key
25551754	8x2IzZ2zPHZNO5TTBf89K8m6	******* 显示

图 9-12　应用的密钥

9.3.3　任务 1：收集用户评价数据

要采集网页数据，需要使用专业的数据采集软件，本项目以“八爪鱼采集器”为数据采集工具，其使用简单、功能强大，可以简单地将网页数据生成格式化数据，存储为 Excel 文件或数据库等，并能提供基于云计算的解决方案，实现精准、高效、大规模的数据采集，其智能模式可实现根据输入网址全自动数据采集导出功能，它是国内首个大数据一键采集平台。在使用“八爪鱼采集器”之前，需要从官网下载、安装并注册用户。

1. 下载并安装“八爪鱼采集器”

打开浏览器，登录官方网站 https://www.bazhuayu.com，单击“免费使用”按钮进行下载，如图 9-13 所示，下载完成后安装“八爪鱼采集器”。

图 9-13　单击“免费使用”按钮

2. 注册用户

再次登录官方网站，单击页面上方的“注册”按钮进入用户注册页面，如图 9-14 所示，输入邮箱或手机号注册，设置登录密码。

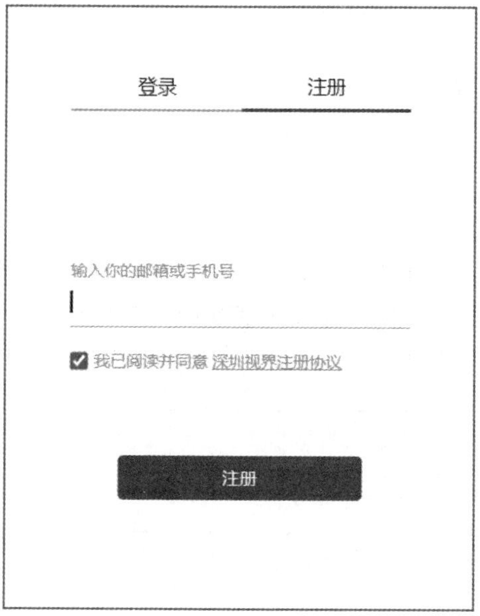

图 9-14　用户注册页面

3. 采集商品评价数据

（1）启动“八爪鱼采集器”，用户登录后进入首页，单击“热门采集模板”中的“京东”链接，如图 9-15 所示。

图 9-15　单击“京东”链接

（2）在“选择采集模板/京东/”中单击“京东商品评论”链接，如图 9-16 所示。

图 9-16　单击“京东商品评论”链接

（3）在“选择采集模板/京东/京东商品评论”中单击“立即使用”按钮，如图 9-17 所示。

图 9-17　单击“立即使用”按钮

（4）输入基本信息和配置参数，填写配置参数中的“商品详情链接（1～1000）”时，要填写京东网商品的评价网址，需要在商品网址的后面加上“#comment”。例如，若商品的网址是 https://item.jd.com/100021400874.html，则在“商品详情链接（1～1000）”中输入 https://item.jd.com/100021400874.html#comment，在“翻页次数”文本框中输入 2，每页采集 10 条商品评价，单击“保存并启动”按钮，如图 9-18 所示。

图 9-18 单击“保存并启动”按钮

（5）在“运行任务”对话框中单击“启动本地采集”按钮，如图 9-19 所示。

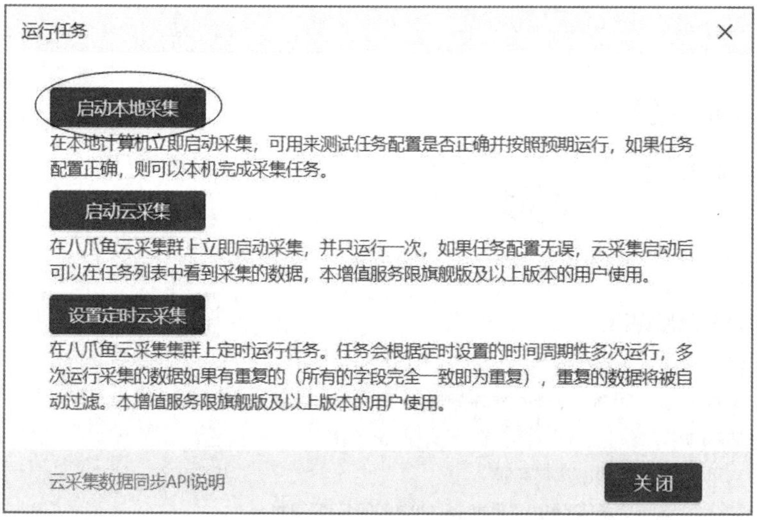

图 9-19 单击“启动本地采集”按钮

（6）“八爪鱼采集器”开始采集数据。采集结束后，单击“导出数据”按钮，弹出“导出本地数据”对话框，如图 9-20 所示，在“选择导出方式”中选择 Excel(xlsx)单选项，将采集的数据保存成 Excel 文件。

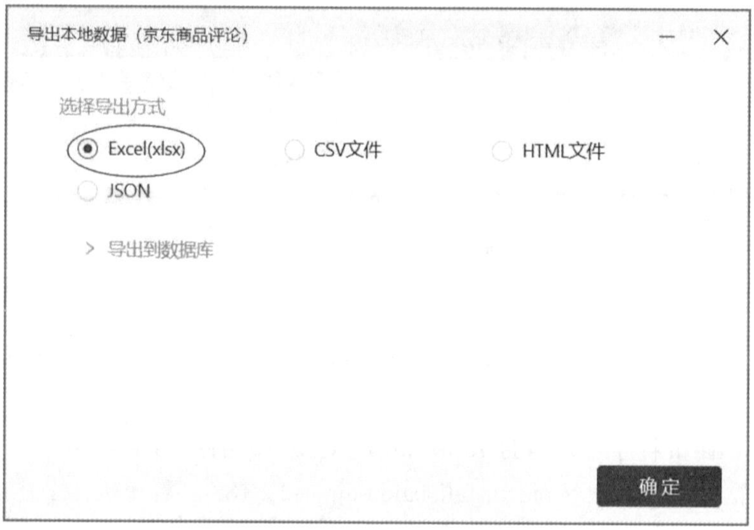

图 9-20 “导出本地数据”对话框

（7）打开导出的 Excel 文件，如图 9-21 所示，工作表中包含会员、级别、评价星级、评价内容、时间、点赞数、评论数等数据列，其中“评价内容”是要我们要分析的数据。

	A	B	C	D	E	F	G
1	会员	级别	评价星级	评价内容	时间	点赞数	评论数
2	乌***吖		star5	外观上档	2021-06-(	34	90
3	j***5		star5	1. 电脑很	2021-08-(	1	2
4	n***d	PLUS会员	star5	首发购买	2021-05-:	46	23
5	还***i	PLUS会员	star5	键盘好用	2021-06-:	8	3
6	****v		star3	还可以吧	2021-07-:	0	1
7	Z***9	PLUS会员	star5	运行速度	2021-06-:	4	3
8	****0	PLUS会员	star5	运行速度	2021-06-(	10	2
9	****2	PLUS会员	star5	很满意，	2021-06-(	12	7
10	Z***9	PLUS会员	star5	运行速度	2021-06-(	5	0
11	高***6		star5	收到电脑	2021-06-:	6	4
12	****1	PLUS会员	star5	运行速度	2021-06-:	15	3
13	心***6	PLUS会员	star5	画面挺清	2021-05-:	17	5

图 9-21 导出的 Excel 文件

9.3.4 任务 2：单条用户评价的情感倾向分析

任务目标：对采集的第一条商品评价进行情感倾向分析，输出分析结果。

任务 2 操作视频

任务实施过程如下：

（1）新建工程。

打开 PyCharm 程序，新建工程 sent_analysis。

（2）建立存放数据的文件夹并复制 Excel 文件。

1）在 PyCharm 程序中，右击工程文件夹 sent_analysis，选择 New→Directory 命令，新建文件夹 data，如图 9-22 所示。

2）复制任务 1 中导出的 Excel 文件并粘贴到 data 文件夹中。

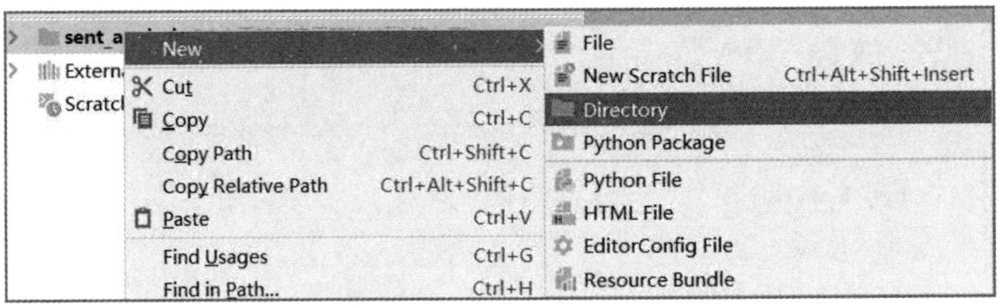

图 9-22 新建文件夹 data

（3）安装百度 AI 的 Python SDK。

为了在 Python 程序中使用百度 AI 提供的产品服务，首先要安装百度 AI 的 Python SDK，步骤如下：

1）单击 PyCharm 程序左下角的 Terminal 图标打开终端窗口。

2）在终端窗口中输入命令 pip install baidu-aip==2.2.18.0。若在执行上述命令时提示要升级 pip，则按提示先升级 pip，再用上述命令重新安装 baidu-aip，升级 pip 的命令为 python -m pip install --upgrade pip。

（4）安装 openpyxl 模块。

本项目要使用 openpyxl 模块读取 Excel 数据，安装步骤如下：

1）单击 PyCharm 程序左下角的 Terminal 图标打开终端窗口。

2）在终端窗口中输入命令 pip install openpyxl。

（5）建立任务 2 程序，编写导入语句。

1）在 PyCharm 程序中，右击工程文件夹 sent_analysis，选择 New→Python File 命令，新建程序 task9-1.py，如图 9-23 所示。

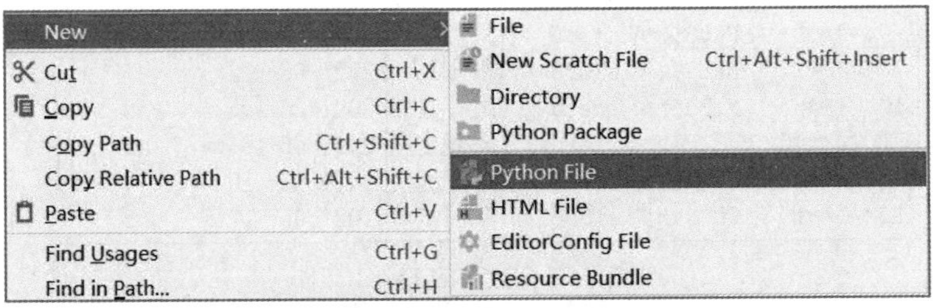

图 9-23 新建 Python 文件

2）程序使用百度 AI 的自然语言处理接口，此外，使用 openpyxl 模块的 load_workbook() 函数打开 Excel 文件，在程序中写入如下导入语句：

```
from aip import AipNlp
from openpyxl import load_workbook
```

（6）建立 AipNlp 对象。

AipNlp 是百度 AI 自然语言处理的 Python SDK 客户端，能为客户提供自然语言处理服务，代码如下：

```
# 填写你的自然语言处理应用的 AppID、API Key、Secret Key
APP_ID = 'XXXXXX'
API_Key = 'XXXXXX
```

```
Secret_Key = 'XXXXXX'
client = AipNlp(APP_ID, API_Key, Secret_Key)
```

在上面代码中，APP_ID、API_Key 和 Secret_Key 是创建自然语言处理应用后分配的凭证信息，可从百度 AI 服务控制台的应用列表中复制。

（7）读取第一条商品评价。

读取第一条商品评价的代码如下：

```
wb = load_workbook('./data/商品评价.xlsx')
ws = wb.active
comment = ws.cell(row=2, column=4).value
```

在上面的代码中，load_workbook()函数打开 Excel 文件并返回工作簿，wb.active 获取当前工作表，第一条商品评价位于工作表的第二行第四列，可通过 ws.cell(row=2, column=4).value 返回该数据。

（8）调用情感倾向分析接口。

情感倾向分析接口自动判断带有主观描述的中文文本的情感极性类别（积极、消极或中性），并给出相应的置信度，代码如下：

```
result = client.sentimentClassify(comment)
```

（9）输出分析结果。

变量 result 保存接口的返回值，通过 print()函数查看返回值的结果如下：

```
{'log_id': 7394287535141180 89, 'text': '外观上档次，能做到 3000 到手，看视频里是真便宜的！价格实惠，看见实物非常漂亮，产品外观全金属材料，显示效果细腻，没有坏点，做工精细……（省略）', 'items': [{'positive_prob': 0.999993, 'confidence': 0.999985, 'negative_prob': 6.90808e-06, 'sentiment': 2}]}
```

可以看出接口返回值是字典数据，包含 log_id、text 和 items 三个数据项，text 数据项是分析的文本，items 数据项包含情感倾向的分析结果，它是一个由字典数据构成的列表，格式说明如下：

- sentiment：整型，表示情感极性分类结果，0 为负向，1 为中性，2 为正向。
- confidence：浮点型，表示分类的置信度，取值范围为[0,1]。
- positive_prob：浮点型，表示属于积极类别的概率，取值范围为[0,1]。
- negative_prob：浮点型，表示属于消极类别的概率，取值范围为[0,1]。

用 print()函数输出接口的返回值，输出效果不友好，我们可有选择地输出关键信息，代码如下：

```
positive = result['items'][0]['positive_prob']
negative = result['items'][0]['negative_prob']
confidence = result['items'][0]['confidence']
print('-----笔记本电脑评价的情感倾向分析-----')
print('情感属于积极类别的概率:', round(positive * 100, 4), '%')
print('情感属于消极类别的概率:', round(negative * 100, 4), '%')
print('分类的置信度:', round(confidence * 100, 4), '%')
```

（10）运行程序。

任务 2 程序的运行结果如图 9-24 所示。

```
---笔记本电脑评价的情感倾向分析---
情感属于积极类别的概率: 99.9993 %
情感属于消极类别的概率: 0.0007 %
分类的置信度: 99.9985 %

Process finished with exit code 0
```

图 9-24　任务 2 程序的运行结果

任务 2 的程序代码如图 9-25 所示。

```python
from aip import AipNlp
from openpyxl import load_workbook

# 填写你的自然语言处理应用的App ID、API Key、Secret Key
APP_ID = '[redacted]'
API_Key = '[redacted]'
Secret_Key = '[redacted]'
client = AipNlp(APP_ID, API_Key, Secret_Key)
# 读取第一条商品评价（D4单元格）
wb = load_workbook('./data/商品评价.xlsx')
ws = wb.active
comment = ws.cell(row=2, column=4).value
# 调用百度AI情感倾向分析接口
result = client.sentimentClassify(comment)
# 格式化输出接口的返回值
positive = result['items'][0]['positive_prob']
negative = result['items'][0]['negative_prob']
confidence = result['items'][0]['confidence']
print('---笔记本电脑评价的情感倾向分析---')
print('情感属于积极类别的概率:', round(positive * 100, 4), '%')
print('情感属于消极类别的概率:', round(negative * 100, 4), '%')
print('分类的置信度:', round(confidence * 100, 4), '%')
```

图 9-25　任务 2 的程序代码

9.3.5　任务 3：多条用户评价的情感倾向分析

任务 3 操作视频

任务 2 虽实现了第一条商品评价的情感分析，但我们应对尽可能多的评价数据做综合分析，使其更具有全面性和客观性，任务 3 对任务 2 的程序功能加以完善。

任务目标：完善任务 2 程序，对采集的全部商品评价进行情感倾向分析，输出综合分析结果。

任务分析：遍历 Excel 表格中的全部商品评价数据，调用百度 AI 的情感倾向分析接口逐条分析，对返回值中的关键数据，如属于积极类别的概率、属于消极类别的概率及分类的置信度概率取平均值，并输出统计结果。

任务实施过程如下：

（1）在 PyCharm 程序中，右击工程文件夹 sent_analysis，选择击 New→Python File 命令，新建程序 task9-2.py。

（2）复制程序 task9-1.py 的全部代码并粘贴到 task9-2.py 中。

（3）将 task9-2.py 的代码修改成如图 9-26 所示，其中画框部分为新增或修改的代码部分。

```
1  from aip import AipNlp
2  from openpyxl import load_workbook
3  import time
4  # 填写你的自然语言处理应用的App ID、API Key、Secret Key
5  APP_ID = '[redacted]'
6  API_Key = '[redacted]'
7  Secret_Key = '[redacted]'
8  client = AipNlp(APP_ID, API_Key, Secret_Key)
9  wb = load_workbook('./data/商品评价.xlsx')
10 ws = wb.active
11 positiveSum = 0
12 negativeSum = 0
13 confidenceSum = 0
14 rows = 0
15 # 遍历全部商品评价
16 for row in range(2, ws.max_row + 1):
17     comment = ws.cell(row=row, column=4).value
18     result = client.sentimentClassify(comment)
19     time.sleep(0.5)
20     positive = result['items'][0]['positive_prob']
21     negative = result['items'][0]['negative_prob']
22     confidence = result['items'][0]['confidence']
23     # 累计属于积极类别的概率、属于消极类别的概率、分类的置信度，统计评价数量
24     positiveSum += positive
25     negativeSum += negative
26     confidenceSum += confidence
27     rows += 1
28 # 输出属于积极类别的概率、属于消极类别的概率、分类的置信度的平均值
29 print('---笔记本电脑评价的情感倾向分析---')
30 print('评价数量：', rows)
31 print('属于积极类别的概率：', round(positiveSum / rows * 100, 4), '%')
32 print('属于消极类别的概率：', round(negativeSum / rows * 100, 4), '%')
33 print('分类的置信度：', round(confidenceSum / rows * 100, 4), '%')
```

图 9-26　任务 3 的程序代码

代码说明如下：

- 代码行 3：导入 time 内置模块。
- 代码块 11～14：定义变量 positiveSum、negativeSum、confidenceSum 分别存放属于积极类别的概率、属于消极类别的概率及分类的置信度的累计值，初始值都设置成零；定义 rows 变量存放评价数量，初始值设置成零。
- 代码块 16～27：遍历 Excel 表的全部商品评价，range()函数的起始值为 2，终止值为当前工作表的最大行数加 1，ws.max_row 返回当前工作表的最大行数；调用情感倾向分析接口对商品评价进行分析，累计返回值中属于积极类别的概率、属于消极类别的概率及分类的置信度，统计评价数量，time.slppe(0.5) 函数的作用是让程序休眠 0.5 秒。
- 代码块 29～33：输出评价数量，以百分比格式输出属于积极类别的概率、属于消极类别的概率及分类的置信度的平均值。

（4）运行程序，任务 3 程序的运行结果如图 9-27 所示。

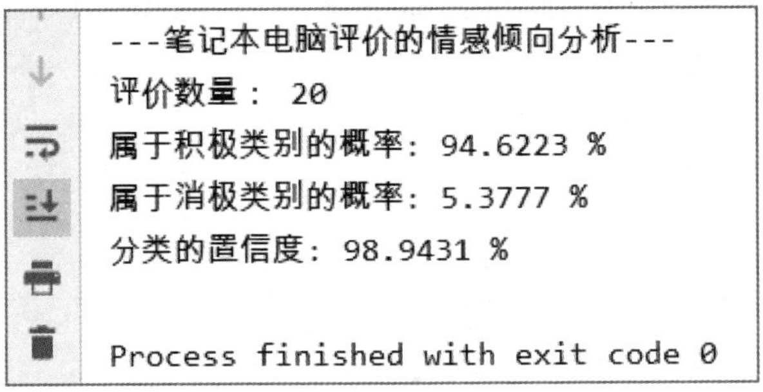

图 9-27　任务 3 程序的运行结果

9.3.6　任务 4：单条用户评价的观点抽取

任务 4 操作视频

任务目标：对采集的第一条商品评价进行观点输出抽取结果。

任务实施过程如下：

（1）建立任务 4 程序。

在 PyCharm 程序中，右击工程文件夹 sent_analysis，选择 New→Python File 命令，新建程序 task9-3.py。

（2）编写导入语句。

在 task9-3.py 中，编写如下导入语句：

```
from aip import AipNlp
from openpyxl import load_workbook
```

（3）建立 AipNlp 对象。

AipNlp 是百度 AI 自然语言处理的 Python SDK 客户端，能为客户提供自然语言处理服务，代码如下：

```
# 填写你的自然语言处理应用的 AppID、API Key、Secret Key
APP_ID = 'XXXXXX'
API_Key = 'XXXXXX
Secret_Key = 'XXXXXX'
client = AipNlp(APP_ID, API_Key, Secret_Key)
```

在上面代码中，APP_ID、API_Key 和 Secret_Key 是创建自然语言处理应用后分配的凭证信息，可从百度 AI 服务控制台的应用列表中复制。

（4）读取第一条商品评价。

读取第一条商品评价的代码如下：

```
wb = load_workbook('./data/商品评价.xlsx')
ws = wb.active
comment = ws.cell(row=2, column=4).value
```

在上面的代码中，load_workbook()函数打开 Excel 文件并返回工作簿，wb.active 获取当前工作表，第一条商品评价位于工作表的第二行第四列，可通过 ws.cell(row=2, column=4).value 返回该数据。

（5）调用评论观点抽取接口。

百度 AI 的评论观点抽取接口提取评论句子的评论观点，判断包含观点的文本的情感极性类别（积极、消极或中性），并返回匹配上的属性词、描述词、对应于该情感搭配的短句摘要等信息，代码如下：

```
options = {'type': 11}
result = client.commentTag(comment,options)
```

评论观点抽取接口的参数说明如下：

- text：字符串类型，必填，评论内容，最大为 10240 字节。
- options：字典类型，可选，type 数据项对应的值是评论行业类型，包含 13 个类别，默认值是 4（美食餐饮），在本项目中，该参数值设置为 11（生活），type 数据项取值说明如图 9-28 所示。

type参数	说明	实例
1	酒店	『酒店设备齐全、干净卫生』->『酒店设备齐全』、『干净卫生』
2	KTV	『环境一般般吧，音响设备也一般，隔音太差』->『环境一般』、『音响设备一般』、『隔音差』
3	丽人	『手法专业，重要的是效果很棒』->『手法专业』、『效果不错』
4	美食餐饮	『但是味道太好啦，舍不得剩下』->『味道不错』
5	旅游	『景区交通方便，是不错的旅游景点』->『交通方便』、『旅游景点不错』
6	健康	『环境很棒，技师服务热情』->『环境不错』、『服务热情』
7	教育	『教学质量不错，老师很有经验』->『教学质量不错』、『老师有经验』
8	商业	『该公司服务好，收费低，效率高』->『服务好』、『收费低』、『效率高』
9	房产	『该房周围设施齐全、出行十分方便』->『设施齐全』、『出行方便』
10	汽车	『路宝的优点就是安全性能高、空间大』->『安全性能高』、『空间大』
11	生活	『速度挺快、服务态度也不错』->『速度快』、『服务好』
12	购物	『他家的东西还是挺贵的』->『消费贵』
13	3C	『手机待机时间长』->『待机时间长』

图 9-28　type 数据项取值说明

（6）输出观点抽取结果。

变量 result 保存接口的返回值，通过 print()函数查看返回值的结果如下：

```
{'log_id': 3660482954034951597, 'items': [{'sentiment': 2, 'abstract': '<span>价格实惠</span>', 'prop': '价格', 'begin_pos': 0, 'end_pos': 8, 'adj': '实惠'}, {'sentiment': 2, 'abstract': '看见<span>实物非常漂亮</span>', 'prop': '实物', 'begin_pos': 4, 'end_pos': 16, 'adj': '漂亮'}, ……（省略）……, {'sentiment': 2, 'abstract': '以后办公可以方便很多<span></span>', 'prop': '感觉', 'begin_pos': 20, 'end_pos': 20, 'adj': '方便'}]}
```

可以看出，接口的返回值是字典数据，其中，“items”数据项包含观点抽取结果，它是列表数据，每个列表元素是字典数据，对应一个观点抽取结果，格式说明如下：

- prop：字符串类型，匹配上的属性词。

- adj：字符串类型，匹配上的描述词。
- sentiment：整型，该情感搭配的极性（0 表示消极，1 表示中性，2 表示积极）。
- begin_pos：整型，该情感搭配在句子中的开始位置。
- end_pos：整型，该情感搭配在句子中的结束位置。
- abstract：字符串类型，对应于该情感搭配的短句摘要。

用 print()函数输出接口的返回值，输出效果不友好，我们可有选择地输出关键信息，代码如下：

```
print('第 1 条商品评价的观点抽取：')
print('-----------------------------------')
if len(result['items']) == 0:
    print('该评论观点与本商品无关')
else:
    for item in result['items']:
        if item['sentiment'] == 1:
            print('观点中性，中性的词语为：', item['prop'], item['adj'])
        elif item['sentiment'] == 2:
            print('观点积极，积极的词语为：', item['prop'], item['adj'])
        else:
            print('观点消极，消极的词语为：', item['prop'], item['adj'])
```

上面代码中，判断 items 对应的值是否为空列表，若判断成立，则观点为中性，输出评论观点与本商品无关；否则，遍历 items 列表，通过 sentiment 对应的值判断观点是积极、中性还是消极，并输出与极性匹配的属性词和描述词。

（7）运行程序。

任务 4 程序的运行结果如图 9-29 所示。

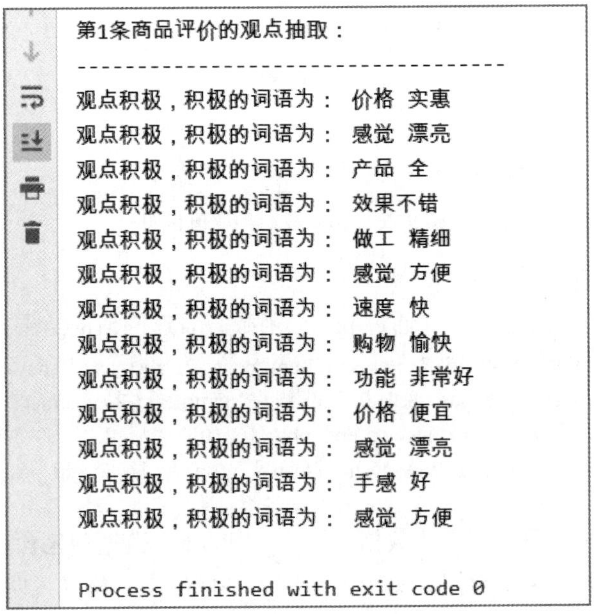

图 9-29 任务 4 程序的运行结果

任务 4 的程序代码如图 9-30 所示。

```python
from aip import AipNlp
from openpyxl import load_workbook

# 填写你的自然语言处理应用的App ID、API Key、Secret Key
APP_ID = '[redacted]'
API_Key = '[redacted]'
Secret_Key = '[redacted]'
client = AipNlp(APP_ID, API_Key, Secret_Key)
# 读取第一条商品评价（D4单元格）
wb = load_workbook('./data/商品评价.xlsx')
ws = wb.active
comment = ws.cell(row=2, column=4).value
# 调用评论观点抽取接口
options = {'type': 11}
result = client.commentTag(comment, options)
# 输出观点抽取接口返回值的关键信息
print('第1条商品评价的观点抽取：')
print('---------------------------------')
if len(result['items']) == 0:
    print('该评论观点与本商品无关')
else:
    for item in result['items']:
        if item['sentiment'] == 1:
            print('观点中性，中性的词语为：', item['prop'], item['adj'])
        elif item['sentiment'] == 2:
            print('观点积极，积极的词语为：', item['prop'], item['adj'])
        else:
            print('观点消极，消极的词语为：', item['prop'], item['adj'])
```

图 9-30　任务 4 的程序代码

9.3.7　任务 5：多条用户评价的观点抽取

任务 5 操作视频

任务 4 虽实现了第一条商品评价的观点抽取，但我们应对尽可能多的评价数据做综合分析，使其更具有全面性和客观性，任务 5 完善任务 4 的程序功能。

任务目标：完善任务 4 程序，对采集的全部商品评价进行观点抽取，输出综合分析结果。

任务分析：遍历 Excel 表格中的全部商品评价数据，调用百度 AI 的观点抽取接口逐条进行观点抽取，输出观点极性、与极性匹配的属性词和描述词，统计各极性的条目数，并输出统计结果。

任务实施过程如下：

（1）在 PyCharm 程序中，右击工程文件夹 sent_analysis，选择 New→Python File 命令，新建程序 task9-4.py。

（2）复制程序 task9-3.py 的全部代码并粘贴到 task9-4.py 中。

（3）将 task9-4.py 的代码修改成如图 9-31 和图 9-32 所示，其中画框部分为新增或修改的代码部分：

```
1  from aip import AipNlp
2  from openpyxl import load_workbook
3  import time
4
5  # 填写你的自然语言处理应用的App ID、API Key、Secret Key
6  APP_ID = '[redacted]'
7  API_Key = '[redacted]'
8  Secret_Key = '[redacted]'
9  client = AipNlp(APP_ID, API_Key, Secret_Key)
10 wb = load_workbook('./data/商品评价.xlsx')
11 ws = wb.active
12 posCount, negCount, neuCount = 0, 0, 0
```

图 9-31　任务 5 完整的程序代码（1）

```
13 # 遍历全部商品评价
14 for row in range(2, ws.max_row + 1):
15     comment = ws.cell(row=row, column=4).value
16     # 调用评论观点抽取接口
17     options = {'type': 11}
18     result = client.commentTag(comment, options)
19     time.sleep(0.5)
20     # 输出观点抽取接口返回值的关键信息
21     print('第%d条商品评价的观点抽取：' % (row - 1))
22     print('----------------------------------')
23     if len(result['items']) == 0:
24         print('该评论观点与本商品无关')
25         neuCount += 1
26     else:
27         for item in result['items']:
28             if item['sentiment'] == 1:
29                 print('观点中性，中性的词语为：', item['prop'], item['adj'])
30                 neuCount += 1
31             elif item['sentiment'] == 2:
32                 print('观点中性，中性的词语为：', item['prop'], item['adj'])
33                 posCount += 1
34             else:
35                 print('观点消极，消极的词语为：', item['prop'], item['adj'])
36                 negCount += 1
37 # 输出观点抽取的统计结果
38 allCount = negCount + neuCount + posCount
39 print('\n观点总数为:', allCount)
40 print('积极观点数：', posCount, '所占比例：', round(posCount / allCount * 100, 4), '%')
41 print('中性观点数：', neuCount, '所占比例：', round(neuCount / allCount * 100, 4), '%')
42 print('消极观点数：', negCount, '所占比例：', round(negCount / allCount * 100, 4), '%')
```

图 9-32　任务 5 完整的程序代码（2）

代码说明如下：

- 代码行 3：导入 time 模块。
- 代码块 12：定义变量 posCount、negCount、neuCount 用于积极、消极及中性观点的计数器，初始值均设置为零。
- 代码块 14～36：遍历 Excel 表的全部商品评价数据，range()函数的起始值为 2，终止值为当前工作表的最大行数加 1，ws.max_row 返回当前工作表的最大行数；对每条商品评价进行观点抽取，time.slppe(0.5) 函数的作用是让程序休眠 0.5 秒；判断 items 对应的值是否为空列表，若条件成立，则认为观点为中性，输出评论观点与本商品无关，否则遍历 items 列表，通过 sentiment 对应的值判断观点是积极、中性还是消极，输出与极性匹配的属性词和描述词，并将相应的极性（积极、中性、消极）观点计数器值自加一。

- 代码块 38～42：计算观点总数，输出观点总数、积极观点数和所占比率、中性观点数和所占比率、消极观点数和所占比率。

（4）运行程序，任务 5 程序的运行结果如图 9-33 所示。

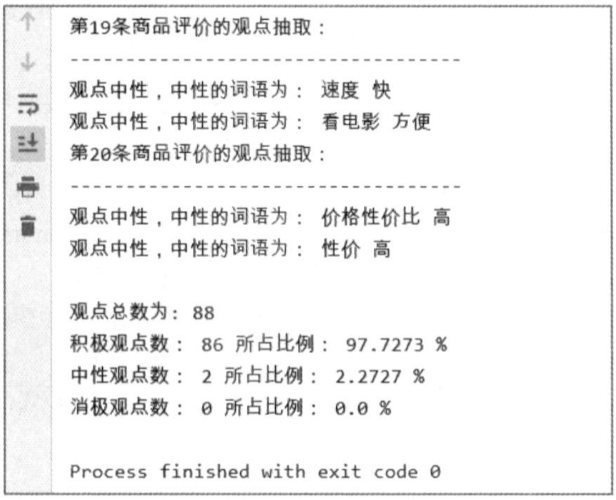

图 9-33　任务 5 程序的运行结果

9.4　本章小结

本章讲解了人工智能中的热门应用领域——自然语言处理技术，介绍了自然语言处理的研究方向和发展历史，讲解了百度 AI 的情感倾向分析接口和观点抽取接口的使用方法，通过实践项目展示了借助百度 AI 开放平台开发自然语言处理程序的方法及步骤，为读者今后解决自然语言处理问题打下基础。

课后习题

一、简答题

1．简述自然语言处理的概念。

2．自然语言处理有哪些研究方向？

3．百度 AI 开放平台的自然语言处理有哪些接口？

二、百度 AI 接口返回值解析

1．下面是百度 AI 开放平台的自然语言处理情感倾向分析返回结果，请解析结果并回答问题。

{'log_id': 7395780255692878672, 'text': '1.电脑很轻很薄，非常适合出差办公。\n2.电脑很流畅，用起来很舒服。\n3.电脑有颜值，颜值高，适合聊天交流。4.而且赠送 office 正版软件，确实好，适合办公。', 'items': [{'positive_prob': 0.999982, 'confidence': 0.999959, 'negative_prob': 1.82627e-05, 'sentiment': 2}]}

情感极性的分类结果：__________

属于积极类别的概率：__________

属于消极类别的概率：__________

分类的置信度：__________

2．下面是百度 AI 开放平台的自然语言处理观点抽取返回结果，写出情感极性分类结果、与极性匹配的属性词和描述词。

{'log_id': 4141291262708835344, 'items': [{'sentiment': 2, 'abstract': '用起来很舒服<span></span>', 'prop': '感觉', 'begin_pos': 12, 'end_pos': 12, 'adj': '舒服'}, {'sentiment': 2, 'abstract': '颜值高<span></span>', 'prop': '颜值', 'begin_pos': 6, 'end_pos': 6, 'adj': '高'}]}

三、实践操作题

使用本章程序对京东网某款手机的前 20 条评价进行情感倾向分析和观点抽取，并输出综合分析结果。

第 10 章　机器学习与神经网络简介

本章导读

机器学习是人工智能的一个分支，其目的在于使计算机具备自动学习的能力，使计算机随着新的数据自动发生变化，以处理新数据。让计算机通过机器学习提升理解力，发现模式并变更行为。人工神经网络也称神经网络，根据生物神经网络的原理和实际应用的需要建造实用的人工神经网络模型，设计相应的学习算法，模拟人脑的某种智能活动，然后在技术上实现以解决实际问题。本章带领读者了解机器学习和神经网络的概念，理解机器学习的常用算法，通过项目体验让读者对机器学习有更直观的认识。

本章要点

- 机器学习的分类
- 机器学习的常用算法
- 人工神经网络的概念
- 人工神经网络的结构
- 主流的人工神经网络开发框架
- 机器学习项目体验

10.1　机器学习简介

10.1.1　机器学习的定义

从广义上来说，机器学习是一种赋予机器学习的能力以完成直接编程无法完成的功能的方法。但从实践的意义上来说，机器学习是一种利用数据训练出模型，再使用模型预测的一种方法。

下面把机器学习的过程与人类对历史经验归纳的过程做个比对，如图 10-1 所示。

人类在成长、生活过程中积累了很多历史与经验。人类定期地对这些经验进行“归纳”，获得了生活的“规律”。当人类遇到未知问题或者需要对未来进行“推测”时会使用这些“规律”对未知问题与未来进行“推测”，从而指导自己的生活和工作。

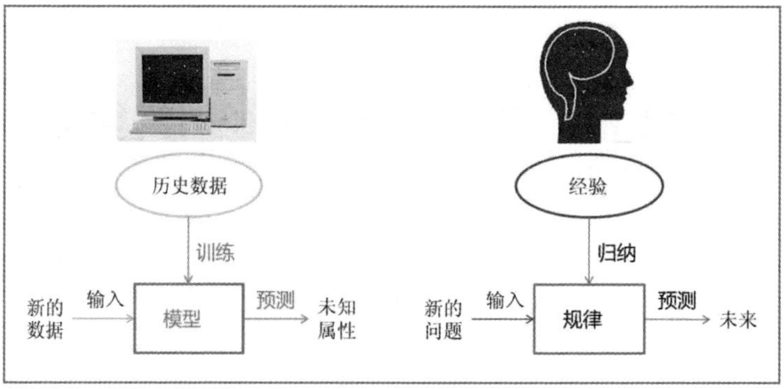

图 10-1　机器学习与人类思考的类比

机器学习中的“训练”和“预测”过程可以对应人类的“归纳”和“推测”过程。通过这种对应可以发现，机器学习的思想并不复杂，仅是对人类在生活中学习成长的模拟。由于机器学习不是基于编程形成的结果，因此它的处理过程不是因果的逻辑，而是通过归纳思想得出的相关性结论。

10.1.2　机器学习的分类

根据学习能力，机器学习分为监督学习、无监督学习、半监督学习和强化学习 4 种。

1. 监督学习

监督学习也称有教师学习，是从给定的训练数据集中学习出一个从输入到输出的映射关系，再将这种映射关系应用到未知数据，达到分类或者回归的目的。分类和回归的主要区别是输出结果是离散的还是连续的。

（1）分类。分类是指给定一个新的模式，根据训练集推断它所对应的类别（如 1、-1），是一种定性输出，也叫离散变量预测。例如，根据鸢尾花的花萼长和花萼宽判断它是山鸢尾（setosa）还是维基尼亚鸢尾（versicolor）是一个二分类问题，如图 10-2 所示，在直线下方的是山鸢尾，在直线上方的是维基尼亚鸢尾。

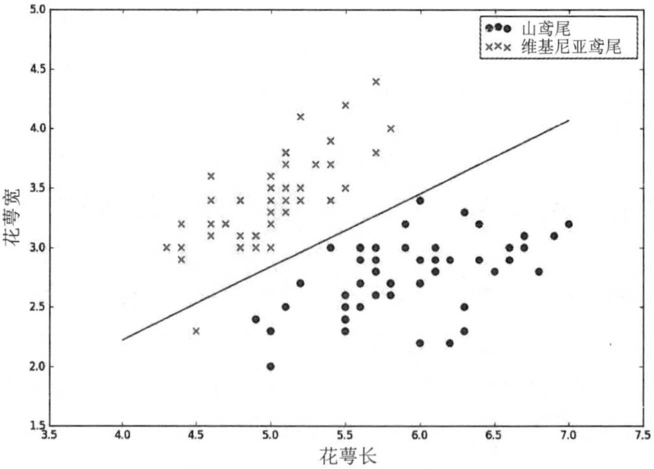

图 10-2　山鸢尾和维基尼亚鸢尾的分类

（2）回归。回归是指给定一个新的模式，根据训练集推断它对应的输出值（实数），是一种定量输出，也叫连续变量预测。例如，根据广告投入金额与销售量的训练集数据，通过模型训练用 y=0.0512x+7.1884 表示广告投入金额（x）与销售量（y）的映射，这是一个回归任务，如图 10-3 所示。

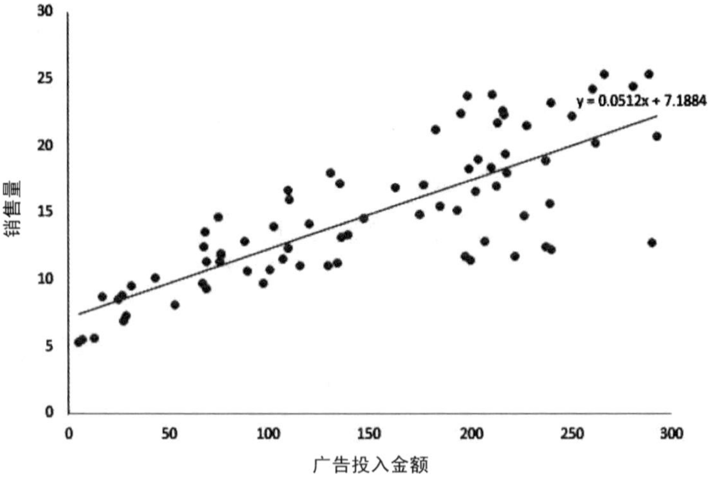

图 10-3　广告投入金额与销售量回归

2. 无监督学习

现实生活中常会有这种问题：由于缺乏足够的先验知识，因此难以人工标注类别或进行人工类别标注的成本太高。很自然地，我们希望计算机能代替我们完成这些工作，或至少提供一些帮助。根据类别未知（没有被标记）的训练样本解决模式识别中的各种问题，称为无监督学习。

监督学习与无监督学习的区别如下：训练集数据是否有标签，若有标签，则为监督学习；若没有标签，则为无监督学习。

无监督学习的常见应用背景如下：

（1）从庞大的样本集合中选出一些具有代表性的加以标注，用于分类器的训练。

（2）先将所有样本自动分为不同的类别，再由人工标注这些类别。

（3）在无类别信息情况下，寻找好的特征。

3. 半监督学习

半监督学习是模式识别和机器学习领域研究的重点问题，是监督学习与无监督学习结合的一种学习方法。半监督学习使用大量未标记数据，以及同时使用标记数据进行模式识别工作。当使用半监督学习时，要求尽量少的人员从事工作，同时能够带来比较高的准确性，因此，半监督学习正越来越受到人们的重视。

4. 强化学习

强化学习用于描述和解决智能体（Agent）在与环境的交互过程中通过学习策略以达成回报最大化或实现特定目标的问题。强化学习是从动物学习、参数扰动自适应控制等理论发展而来的，其基本原理如下：如果 Agent 的某个行为策略导致环境正的奖赏（强化信号），那么

Agent 以后产生这个行为策略的趋势便会加强。Agent 的目标是在每个离散状态发现最优策略以使期望的折扣奖赏和最大。

强化学习把学习看作试探评价过程，Agent 选择一个动作用于环境，环境接受该动作后状态发生变化，同时产生一个强化信号（奖或惩）反馈给 Agent，Agent 根据强化信号和环境当前状态选择下一个动作，选择的原则是使受到正强化（奖）的概率增大，选择的动作不仅影响立即强化值，而且影响环境下一时刻的状态及最终的强化值，如图 10-4 所示。

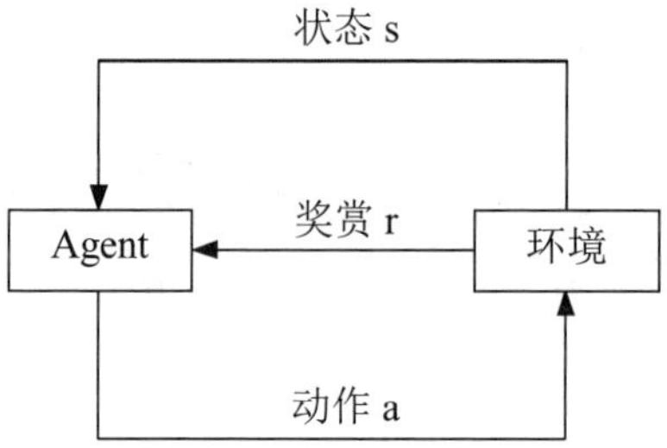

图 10-4 强化学习

10.2 机器学习的常用算法

10.2.1 线性回归

线性回归是利用数理统计中的回归分析确定两种或两种以上变量间相互依赖的定量关系的一种统计分析方法。回归分析中只包括一个自变量和一个因变量，且二者的关系可用一条直线近似表示，这种回归分析称为一元线性回归分析。如果回归分析中包括两个或两个以上的自变量，且因变量与自变量之间是线性关系，则称为多元线性回归分析。

线性回归是经过严格研究且在实际应用中广泛使用的类型。这是因为线性依赖于其未知参数的模型比非线性依赖于其未知参数的模型容易拟合，而且产生的估计的统计特性容易确定。线性回归假设目标值与特征之间线性相关，即满足一个多元一次方程。通过构建损失函数求解损失函数最小时的参数 w 和 b。我们可以表示成如下公式：

$$\hat{y} = wx + b$$

$\hat{y}$ 为预测值，自变量 x 和因变量 y 是已知的，而我们想实现的是预测新增一个 x，其对应的 y 值。因此，为了构建这个函数关系，目标是通过已知数据点，求解线性模型中 w 和 b 两个参数值。

求解最佳参数，需要一个标准衡量结果，为此，我们需要定量化一个目标函数式，使得计算机可以在求解过程中不断地优化。

针对任何模型求解问题，都可以得到一组预测值 $\hat{y}$，对比已有的真实值 y，数据行数为 n，可以将损失函数定义如下：

$$L=\frac{1}{n}\sum_{i=1}^{n}(\hat{y}_i-y_i)^2$$

即预测值与真实值之间的平均的平方距离，统计中一般称为均方误差。把之前的函数式代入损失函数，并且将需要求解的参数 w 和 b 作为函数 L 的自变量，可得

$$L(w,b)=\frac{1}{n}\sum_{i=1}^{n}(wx_i+b-y_i)^2$$

现在的任务是求解最小化 L 时 w 和 b 的值，即核心目标优化式为

$$(w^*,b^*)=\underset{(w,b)}{\arg\min}\sum_{i=1}^{n}(wx_i+b-y_i)^2$$

求解方式有下述两种。

1. 最小二乘法

求解 w 和 b 是使损失函数最小化的过程，在统计学中称为线性回归模型的最小二乘“参数估计”。我们可以将 $L(w,b)$ 分别对 w 和 b 求导，得到

$$\begin{cases}\dfrac{\partial L}{\partial w}=2\left[w\displaystyle\sum_{i=1}^{n}x^2-\sum_{i=1}^{n}x_i(y_i-b)\right]\\ \dfrac{\partial L}{\partial b}=2\left[nb-\displaystyle\sum_{i=1}^{n}(y_i-wx_i)\right]\end{cases}$$

令上述两式为 0，可得到 w 和 b 最优解的闭式解：

$$\begin{cases}w=\dfrac{\displaystyle\sum_{i=1}^{n}y_i(x_i-\overline{x})}{\displaystyle\sum_{i=1}^{n}x_i^2-\frac{1}{n}\left(\sum_{i=1}^{n}x_i\right)^2}\\ b=\dfrac{1}{n}\displaystyle\sum_{i=1}^{n}(y_i-wx_i)\end{cases}$$

2. 梯度下降法

（1）梯度的概念：梯度是一个向量，对于一个多元函数 f 而言，点的梯度是在点 $P(x,y)$ 处增大最快的方向，即以在 P 上的偏导数为分量的向量。以二元函数 $f(x,y)$ 为例，向量

$$\left\{\frac{\partial f}{\partial x},\frac{\partial f}{\partial y}\right\}\Bigg|_{(x_0,y_0)}=fx(x_0,y_0)\vec{i}+f_y(x_0,y_0)\vec{j}$$

就是函数 $f(x,y)$ 在点 $P(x_0,y_0)$ 处的梯度，记作 $\mathrm{grad}f(x,y)$ 或 $\nabla f(x,y)$。

（2）梯度下降法的基本思想。

对于梯度下降，我们可以形象地理解为一个人下山的过程。假设现在有一个人在山上，他想要走下山，但是不知道山底在哪个方向，怎么办呢？他想到的是一定要沿着山高度下降的地方走，山高度下降的方向有很多，选哪个方向呢？这个人比较有冒险精神，他选择最陡峭的方向，即山高度下降最快的方向。现在确定了方向，就要开始下山了。又有一个问题来

了，在下山的过程中，最开始选定的方向并不总是高度下降最快的地方。这个人比较聪明，他每次都选定一段距离，每走一段距离之后，就重新确定当前所在位置的高度下降最快的地方。这样，这个人每次下山的方向都可以近似看作是每个距离段内高度下降最快的地方。现在我们将这个思想引入线性回归，在线性回归中，我们要找到参数使得损失函数最小。如果把损失函数看作是这座山，山底不就是损失函数最小的地方吗，那我们求解参数的过程，就是人走到山底的过程。梯度下降的直观描述如图 10-5 所示，我们看到尽管选择的初始位置不同，但通过梯度下降法，我们最终都到达了山底。

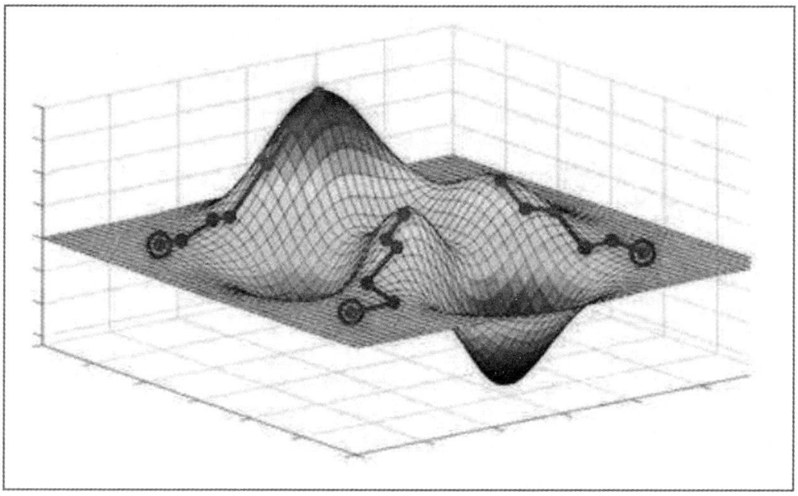

图 10-5 梯度下降的直观描述

（3）梯度下降算法描述。我们给在下山的例子中每段路的距离取名学习率（也称步长，用 a 表示），把下山过程中一次走一段距离比作一次迭代。算法详细过程如下：

1）确定参数的初始值，计算损失函数的偏导数。

2）将参数代入偏导数计算出梯度。若梯度为 0，则算法结束；否则，执行步骤 3）。

3）用步长乘以梯度，并更新参数。

4）重复执行步骤 2）和步骤 3）。

对于一元线性回归来说，每次更新参数的操作为

$$\begin{cases} w = w - a\dfrac{\partial L}{\partial w} \\ b = b - a\dfrac{\partial L}{\partial b} \end{cases}$$

10.2.2 决策树

决策树是一种十分常用的分类方法，是机器学习预测建模的一类重要算法。决策树模型可解释性强，符合人类思维方式，是经典的树形结构。由于这种决策分支画成的图形很像一棵树的树干，因此称为决策树，图 10-6 所示是一个决策树示例，树的内部节点表示对某个属性的判断，该节点的分支是对应的判断结果；叶子节点代表一个类标。

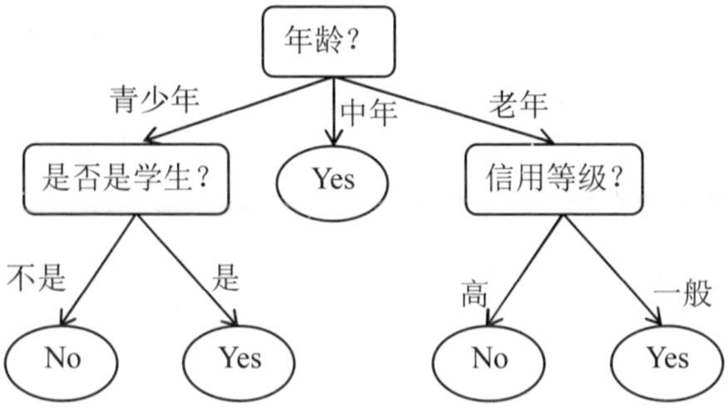

图 10-6　决策树示例

图 10-6 所示是一个预测一个人是否会购买计算机的决策树，利用这棵树，我们可以对新记录进行分类，从根节点（年龄）开始，如果某个人为中年，我们就直接判断这个人会买计算机；如果是青少年，则需要进一步判断是否是学生；如果是老年，则需要进一步判断其信用等级，直到叶子节点可以判定记录的类别。

决策树的优点：决策树容易理解和实现，在学习过程中使用者不需要了解很多背景知识，就能理解决策树所表达的意义；对于决策树，数据的准备往往是简单或者是不必要的，在相对短的时间内能够对大型数据源作出可行且效果良好的结果；容易通过静态测试评测对模型，可以测定模型可信度；如果给定一个观察的模型，那么根据所产生的决策树很容易推出相应的逻辑表达式。

决策树的缺点：对连续性的字段比较难预测；对有时间顺序的数据，需要很多预处理的工作；当类别太多时，错误可能会增加得比较快；进行一般的算法分类时，只是根据一个字段来分类。

10.2.3　K-近邻算法

1. K-近邻算法的工作原理

存在一个样本数据集合，也称作训练样本集，并且样本集中每个数据都存在标签，即我们知道样本集的每一数据与所属分类的对应关系。输入没有标签的新数据后，将新数据的每个特征与样本集中数据对应的特征进行比较，然后算法提取样本集中特征最相似的 K 个最近邻数据的分类标签。通常 K 是不大于 20 的整数。

2. K-近邻算法的基本步骤

（1）计算测试数据与训练数据之间的距离

（2）对上面的所有距离值排序。

（3）选出距离最小的 K 个点。

（4）确定前 K 个点所在类别的出现频率。

（5）返回前 K 个点中出现频率最高的类别作为测试数据的预测分类。

3. K-近邻算法的优缺点

K-近邻算法的优点：算法简单，容易理解和实现，无须建模与训练；适合对稀有事件进行分类；特别适合多分类问题。

K-近邻算法的缺点：算法需要大量的空间来存储已知的实例；算法复杂度较高。

10.2.4 朴素贝叶斯算法

1. 朴素贝叶斯算法的概念

贝叶斯方法以贝叶斯原理为基础，使用概率统计的知识对样本数据集进行分类。由于其有着坚实的数学基础，因此误判率很低。贝叶斯方法的特点是结合先验概率和后验概率，既避免了只使用先验概率的主观偏见，又避免了单独使用样本信息的过拟合现象。贝叶斯分类算法在数据集较大的情况下表现出较高的准确率，同时算法本身比较简单。

朴素贝叶斯算法是应用最为广泛的分类算法之一，它在贝叶斯算法的基础上进行了相应的简化，即假定给定目标值时属性之间条件相互独立。也就是说，没有哪个属性变量对决策结果来说占较大的比重，也没有哪个属性变量对决策结果占较小的比重。虽然这个简化方式在一定程度上降低了贝叶斯分类算法的分类效果，但是在实际的应用场景中，极大地简化了贝叶斯方法的复杂性。

2. 朴素贝叶斯算法的优缺点

朴素贝叶斯算法的优点：由于朴素贝叶斯算法假设了数据集属性之间是相互独立的，因此逻辑十分简单，并且算法较为稳定，当数据呈现不同的特点时，朴素贝叶斯的分类性能不会有太大差异。当数据集属性之间的关系相对比较独立时，朴素贝叶斯分类算法会有较好的效果。

朴素贝叶斯算法的缺点：属性独立性的条件也是朴素贝叶斯分类器的不足之处。数据集属性的独立性在很多情况下是很难满足的，因为数据集的属性之间往往都存在着关联，如果在分类过程中出现这种问题，则导致分类的效果大大降低。

3. 朴素贝叶斯算法的应用

分类是数据分析和机器学习领域的一个基本问题。文本分类已广泛应用于网络信息过滤、信息检索和信息推荐等多个方面。数据驱动分类器学习一直是近年来的热点，方法很多，比如神经网络、决策树、支持向量机、朴素贝叶斯等。与其他精心设计的更复杂的分类算法相比，朴素贝叶斯算法是学习效率和分类效果较好的分类器之一。直观的文本分类算法，也是最简单的贝叶斯分类器，具有很好的可解释性。朴素贝叶斯算法的特点是假设所有特征的出现相互独立、互不影响，每个特征同等重要。但事实上这个假设在现实世界中并不成立：首先，相邻的两个词之间有必然联系，不能独立；其次，对一篇文章来说，其中的某些代表词确定了它的主题，不需要通读整篇文章、查看所有词。所以只有采用合适的方法选择特征，朴素贝叶斯分类器才能达到更高的分类效率。

朴素贝叶斯算法在文字识别、图像识别方面有着较为重要的作用。可以根据已有的分类规则对未知的一种文字或图像进行分类，达到分类的目的。现实生活中，朴素贝叶斯算法应用广泛，如文本分类、垃圾邮件的分类、信用评估、钓鱼网站检测等。

10.2.5 K均值聚类算法

分类作为一种监督学习方法，要事先知道样本的各种类别信息，但对海量性数据进行分类时，为了降低数据满足分类算法要求所需要的预处理代价，经常需要选择无监督学习的聚类算法。

K 均值聚类是典型的划分聚类算法，它是一种迭代求解的聚类分析算法。其步骤如下：预将数据分为 *K* 组，则随机选取 *K* 个对象作为初始的聚类中心，再计算每个对象与各种子聚类中心之间的距离，把每个对象分配给距离它最近的聚类中心。聚类中心以及分配给它们的对象就代表一个聚类。每分配一个样本，聚类的聚类中心会根据聚类中的现有对象重新计算。这个过程将不断重复，直到满足某个终止条件，终止条件可以是没有（或最小数目）对象被重新分配给不同的聚类、没有（或最小数目）聚类中心再发生变化、误差平方和局部最小。

1. 算法原理

事先确定常数 *K*，常数 *K* 意味着最终的聚类类别数，首先随机选定初始点为质心，并通过计算每个样本与质心之间的相似度（这里为欧式距离），将样本点归到最相似的类中；然后，重新计算每个类的质心（即类中心），重复该过程，直到质心不再改变；最后，确定了每个样本所属的类别以及每个类的质心。

2. K 均值聚类算法的优缺点

K 均值聚类算法的优点：原理简单，容易实现；当聚类的区别较明显时，聚类效果较好。

K 均值聚类算法的缺点：当样本集规模大时，收敛速度较慢；对孤立点数据敏感，少量噪声就会对平均值造成较大影响；结果不一定是全局最优，只能保证局部最优（与 *K* 的数量及初值选取有关）。

10.3 人工神经网络简介

目前，深度学习（Deep Learning，DL）在算法领域可谓大红大紫，现在不只是互联网、人工智能，生活中的各大领域都能反映出深度学习引领的巨大变革。要学习深度学习，首先要了解神经网络（Neural Networks，NN）。当然，这里所说的神经网络不是生物学的神经网络，我们称为人工神经网络（Artificial Neural Networks，ANN）。

10.3.1 人工神经网络概述

神经网络最早是人工智能领域的一种算法或者说是模型，是生物神经网络在某种简化意义下的技术复现。它的主要任务是根据生物神经网络的原理和实际应用的需要建造实用的人工神经网络模型，设计相应的学习算法，模拟人脑的某种智能活动，再在技术上实现以解决实际问题。

目前神经网络已经发展成一个多学科交叉的学科领域，并随着深度学习取得的进展重新受到重视和推崇。

为什么说是“重新”呢？其实，神经网络作为一种算法模型很早就已经开始研究了，但是在取得一些进展后，神经网络的研究陷入了很长时间的低潮期，后来随着深度学习取得的进展，神经网络再次受到人们的重视。

10.3.2 神经元模型

神经元是神经网络中最基本的结构，也可以说是神经网络的基本单元，它的设计灵感完全来源于生物学上神经元的信息传播机制。我们知道，神经元有两种状态：兴奋和抑制。一般情况下，大多数神经元处于抑制状态，但是一旦某个神经元受到刺激，使得它的电位超过一个阈值，那么这个神经元就会被激活，处于“兴奋”状态，进而向其他神经元传播化学物质（其实就是信息）。生物学上的神经元结构如图 10-7 所示。

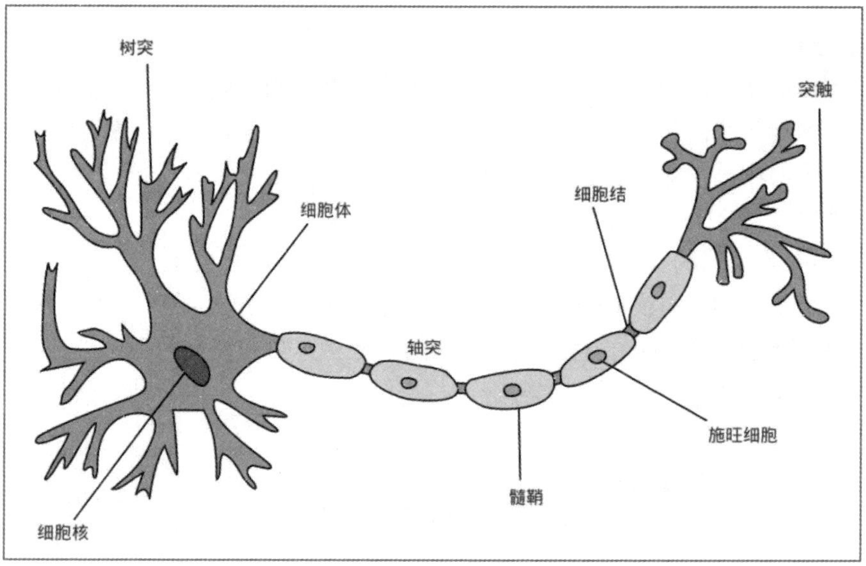

图 10-7　生物学上的神经元结构

1943 年，McCulloch 和 Pitts 用一种简单的模型表示图 10-7 所示的神经元结构，构成了一种人工神经元模型，该模型一直沿用至今，并且直接影响着该领域研究的发展。人工神经元模型如图 10-8 所示。

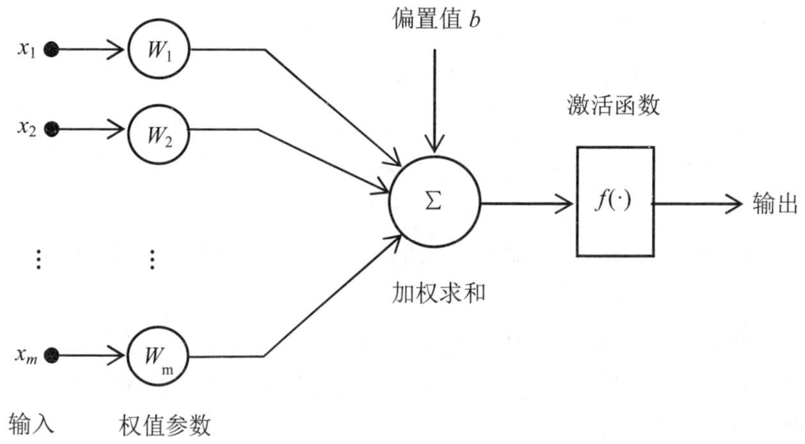

图 10-8　人工神经元模型

从图 10-8 可以看出，神经元的输出

$$y = f\left(\sum_{i=1}^{n} w_i x_i + b\right)$$

式中，w_i 为第 i 个神经元的连接权重，b 为偏置项，x_i 为第 i 个神经元的输入，函数 $f(\cdot)$ 称为是激活函数。

激活函数用来将非线性特性引入神经网络，其主要目的是将人工神经网络模型中一个节点的输入信号转换成一个输出信号，该输出信号用作堆叠中下一个层的输入。常见激活函数有 Sigmoid 函数、Tanh 函数、ReLU 函数等。

10.3.3 神经网络结构

神经网络是由多个神经元组成的网络。图 10-9 所示是手写数字识别神经网络模型，对这个神经网络进行训练后，可以获得约 98%的正确识别率。

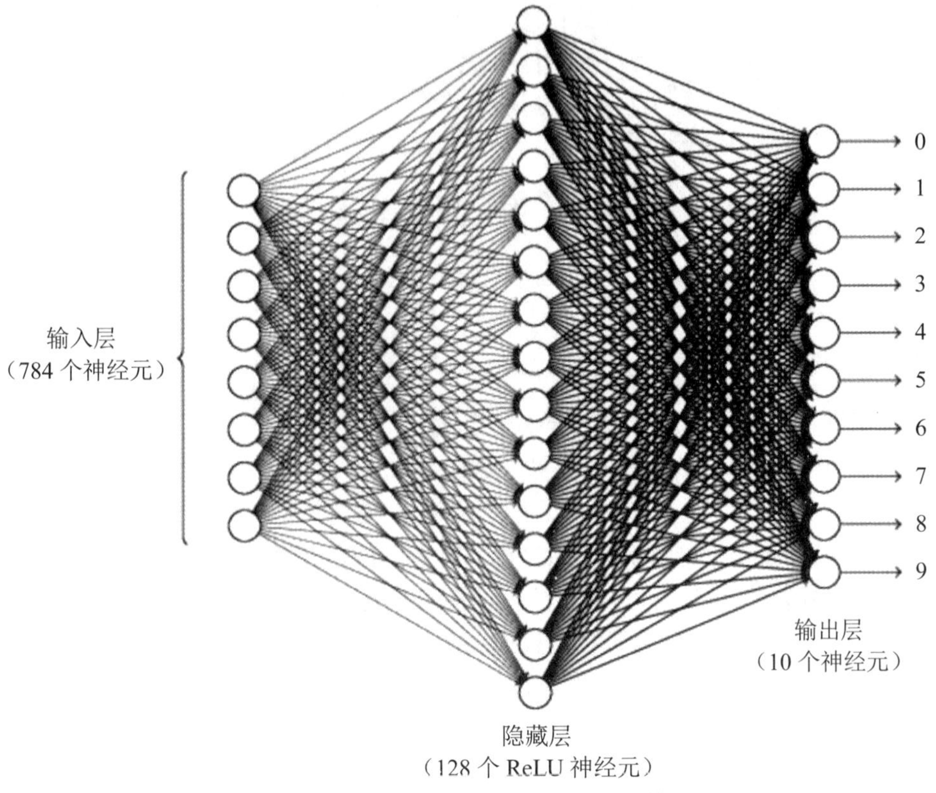

图 10-9　手写体数字识别神经网络模型

图 10-9 所示的神经网络由输入层、隐藏层和输出层构成。

（1）输入层：每次输入一张图片。图片的每个像素的灰度值除以 255 后得到一个[0,1]的归一化的灰度值，再输入输入层的每个神经元。也就是说，输入层有 784 个神经元，正好对应一张图片 784（28×28）像素。

（2）隐藏层：为了提高神经网络的识别能力，通常在输入层与输出层之间设计隐藏层，隐藏层可以有多个，本示例的手写数字识别神经网络的隐藏层数是 1，由 128 个 ReLU 神经元构成，输入层的 784 个神经元作为隐藏层的输入，每个隐藏层的神经元在加权求和后，通过 ReLU 激活函数计算后作为输出层的输入神经元。

（3）输出层：输出层共 10 个神经元，各神经元的输出分别对应 0～9，10 个输出值经过 softmax 激活函数处理后，得到当前输入图片是各数字的概率，哪个神经元计算后的概率值最大，我们就可以认为预测结果是该数字。

在机器学习的学术界，有一个公开的数据集，称为 MNIST 手写数字数据集。在该数据集中，共有 70000 张手写体数字图片，类似于图 10-10 中的样子，每张图片都是 28 像素×28 像素的黑白图片，其中每个像素用一个[0,255]的灰度值表示。MNIST 的数字识别问题，就是给你一张这种 28 像素×28 像素的图片，用程序区分出它具体是 0～9 中的哪个数字。

图 10-10 手写体数字

10.3.4 神经网络的工作原理

人工神经网络首先要以一定的学习准则进行学习，然后才能工作。现以人工神经网络对写“A”“B”两个字母的识别为例进行说明，规定当输入“A”时，输出为“1”；当输入“B”时，输出为“0”。

网络学习的准则如下：如果网络作出错误的判决，则通过网络的学习，应使得网络降低下次犯相同错误的可能性。首先，给网络的各连接权值赋予(0,1)内的随机值，将“A”对应的图像模式输入给网络，网络将输入模式加权求和、与门限比较、进行非线性运算，得到网络的输出。在此情况下，网络输出为“1”和“0”的概率各为 50%，也就是说是完全随机的。此时如果输出为“1”（结果正确），则使连接权值增大，以使网络再次遇到“A”模式输入时，仍然能作出正确的判断。

人工神经网络也具有初步的自适应与自组织能力。在学习或训练过程中改变权重值，以适应周围环境的要求。同一个网络因学习方式及内容不同可具有不同的功能。人工神经网络是一个具有学习能力的系统，可以发展知识，以超过设计者原有的知识水平。

神经网络就像是一个爱学习的孩子，学过的知识是不会忘记且会学以致用的。我们把学习集（Learning Set）中的每个输入加到神经网络中，并告诉神经网络输出应该是什么分类。在全部学习集都运行完成之后，神经网络根据这些例子总结出自己的想法，之后我们可以用神经网络分别测试测试集（Testing Set）中的测试例子，如果测试通过（比如正确率为 80%或 90%），那么神经网络构建成功，之后就可以用这个神经网络工作了。

10.4 主流人工智能开发框架简介

10.4.1 TensorFlow 简介

TensorFlow 是一个基于数据流编程（dataflow programming）的符号数学系统，广泛应用于各类机器学习（machine learning）算法的编程实现，其前身是谷歌的神经网络算法库 DistBelief 。Tensorflow 拥有多层级结构，可部署于各类服务器、计算机终端和网页，并支持 GPU 和 TPU 高性能数值计算，广泛应用于谷歌内部的产品开发和各领域的科学研究 。

TensorFlow 由谷歌人工智能团队谷歌大脑（Google Brain）开发和维护，拥有包括 TensorFlow Hub、TensorFlow Lite、TensorFlow Research Cloud 在内的多个项目以及各类应用程序接口（Application Programming Interface，API）。自 2015 年 11 月 9 日起，TensorFlow 依据阿帕奇授权协议（Apache 2.0 open source license）开放源代码。

谷歌大脑自 2011 年成立起，开展了面向科学研究和谷歌产品开发的大规模深度学习应用研究，其早期工作是 TensorFlow 的前身——DistBelief。DistBelief 的功能是构建各尺度下的神经网络分布式学习和交互系统，也称“第一代机器学习系统”。DistBelief 在谷歌和 Alphabet 旗下其他公司的产品开发中改进和广泛使用。2015 年 11 月，在 DistBelief 的基础上，谷歌大脑完成了对“第二代机器学习系统”——TensorFlow 的开发并对代码开源。与前者相比，TensorFlow 在性能上有显著改进，构架灵活性和可移植性也得到增强。此后，TensorFlow 快速发展，截至稳定 API 版本 1.12，已拥有包含各类开发和研究项目的完整生态系统。在 2018 年 4 月的 TensorFlow 开发者峰会上，21 个 TensorFlow 有关主题得到展示。

TensorFlow 能够自动求导，不仅能支持 CPU，而且能支持 GPU，拥有预训练模型，并支持常用神经网络架构，如全连接神经网络、循环神经网络、卷积神经网络等。此外，TensorFlow 还有以下特点：

（1）支持所有的流行语言，如 Python、C++、Java、R 和 Go。

（2）可以在多种平台上工作，甚至是移动端和分布式平台。

（3）受所有云（AWS、Google、Azure）服务支持。

（4）允许模型部署到工业生产中，并且容易使用。

10.4.2 PyTorch 简介

PyTorch 是一个开源的 Python 机器学习库，用于自然语言处理等应用程序。2017 年 1 月，Facebook 人工智能研究院（FAIR）基于 Torch 推出了 PyTorch。它是一个基于 Python 的科学计算包，提供两个高级功能：具有强大的 GPU 加速的张量计算（如 NumPy）；包含自动求导系统的深度神经网络。

PyTorch 的前身是 Torch，其底层与 Torch 框架的相同，但是使用 Python 重新编写了很多内容，不仅更加灵活，而且提供了 Python 接口。它由 Torch 7 团队开发，是一个以 Python 优先的深度学习框架，不仅能实现强大的 GPU 加速，同时能支持动态神经网络。

PyTorch 既可以看作加入了 GPU 支持的 NumPy，又可以看作一个拥有自动求导功能的强大的深度神经网络。除了 Facebook 外，它已经被 Twitter、CMU 等机构采用。PyTorch 有如下优点：

（1）是相当简洁且高效快速的框架。

（2）设计追求最少的封装。

（3）设计符合人类思维，让用户尽可能地专注于实现自己的想法。

（4）PyTorch 作者亲自维护论坛，供用户交流和求教问题。

（5）入门简单。

10.4.3 Caffe 简介

快速特征嵌入的卷积架构（Convolutional Architecture for Fast Feature Embedding，Caffe）是一个兼具表达性、速度和思维模块化的深度学习框架，由伯克利人工智能研究小组和伯克利视觉与学习中心开发。虽然其内核是用 C++编写的，但有 Python 和 MATLAB 相关接口。Caffe 支持多种类型的深度学习架构，面向图像分类和图像分割，还支持 CNN、RCNN、LSTM 和全连接神经网络设计。Caffe 支持基于 GPU 和 CPU 的加速计算内核库，如 NVIDIA cuDNN 和 Intel MKL。

Caffe 完全开源，并且在多个活跃社区沟通解答问题，同时提供了一个用于训练、测试等的完整工具包，可以帮助使用者快速上手。此外，Caffe 还具有以下特点：

（1）模块性。Caffe 以模块化原则设计，实现了对新的数据格式、网络层和损失函数的轻松扩展。

（2）表示和实现分离。Caffe 已经用谷歌的 Protocl Buffer 定义模型文件，使用特殊的文本文件 prototxt 表示网络结构，以有向非循环图形式的网络构建。

（3）Python 与 MATLAB 结合。Caffe 提供了 Python 和 MATLAB 接口，供使用者选择熟悉的语言调用部署算法应用。

（4）GPU 加速。利用 MKL、Open BLAS 等计算库，利用 GPU 实现计算加速。

10.4.4 PaddlePaddle 简介

PaddlePaddle 是百度研发的开源开放的深度学习平台，以百度多年的深度学习技术研究和业务应用为基础，集深度学习核心训练和推理框架、基础模型库、端到端开发套件、丰富的工具组件于一体，是我国首个自主研发、功能完备的产业级深度学习平台。

依托百度业务景的长期锤炼，PaddlePaddle 有最全面的官方支持的工业级应用模型，涵盖自然语言处理、计算机视觉、推荐引擎等多个领域，并开放多个领先的预训练中文模型。PaddlePaddle 拥有下述四大领先技术。

1. 开发便捷的深度学习框架

PaddlePaddle 深度学习框架基于编程一致的深度学习计算抽象以及对应的前后端设计，拥有易学易用的前端编程界面和统一高效的内部核心架构，对普通开发者而言更容易上手并具备领先的训练性能。

2. 超大规模深度学习模型训练技术

PaddlePaddle 突破了超大规模深度学习模型训练技术，领先其他框架实现了千亿稀疏特征、万亿参数、数百节点并行训练的能力，解决了超大规模深度学习模型的在线学习和部署难题。

3. 多端多平台部署的高性能推理引擎

PaddlePaddle 对推理部署提供全方位支持，可以便捷地将模型部署到云端服务器、移动端以及边缘端等不同平台设备上，并拥有全面领先的推理速度，同时兼容其他开源框架训练的模型。

4. 产业级开源模型库

PaddlePaddle 建设了大规模的官方模型库，算法有 270 多个，包含经过产业实践长期打磨的主流模型以及国际竞赛中的夺冠模型；提供面向语义理解、图像分类、目标检测、图像分割、文字识别、语音合成等场景的多个端到端开发套件，满足企业低成本开发和快速集成的需求。

10.5 项目：受教育年限与收入水平的线性回归

10.5.1 实现目标及解决方案

1. 实现目标

本项目利用机器学习库 sklearn 让读者体验机器学习，对受教育年限与实际收入训练集数据进行模型训练，得到线性回归模型，并用该模型进行数据预测。

2. 解决方案

本项目使用了 pandas、matplotlib、numpy 和 sklearn 包，这些包的功能和在本项目中所起的作用如下：

（1）pandas。pandas 能完成多种数据分析任务，提供了高效的操作大型数据集所需的工具，能使我们快速、便捷地处理和分析数据。

在本项目中，利用 pandas 包提供的函数读取训练集文件，获取训练集数据。

（2）numpy。numpy 是 Python 的数值计算扩展库，可用来存储和处理大型矩阵，比 Python 自身的嵌套列表结构高效得多，支持大量的维度数组与矩阵运算。此外，还针对数组运算提供大量的数学函数库。

在本项目中，使用 numpy 包提供的函数将 pandas 读取的数据转换成 numpy 的数据格式，并进行维数转换，为后续的模型训练做好准备。

（3）sklearn。sklearn 是 Python 的机器学习库，具有各种分类、回归和聚类算法，包括支持线性回归、朴素贝叶斯、K-近邻算法等，包含了从数据预处理到训练模型的各个方面。使用 sklearn 包可以极大地节省编写代码的时间以及减少代码量，提高程序的开发效率。

在本项目中，使用 sklearn 包提供的线性回归模型完成模型训练及数据预测。

（4）matplotlib。matplotlib 是一个 Python 的 2D 绘图库，依靠 matplotlib，开发者仅需要

几行代码，便可以绘出直方图、散点图、折线图等各种 2D 图形。

在本项目中，使用 matplotlib 包提供的函数绘制图形。

受教育年龄与收入预测的线性回归解决方案如图 10-11 所示。

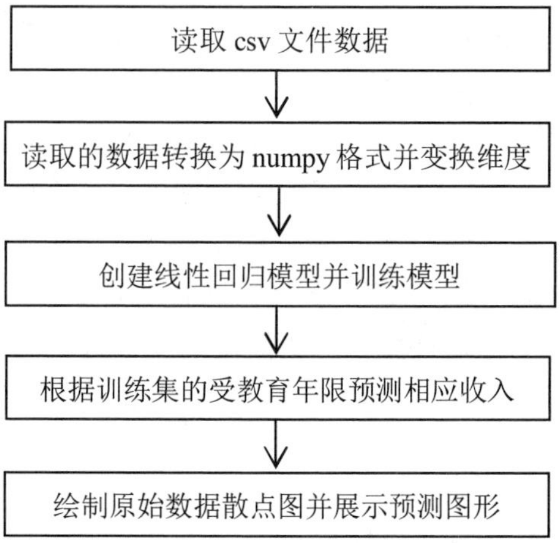

图 10-11　受教育年龄与收入预测的线性回归解决方案

10.5.2　实施前的准备环节

要进行机器学习，训练集数据是必不可少的，本项目的训练集数据采用 csv 格式存放，包含受教育年限与实际收入两列数据，创建本项目的训练集数据的步骤如下：

（1）启动 Excel 程序。

（2）在工作单中，按表 10.1 所示输入数据，其中标题行中的 Education 和 Income 分别代表受教育年限和实际收入。

表 10.1 训练集数据

序号	Education	Income	序号	Education	Income	序号	Education	Income
1	10	26.658839	11	14.133779	34.396281	21	18.267559	64.310925
2	10.401338	27.306435	12	14.635117	41.497994	22	18.70903	68.959009
3	10.842809	22.13241	13	14.978589	44.981575	23	19.110368	74.614639
4	11.244147	21.169841	14	15.377926	47.039595	24	19.511706	71.867195
5	11.645449	15.192634	15	15.779264	48.252578	25	19.913043	76.098135
6	12.086957	26.398951	16	16.220736	57.034251	26	20.354515	75.775216
7	12.048829	17.435307	17	16.622074	51.490919	27	20.755853	72.486055
8	12.889632	25.507885	18	17.023411	51.336621	28	21.167191	77.355021
9	13.29097	36.884595	19	17.464883	57.681998	29	21.598662	72.11879
10	13.732441	39.666109	20	17.866221	68.553714	30	22	80.260571

（3）选择“文件”→“另存为”命令，在“保存类型”下拉列表框中选择“CSV(逗号分隔)(*.csv)”选项，在“文件名”文本框中输入 data.csv，如图 10-12 所示。

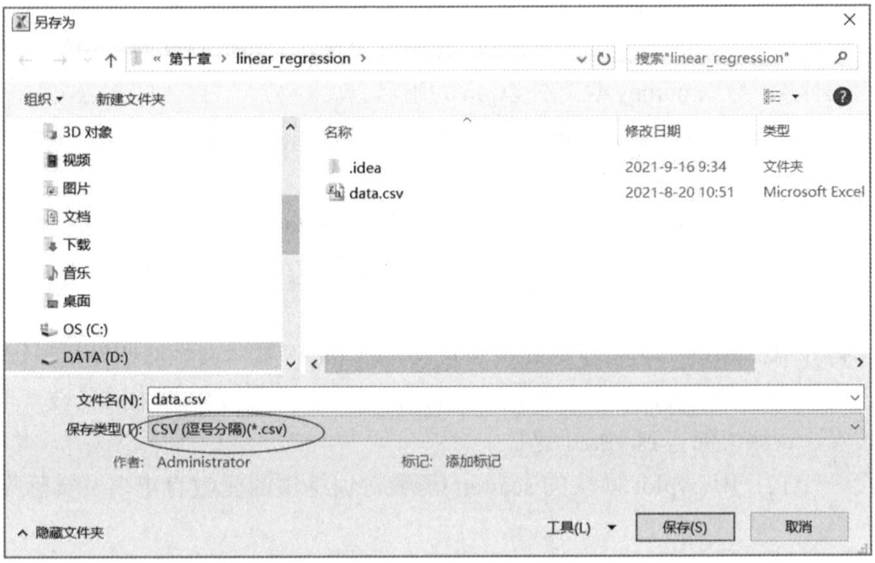

图 10-12　保存 data.csv 文件

10.5.3　项目实施

项目操作视频

（1）新建工程。

打开 PyCharm 程序，新建工程 linear_regression。

（2）将训练集数据文件 data.csv 复制到工程文件夹 linear_regression 中。

（3）安装 pandas、matplotlib、numpy、sklearn 第三方库，步骤如下：

1）单击 PyCharm 程序左下角的 Terminal 图标打开终端窗口。

2）在终端窗口中输入命令 pip install numpy pandas matplotlib sklearn，完成第三方库的安装。

（4）在工程 linear_regression 中新建 Python 程序 edu_sal_regression.py，输入代码如图 10-13 所示。

```
import pandas as pd
import matplotlib.pyplot as plt
from sklearn.linear_model import LinearRegression
import numpy as np

data = pd.read_csv('./data.csv')
x = np.array(data.Education).reshape(-1, 1)
y = np.array(data.Income).reshape(-1, 1)
model = LinearRegression()
model.fit(x, y)
yPred = model.predict(x)
plt.scatter(x, y, c='b')
plt.plot(x, yPred, color='r')
plt.show()
```

图 10-13　受教育年限与实际收入的预测程序代码

代码说明如下：

- 代码行 1：导入 pandas 包，并以 pd 为别名。
- 代码行 2：导入 matplotlib 包中的 pyplot 模块，并以 plt 为别名。
- 代码行 3：从 sklearn 包的 liner_model 模块中导入 LinearRegression 类。
- 代码行 4：导入 numpy 包，并以 np 为别名。
- 代码行 6：pandas 包的 read_csv()函数读取目录下的 data.csv 文件，函数的返回值是一个二维标记数据结构的数据。
- 代码行 7～8：将 read_csv()函数的返回结果中的 Education 列数据及 Income 列数据转换成 numpy 数组，并将数组变换为 n 行 1 列的二维数组后分别赋值给变量 x 和变量 y。
- 代码行 9：创建一个线性回归模型 model。
- 代码行 10：根据受教育年限和实际收入，用 fit()函数对线性回归模型进行训练。
- 代码行 11：调用线性回归模型的 predict()函数，对训练集数据中的受教育年限预测收入值，预测值保存到 yPred 变量中。
- 代码行 12：用 pyplot 模块的 scatter()函数对训练集的受教育年限及实际收入绘制散点图。
- 代码行 13：用 pyplot 模块的 plot()函数对训练集的受教育年限及预测收入绘制折线图。
- 代码行 14：用 pyplot 模块的 show()函数显示绘制图形。

（5）运行程序，运行结果如图 10-14 所示。

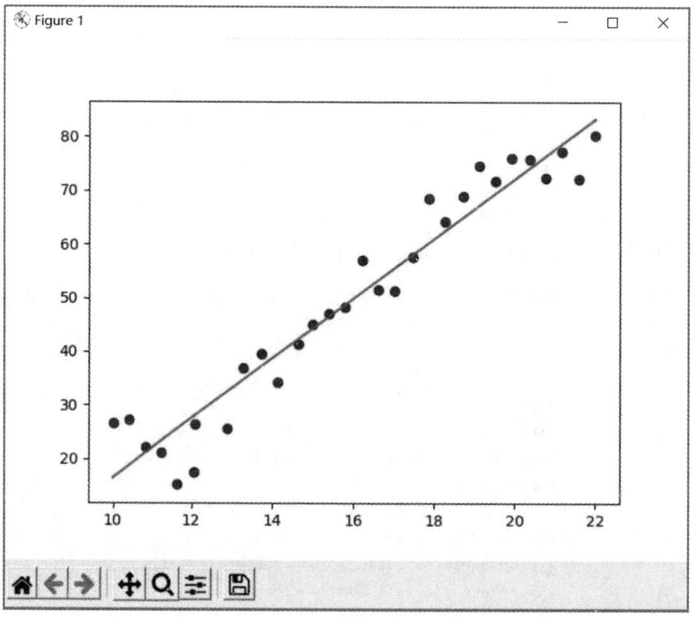

图 10-14　受教育年限与实际收入的预测程序运行结果

从输出结果我们看出，data.csv 文件中的各行数据用散点表示，x 轴为受教育年限，y 轴为收入；直线是一元线性回归模型的图形，通过训练好的模型，只要给出一个受教育年限，就可以预测实际收入了。

10.6 本章小结

本章讲解了机器学习与神经网络的基础知识，介绍了机器学习的概念、分类及常用算法，讲解了神经网络的概念、结构及工作原理，让读者了解几种主流的人工智能开发框架，通过实战项目让读者亲身体验线性回归，了解人工智能中的核心技术。

课后习题

一、简答题

1．什么是机器学习？
2．机器学习与人类学习有什么相似之处？
3．什么是监督学习？什么是无监督学习？
4．监督学习与无监督学习有什么不同之处？
5．画出人工神经元模型，并写出神经元的输出公式。
6．决策树有哪些优缺点？
7．朴素贝叶斯算法有哪些优缺点？
8．K 均值聚类算法有哪些优缺点？

二、简述题

1．简述梯度下降法的基本思想。
2．简述人工智能开发框架 PaddlePaddle 的技术优势。
3．简述 K-近邻算法的工作原理。

参考文献

[1] 李启龙. Python 基础案例教程（基于计算思维）[M]. 北京：中国水利水电出版社，2019.

[2] 肖正兴，聂哲. 人工智能应用基础[M]. 北京：高等教育出版社，2019.

[3] 史荧中，钱晓忠. 人工智能应用基础[M]. 北京：电子工业出版社，2020.

[4] 张广渊，周风余. 人工智能概论[M]. 北京：中国水利水电出版社，2019.

[5] 明日科技. 零基础学 Python[M]. 长春：吉林大学出版社，2021.

[6] 史蒂芬·卢奇，丹尼·科佩克. 人工智能[M]. 林赐，译. 北京：人民邮电出版社，2018.